# FZI-Berichte Informatik

Herausgegeben vom Forschungszentrum Informatik
an der Universität Karlsruhe (FZI)

M. Wallrath

# Entwicklung ingenieurwissenschaftlicher Datenbankanwendungen

## Ein objektorientiertes Datenmodell

Springer-Verlag
Berlin Heidelberg New York
London Paris Tokyo
Hong Kong Barcelona
Budapest

*Herausgeber*

Forschungszentrum Informatik an der Universität Karlsruhe (FZI)
Haid-und-Neu-Straße 10-14, D-76131 Karlsruhe

*Autor*

Mechtild Wallrath
Forschungszentrum Informatik an der Universität Karlsruhe
Haid-und-Neu-Straße 10-14, D-76131 Karlsruhe

ISBN-13: 978-3-540-55720-3 e-ISBN-13: 978-3-642-77665-6
DOI: 10.1007/978-3-642-77665-6



Satz: Reproduktionsfertige Vorlage vom Autor
SPIN: 10075861 45/3140-5 4 3 2 1 0 – Gedruckt auf säurefreiem Papier

# Vorwort

Objektorientierte Datenmodelle, deren Entwicklung in den vergangenen Jahren wesentlich durch die Anforderungen der Nicht-Standard-Anwendungen für Datenbanksysteme geprägt war, gewinnen durch ihre Berücksichtigung in kommerziellen Produkten auf diesem Sektor kontinuierlich an Bedeutung. Ein wichtiges Teilgebiet der Nicht-Standard-Anwendungen sind die ingenieurwissenschaftlichen Anwendungen mit den Teilbereichen Computer Aided Engineering (CAE), Computer Aided Design (CAD), Computer Aided Manufacturing (CAM) und Computer Aided Process Planning (CAPP).

Während den Anforderungen dieser Anwendungsbereiche durch objektorientierte Datenmodelle und spezifische Systemarchitekturen weitestgehend Rechnung getragen wird, ist bisher nur unzureichend untersucht worden, welche Entwurfsmethoden der Entwicklung einer konkreten Anwendung zugrunde gelegt werden können. Der Entwurf einer technischen Datenbankanwendung, die auf persistente Daten zugreift, erfordert Entwurfskonzepte für zwei Teilbereiche – den Entwurf des (objektorientierten) Datenbankschemas einerseits sowie den Entwurf der Anwendungsprogramme unter Berücksichtigung des Datenbankschemas andererseits.

Bei den in diesem Buch vorgestellten Methoden für den Datenbankentwurf auf der Basis objektorientierter Datenmodelle und für die Anforderungsanalyse bzgl. des Programmentwurfs handelt es sich um Erweiterungen allgemein anerkannter Entwurfstechniken. Die Basis der vorgestellten Methodik für den Entwurf objektorientierter Datenbankschemata bildet der Phasenentwurf in Anlehnung an die ANSI/SPARC 3-Schichten-Architektur. Anhand eines umfangreichen Anwendungsbeispiels aus dem Bereich der Robotik wird exemplarisch aufgezeigt, wie die verschiedenen Entwurfsphasen und Teilschritte erweitert werden müssen, um zu einer Beschreibung der anwendungsrelevanten Objekttypen und ihres Verhaltens zu gelangen. Für den Bereich des Softwareentwurfs wird untersucht, wie dieser durch das zugrundeliegende objektorientierte Datenmodell und spezielle Schnittstellenkonzepte unterstützt werden kann und welche Abhängigkeiten zwischen Konzepten des Datenbank- und Softwareentwurfs bestehen.

Dieses Buch ist eine leicht überarbeitete Fassung meiner von der Fakultät für Informatik der Universität Karlsruhe genehmigte Dissertation mit dem Titel "Entwicklung ingenieurwissenschaftlicher Anwendungen auf der Basis eines objektorientierten Datenmodells". Wenngleich die Promotionsordnung dieser Fakultät besagt, daß eine Dissertation ein eigener Beitrag seines Verfassers / seiner Verfasserin zum Fortschritt der Wissenschaft sein muß, kann eine derartige Arbeit niemals vollständig als alleiniges Werk einer Person betrachtet werden. Immer wird sie beeinflußt durch das Umfeld, in dem sie entsteht. Dazu gehören einerseits die Kolleginnen und Kollegen, Studentinnen und Studenten, die durch ihre Beteiligung an fachlichen Diskussionen Einfluß auf Entscheidungen nehmen oder durch technische und organisatorische Unterstützung die Umsetzung von Ideen ermöglichen, andererseits aber auch diejenigen Menschen, die im privaten Umfeld die für einen beruflichen Erfolg ebenso notwendigen Rahmenbedingungen schaffen.

Die hier präsentierten Forschungsergebnisse entstanden während meiner Tätigkeit als wissenschaftliche Mitarbeiterin am Institut für Programmstrukturen und Datenorganisation der Fakultät für Informatik. Ich möchte an dieser Stelle allen Kolleginnen, Kollegen, Studentinnen und Studenten danken, mit denen ich dort zusammenarbeiten durfte. Stellvertretend möchte ich Frau Jutta Mülle und Herrn Martin Dürr nennen, deren Diskussionsbeiträge für mich sehr wertvoll waren.

Mein besonderer Dank gilt meinem Betreuer, Herrn Prof. Dr. P.C. Lockemann, der mir den nötigen Freiraum für eigene Forschungsarbeiten verschaffte und durch den Einsatz seiner Sachkompetenz und seiner Zeit maßgeblich zum Gelingen dieser Arbeit beigetragen hat. Herrn Prof. Dr. R. Dillmann danke ich für die Übernahme des Zweitgutachtens.

Eine wichtige Ausgangsbasis für die Dissertation bildeten die Erfahrungen, die ich durch die Mitarbeit im Projekt $R^2D^2$ gewonnen habe. Bedanken möchte ich mich bei meinem Kollegen Herrn Alfons Kemper für die gute Zusammenarbeit und die Konzeption des Datenmodells sowie bei Herrn Martin Huck für seine Bereitschaft, sein Wissen aus dem Bereich der Robotik einzubringen. Stellvertretend für alle Studenten danke ich den Herren Stefan Lang und Matthias Zimmermann für ihr großes Engagement. Den Kollegen der AIM-Forschungsgruppe des Wissenschaftlichen Zentrums Heidelberg der IBM Deutschland bin ich zu großem Dank verpflichtet für ihre Offenheit gegenüber unseren Vorschlägen und ihre Bereitschaft, die Last der Implementierung vieler Datenmodellkonzepte zu tragen.

Mein ganz besonderer Dank gilt meinem Mann für sein Verständnis und seine Geduld, die er mir jederzeit entgegenbrachte, sowie meinen Eltern. In einer Zeit, in der eine weitreichende Qualifikation von Frauen noch keine Selbstverständlichkeit war, haben sie mir eine gute Ausbildung ermöglicht und meine persönlichen Entscheidungen mitgetragen. Dies trug wesentlich dazu bei, daß ich meine beruflichen Wünsche verwirklichen konnte.

Karlsruhe | Mechtild Wallrath

# Inhaltsverzeichnis

## Kapitel 1

# Einleitung

Die Datenbankforschung und -entwicklung der vergangenen Jahre war stark geprägt von der Fragestellung, welche Anforderungen sich aus den sogenannten *Nicht-Standard-Anwendungen*, etwa dem Bereich der Softwareentwicklung oder den Ingenieurwissenschaften, für diese Systeme ergeben. Ein Schwerpunkt der Forschungsaktivitäten bestand in der Untersuchung der Frage, wie Datenmodelle gestaltet sein müssen, um die gegenüber herkömmlichen Anwendungen aus dem kaufmännischen und administrativen Bereich höhere Komplexität der Objektstrukturen und Objektsemantik erfassen zu können. Hier haben sich insbesondere objektorientierte Datenmodelle [CM84, DFK+86, RS87, KLW87, BBB+88, FJL+88, CDV88, KMWZ91] als geeignet erwiesen, die inzwischen auch in zunehmendem Maß in kommerzielle Produkte einfließen [And90, WLH90, CE90, Ver90, BOS91, Dea91, LLOW91, SK91, LLPS91, Ont91].

Vornehmlich für ingenieurwissenschaftliche Anwendungen, d. h. die Bereiche Computer Aided Engineering (CAE), Computer Aided Design (CAD), Computer Aided Manufacturing (CAM) und Computer Aided Process Planning (CAPP), und hier wiederum besonders für Entwurfsdatenbanken, hat sich zudem gezeigt, daß u. a. aufgrund der für diese Anwendungen typischen langen Transaktionen neue Architekturkonzepte, wie beispielsweise Client-Server Architekturen, erforderlich sind. Ein weiteres Problem im Rahmen der Entwicklung einer ingenieurwissenschaftlichen Anwendung, die auf persistente Objekte in einem Datenbanksystem zugreift, ist die Gewährleistung der erforderlichen Performance. Das hier vielfach geforderte Realzeitverhalten beim Datenzugriff kann i. a. nur durch eine lokale Datenhaltung garantiert werden.

Zwei wesentliche Eigenschaften, durch die sich die Mehrzahl der objektorientierten Datenmodelle auszeichnet, sind die strukturelle und die verhaltensmäßige Objektorientierung. Diese ermöglichen die Beschreibung komplexer Objektstrukturen und des Objektverhaltens im Datenmodell. Hierzu stehen i. a. Datendefinitionssprachen zur Verfügung, mit deren Hilfe Objektstrukturen und zugehörige Operationen spezifiziert werden können. Die Realisierung der Operationen erfolgt je nach Datenmodell mittels der Datenmanipulationssprache (DML) [KW87b, SRH90], einer eigens für das Modell entwickelten Programmiersprache [KMWZ91], oder einer konventionellen höheren Programmiersprache [LKD+88, SRH90].

Während Modellierungskonzepte und Systemarchitekturen in den vergangenen Jahren eingehend auf ihre Eignung für ingenieurwissenschaftliche Anwendungen hin untersucht wurden, ist die Datenbankwelt den potentiellen Anwendern objektorientierter Datenbanksysteme die Antwort auf die Frage nach geeigneten Entwurfsmethoden für objektorientierte Schemata bisher schuldig geblieben. Eine Ursache hierfür ist darin zu sehen, daß der Begriff des Datenbankschemas in vielen objektorientierten Datenmodellen nur unzureichend oder gar nicht definiert ist. Zudem ist die Rolle externer Sichten in diesen Datenmodellen ein offenes Problem. Erste Ansätze für Datenbankentwurfskonzepte beschränken sich daher auf die semantische Modellierung [BM91].

Ein anderes Problem, das auch im Bereich der Standard-Datenbanksysteme noch nicht zufriedenstellend gelöst wurde, ist die Programmierung mit persistenten Objekten. Die Verarbeitung persistenter Objekte in Anwendungsprogrammen erfolgt hier i. a. mit Hilfe von zwei verschiedenen Sprachen – DML und der Programmiersprache. Ursache dafür sind die unterschiedlichen Typsysteme, Manipulations- und Datenhaltungsmechanismen der beteiligten Systeme. Dieses führt im Rahmen des Softwareentwurfs dazu, daß die Datenbankschnittstelle ebenso wie die Dateischnittstelle als externe Schnittstelle betrachtet wird. Zur Integration von Programmiersprachen- und Datenbankkonzepten existieren verschiedene Ansätze aus dem Bereich der integrierten Datenbankprogrammiersprachen [Sch77, Was79, Sho79, MBW80, SFL81, Rei83, ACO85, BA86, BBKV87, SEM88] und der objektorientierten Programmiersprachen [ZW88, KBC+88, MS88].

Ein weiterer Ansatzpunkt sind die objektorientierten Datenbanksysteme selbst. Die verhaltensmäßige Objektorientierung bildet bei geeigneter Wahl der lokalen Datenhaltungskonzepte eine gute Ausgangsbasis für eine weitestgehend nahtlose Schnittstelle zwischen Programmiersprache und Datenbanksystem. Bei dieser Art der Integration über das Objektkonzept ist jedoch von Bedeutung, wie sie im Rahmen des Softwareentwurfs unterstützt werden kann. Dieses Problem ist gerade im Bereich der ingenieurwissenschaftlichen Datenbankanwendungen von besonderem Interesse, da der Datenbankzugriff hier primär über Anwendungsprogramme erfolgt.

Die vorliegende Arbeit geht der Frage nach, welche Methoden für die Entwicklung ingenieurwissenschaftlicher Anwendungen auf der Basis eines objektorientierten Datenmodells bereitgestellt werden können. Der Begriff Entwicklung umfaßt dabei sowohl den Bereich des Entwurfs objektorientierter Datenbasisschemata als auch den der Entwicklung von Anwendungsprogrammen. Eine Unterstützung dieser Entwurfsvorgänge für ingenieurwissenschaftliche Anwendungen ist insbesondere im Hinblick darauf von Interesse, daß die Objektorientierung ein derart mächtiges Konzept zur Beschreibung der Semantik von Daten einer Anwendung darstellt, daß eine verstärkte Kooperation von Datenbank- und Anwendungsexperten erforderlich ist.

Die Arbeit ist wie folgt aufgebaut: Kapitel 2 und 3 führen in die den Entwurfsmethoden zugrundeliegenden Konzepte ein. Kapitel 2 gibt zu diesem Zweck eine Einführung in ein Beispiel für ingenieurwissenschaftliche Anwendungen – die Robotik. Hier werden grundlegende Prinzipien, vornehmlich der Robotersimulation, vorgestellt. Weiterhin werden die Charakteristika der für diesen Anwendungsbereich typischen Objekte herausgearbeitet und am Beispiel des Robotersimulationssystems ROSI [DH85] wird gezeigt, wie die Modellierung und Verarbeitung der Daten mit konventionellen Methoden erfolgt.

In Kapitel 3 wird das speziell für ingenieurwissenschaftliche Anwendungen entwickelte objektorientierte Datenmodell $R^2D^2$ [KLW87, KWD88, LKD+88] vorgestellt. Basiskonzepte der Objektorientierung stellen hierin das nicht-normalisierte relationale Datenmodell [SS86] sowie das Konzept der benutzerdefinierten Datentypen dar. Der zweite Teil dieses Kapitels befaßt sich mit den Basismechanismen der $R^2D^2$-Programmierschnittstelle. Hierzu gehören Methoden der objektorientierten lokalen Datenhaltung und Manipulation sowie Strategien zur benutzerkontrollierten Leistungssteuerung.

Kapitel 4 und 5 befassen sich mit dem Hauptgesichtspunkt der Arbeit, nämlich dem Entwurf objektorientierter Datenbankschemata. Hierzu wird in Kapitel 4 an einem komplexen Modellierungsbeispiel für ROSI und das $R^2D^2$-Datenmodell gezeigt, welche Entwurfsschritte im einzelnen zu durchlaufen sind und welche Rolle dem Konzept der benutzerdefinierten Datentypen zukommt. Kapitel 5 faßt die evaluierten Entwurfsschritte zu einer allgemeinen Entwurfsmethode für objektorientierte Datenbankschemata zusammen und gibt Entwurfsrichtlinien sowie Prämissen und Einschränkungen des Ansatzes an.

Zur Entwicklung der Konzepte für den Softwareentwurf auf der Basis eines objektorientierten Datenbanksystems wird eine analoge Vorgehensweise verfolgt. Hierzu wird in Kapitel 6 wiederum anhand einer Fallstudie aus dem Bereich der Robotersimulation gezeigt, wie der Programmentwurf erfolgen sollte. Der Schwerpunkt wird dabei auf die Anforderungsanalyse und hier wiederum auf die Fragen der lokalen Datenhaltung, der Transaktionen und der Leistungsanforderungen gelegt. Kapitel 7 faßt die anhand der Fallstudie ermittelten Ergebnisse zu einem Entwurfsleitfaden zusammen.

In Kapitel 8 und 9 werden die wesentliche Ergebnisse der Arbeit nochmals kurz zusammengefaßt und Anforderungen und Perspcktiven für Einsatz und Weiterentwicklung der Methoden dargestellt.

# Kapitel 2

# Anwendungsaspekte

Meyers Enzyklopädie [Mey74] beschreibt das Berufsbild eines Ingenieurs wie folgt: "Aufgabe des Ingenieurs ist es, auf der Grundlage natur- und technikwissenschaftlicher Erkenntnisse und unter Berücksichtigung wirtschaftlicher und gesellschaftlicher Belange technische Werke zu planen und zu konstruieren sowie die Ausführung des Geplanten leitend anzuordnen und zu überwachen." Zur Planung, Konstruktion, Ausführung und Überwachung wird mittlerweile eine Vielzahl verschieden gestalteter rechnerunterstützter Werkzeuge eingesetzt. Hierzu gehören etwa Expertensysteme für die Planung, CAD-Systeme zur Unterstützung der Konstruktion oder Programmiersysteme für numerisch gesteuerte Maschinen. Eine rechnergestützte Methode, mit deren Hilfe in besonderem Maß die Forderung nach Berücksichtigung wirtschaftlicher Belange erfüllt wird, ist die Simulation. Sie stellt ein allgemein anerkanntes Hilfsmittel zur Entwicklung und Bewertung von Systemen und Programmen sowie zur Optimierung der Ergebnisse der simulierten Prozesse dar.

Zu einer ersten Abschätzung der Anforderungen an die Datenverwaltung in ingenieurwissenschaftlichen Umgebungen soll uns die Robotersimulation dienen. Nach einer kurzen Einführung in die Aufgaben und Konzepte der Robotersimulation wird in den folgenden Abschnitten untersucht, wie die Modellbildung und Datenverwaltung bei der Entwicklung eines derartigen Softwaresystems für ingenieurwissenschaftliche Anwendungen derzeit erfolgt. Die Untersuchung soll Aufschluß über die für die Datenverwaltung wesentlichen Charakteristika technischer Anwendungen und die für den Ingenieurbereich typischen Programmiermethoden geben.

## 2.1 Einführung in die Robotersimulation

Im Bereich der robotergestützten Fertigung ermöglicht der Einsatz von Simulationssystemen insbesondere die Planung des Fertigungsprozesses und ihren Test, d.h. den Test von Roboterprogrammen unabhängig von der realen Hardware. Nach [Huc90] sind graphisch-interaktive Robotersimulationssysteme speziell für die Planung der Roboterzelle und die Programmierung von Roboteranwendungen ausgelegt. Aus Benutzersicht stellt das Graphiksystem die zentrale Komponente dar. Die Systeme besitzen eine interaktive Benutzerschnittstelle zur graphischen Eingabe und zur Visualisierung der Roboterzelle mit der Animation der Bewegungsabläufe. Auf der Basis eines rechnerinternen Modells der Roboterzelle, der eingesetzten Betriebsmittel und der manipulierten Teile wird die Funktionalität der Roboter und der Peripherie nachgebildet und die graphische Simulation der Roboterprogramme durchgeführt.

Bei Simulationsverfahren unterscheidet man zwischen physikalischer Simulation, etwa in einem Flugsimulator, und der abstrakten bzw. mathematischen Simulation. Zur Erstellung des mathematischen Modells, zur Ablaufsteuerung und zur Manipulation der Modellparameter werden in der klassischen Simulation i.a. spezielle Simulationssprachen wie z. B. SIMULA und GPSS eingesetzt. Die *graphische Robotersimulation* ist eine Abwandlung konventioneller Simulationstechniken mit der Besonderheit der graphischen Darstellung der Simulationsergebnisse. Sie ist der sogenannten kontinuierlichen Simulation zuzuordnen, d.h. sämtliche Änderungen des Systems werden in Abhängigkeit von der kontinuierlich fortschreitenden Zeit berechnet.

Das der Robotersimulation zugrunde liegende rechnerinterne Modell, das die Welt der Anwendung beschreibt, wird als *Umweltmodell* bezeichnet. Es umfaßt im engeren Sinne die Beschreibung aller am zu simulierenden Prozeß beteiligten Komponenten, d.h. die gesamte Fertigungszelle, im weiteren Sinne aber auch die Funktionalität der aktiven Zellkomponenten.

Ein Beispiel für eine Fertigungszelle ist in Abbildung 2.1 dargestellt. Sie zeigt einen Raum, in dem sich ein Roboter und ein Tisch befinden. Auf dem Tisch liegt eine Anzahl von Werkstücken. Der zu simulierende Prozeß sei die Montage der Werkstücke zu einem Pendel.

Das Umweltmodell für diese Fertigungszelle enthält nun sämtliche für die Montage und ihre Simulation relevanten Informationen, also z. B. die geometrische Beschreibung des Roboters, des Tisches und der Werkstücke, den Aufbau des Roboters aus Basis, Achsen und Greifer, Daten über die Leistungsfähigkeit des Roboters sowie Eigenschaften der Werkstücke wie Gewicht, Lage des Schwerpunktes usw. Weitere charakteristische Merkmale des Modells sind z. B. Prozeduren und Programme, die die Funktionsweise des Roboters, also etwa die Bewegungen, die ein Arm durchführen kann, oder die auf die Achsen und Gelenke wirkenden Kräfte beschreiben.

Auf der Basis des Umweltmodells bietet ein Robotersimulationssystem nun die Möglichkeit, den zu simulierenden Prozeß, im obigen Beispiel also die Montage des Pendels, *offline*, d.h. unabhängig vom realen Roboter, zu programmieren. Die Ausführung einzelner Programmschritte kann dabei direkt visualisiert werden. Diese graphische Simulation ermöglicht dem Programmierer eine sofortige und gute Analyse einzelner Programmschritte oder des gesamten Programmablaufs z. B. hinsichtlich möglicher Kollisionen oder fehlerhafter Manipulationen. Hierbei wird er vielfach noch durch Funktionen des Graphiksystems unterstützt, die eine geeignete Darstellung für den Einzelfall, etwa durch das Vergrößern von Ausschnitten, ermöglichen.

Der Aufbau eines Simulationssystems wird im folgenden nochmals kurz am Beispiel eines realen Systems erläutert. ROSI [DH85] ist ein Robotersimulationssystem, das seit einigen Jahren am Institut für Prozeßrechentechnik und Robotik der Universität Karlsruhe entwickelt wird. Ziel der Entwicklung ist die Unterstützung der Programmierung robotergestützter Fertigungsprozesse unter Verwendung von CAD-Daten. Abbildung 2.2 zeigt die Komponenten des Systems.

Der *Dialogmodul*, der entsprechend der Aufteilung des Systems in Funktionsmodule in 5 Komponenten zerlegt ist, bildet eine einheitliche und flexible Benutzerschnittstelle. Diese Schnittstelle ermöglicht die Kommunikation mit dem System mittels textueller und graphischer Interaktionstechniken. Der *Modelliermodul* dient der Beschreibung der Objekte in der Umwelt. Die geometrische Modellierung der Objekte erfolgt unter Verwendung eines CAD-Systems. Die hier erzeugten Daten müssen noch um kinematische und dynamische Eigenschaften beweglicher Umweltobjekte sowie um Daten über funktionale Eigenschaften von Objekten erweitert werden. Der *Emulationsmodul* umfaßt die Methoden, die zur Planung und softwaremäßigen Nachbildung des Roboterverhaltens für

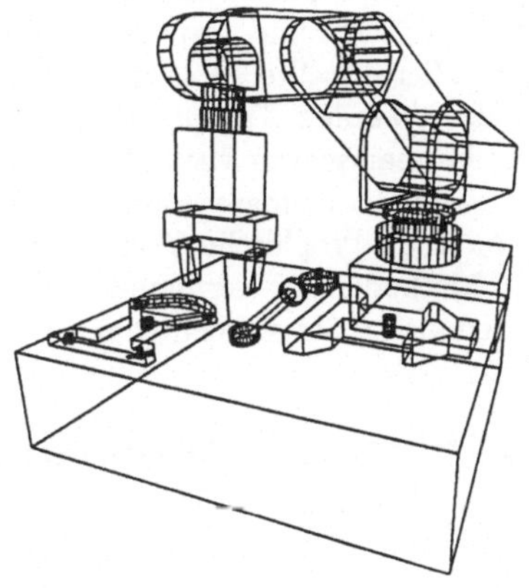

Abbildung 2.1: Beispiel einer Fertigungszelle (Quelle: [DH88])

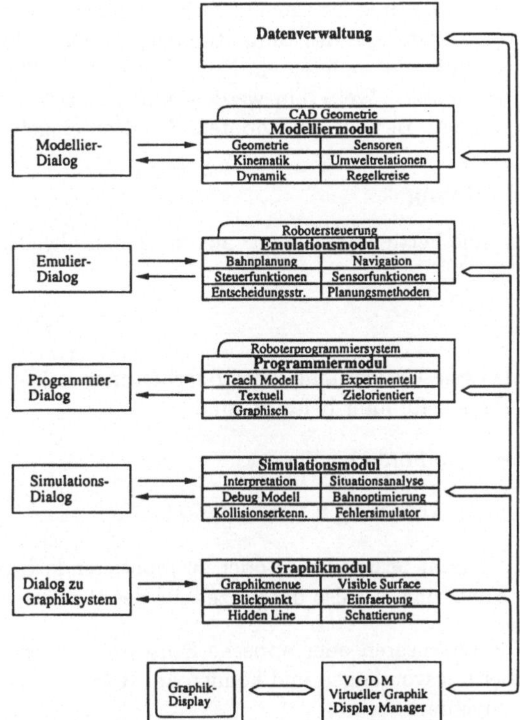


Abbildung 2.2: Module des Robotersimulationssystems ROSI (Quelle: [DH85])

die Simulation benötigt werden. Das sind z. B. Methoden der Bahnplanung, Sensorfunktionen sowie verschiedene Steuer- und Entscheidungsfunktionen. Der *Programmiermodul* unterstützt Methoden zur textuellen und graphischen Spezifikation von Programmen bzw. Programmanweisungen. Hier erstellte Programme können mit Hilfe des *Simulationsmoduls* validiert und verifiziert werden. Der programmierte Arbeitsablauf wird hierzu in seiner Umgebung auf dem Graphikschirm visualisiert und kann mittels verschiedener Analysemethoden überprüft werden. Primäre Aufgabe des *Graphikmoduls* ist die Unterstützung der Simulation durch die graphische Visualisierung des Simulationsprozesses. Weiterhin stellt dieser Modul Methoden zur Verfügung, mit deren Hilfe der Informationsgehalt der graphischen Darstellung erhöht werden kann (z. B. Hidden-line-Verfahren).

## 2.2 Datenunabhängige Modellierung technischer Objekte

Wie im vorangegangenen Abschnitt beschrieben wurde, bilden die Beschreibungsparameter des Umweltmodells die eigentliche Datenbasis für die Robotersimulation. In diesem Abschnitt wollen wir am Beispiel einer Fertigungszelle Charakteristika technischer Objekte erarbeiten. Hierzu werden auf der Basis des Entity-Relationship-Datenmodells [Che76] eine semantische Datenmodellierung für einen hinsichtlich seiner Eigenschaften und Funktionalität repräsentativen Ausschnitt des Umweltmodells durchgeführt. Dabei wird zum einen die Fertigungszelle und zum anderen ein Roboter sowie ein Werkstück als Elemente der Zelle genauer betrachtet. Weiterhin werden einige zum Verständnis notwendige Begriffe und Modelle aus dem Bereich der Robotersimulation eingeführt.

### Strukturelle Modellbildung

Nach [DFH88] besteht eine Fertigungszelle i.a. aus folgenden physikalischen Komponenten:

- *Roboter*
- *Endeffektoren*, das sind Greifsysteme oder Bearbeitungswerkzeuge wie Bohrer oder Schweißzangen, die am Roboter befestigt sind
- *aktive Peripherie*, z. B. Förderbänder
- *passive Peripherie*, in Abbildung 2.1 etwa der Tisch
- *Werkstücke*, das sind zu bearbeitende oder zu montierende Produktkomponenten, im Beispiel aus Abbildung 2.1 also die Einzelteile des Pendels
- *Sensoren*, z. B. Kraftsensoren oder optische Sensoren. Diese dienen zur Überwachung von Bearbeitungsvorgängen und können am Roboter, an der Peripherie oder frei in der Zelle angebracht sein.

Weiterhin ist eine Fertigungszelle durch logische Objekte charakterisiert, wie *Bahnen*, *Bahnsegmente* und *Programme*, die Aktionen und Bewegungen in einer Zelle definieren.

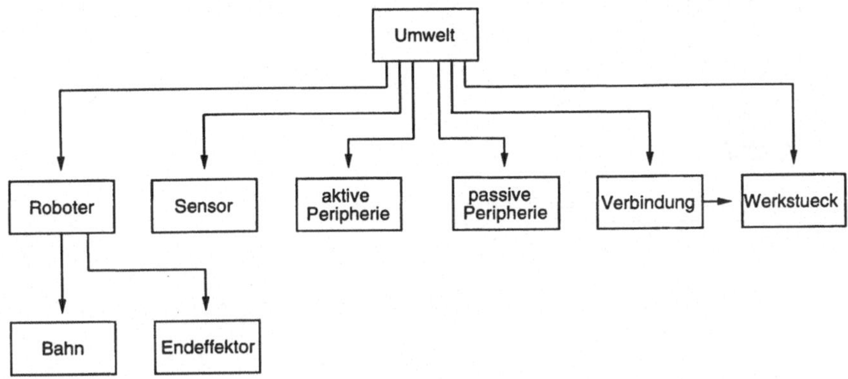


Abbildung 2.3: Grobklassifizierung der Fertigungszelle

Die Zerlegung der Fertigungszelle in ihre Komponenten ergibt bereits eine grobe Klassifizierung der Objekte, die in Abbildung 2.3 dargestellt ist.

Neben den bereits beschriebenen Zellkomponenten enthält diese Klassifikation die Klasse *Verbindung*. Diese dient zur Darstellung von Verbindungen zwischen Werkstücken, etwa von lose aufeinandergestapelten oder auch von fest montierten Werkstücken. Eine Verbindung besteht aus einem primären und einem sekundären Objekt. Sollen etwa zwei Objekte aufeinander montiert werden, so dient das Primärobjekt als Referenzsystem für die Positionierung des Sekundärobjekts der Verbindung. Die Grobeinteilung der Fertigungszelle in Klassen auf drei verschiedenen Ebenen spiegelt bereits deutlich ihre hierarchische Struktur wider.

Im folgenden soll die Klassifizierung der Zellkomponenten verfeinert werden. Dazu wird die Zelle aus der Sicht einiger ausgewählter Klassen betrachtet und semantisch modelliert. Die Modellierung erfolgt mit Hilfe von Entity-Relationship Diagrammen [Che76]. Die hierin verwendeten Notationen sind wie folgt zu interpretieren: Rechtecke symbolisieren Entitytypen, hiermit verbundene Ellipsen Attribute, wobei Schlüsselattribute durch Unterstreichung gekennzeichnet sind, und Rauten symbolisieren Beziehungstypen. Die Angabe der Kardinalität eines Beziehungstyps erfolgt in der $< min, max >$ Notation [SS89, LK90]. Sie besagt, in wieviel konkret vorhandenen Beziehungen ein Entitytyp E mindestens bzw. höchstens vorkommt. Für einen binären Beziehungstyp $B \subseteq E_1 \times E_2$ gibt das $E_1$ zugeordnete Paar $< min_1, max_1 >$ somit die minimale bzw. maximale Anzahl von Objekten des Entitytyps $E_2$ an, mit denen ein Objekt des Entitytyps $E_1$ eine Beziehung eingehen kann. Unbeschränkte Maximalkardinalitäten werden mit $*$ bezeichnet.

Abbildung 2.4 zeigt das ER-Diagramm der Umweltsicht. Es entspricht im wesentlichen den ersten zwei Ebenen der Klassifizierung aus Abbildung 2.3. Hiernach besteht eine Umwelt aus jeweils beliebig vielen Objekten jeder Klasse. Die 1:1 Beziehungen `primaeres` bzw. `sekundaeres Objekt` zwischen den Entitytypen `WERKSTUECK` und `VERBINDUNG` repräsentieren die Zusammensetzung einer Verbindung aus genau einem Primär- und einem Sekundärobjekt.

Das ER-Diagramm für die Fertigungszelle aus der Robotersicht ist in Abbildung 2.5 dargestellt. Der obere Teil des Diagramms zeigt die Beziehung des Roboters zu anderen Komponenten der Umwelt. Der untere Teil zeigt die Zerlegung des Roboters in seine

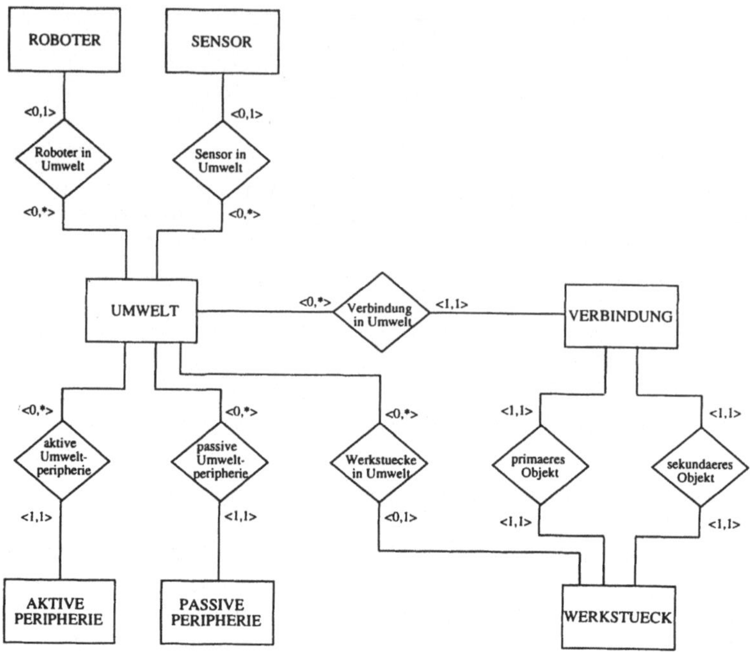


Abbildung 2.4: ER-Diagramm der Umweltsicht

wesentlichen physikalischen Komponenten. Danach besitzt ein Roboter mindestens einen Arm, der sich wiederum aus einer oder mehreren Achsen zusammensetzt. Die Beziehung **hat Vorgaenger** drückt dabei die sequentielle Verkettung der Achsen miteinander aus. Diese Art der Darstellung von Bewegungsachsen eines Roboterarms wird in der Robotik auch als *kinematische Kette* bezeichnet. Auf die Bedeutung dieser Modelliermethode wird im folgenden Abschnitt detaillierter eingegangen. Der Endeffektor, der bereits als eigene Klasse identifiziert wurde, ist in einer Umwelt immer mit dem Roboterarm verbunden. Dieses ist in der Beziehung **aktueller Endeffektor** dargestellt, wobei der Begriff aktuell andeutet, daß Endeffektoren keinen festen Bestandteil des Arms bilden, sondern vielfach austauschbar sind. Der Endeffektor selbst besteht ggf. aus mehreren Werkzeugen, also z. B. aus mehreren Greiferbacken oder Fingern. In vielen Fällen, wie etwa bei einem mehrgliedrigen Finger, setzt sich ein Werkzeug wiederum aus einer Folge von Bewegungsachsen zusammen. Werkzeuge eines Endeffektors werden i.a. auch als miteinander verkettet modelliert, um die Funktionalität von komplexen Greifoperationen beschreiben zu können.

Die Beziehung **Sensor an Roboter** stellt eine Verbindung zwischen dem Roboter und den Sensoren der Fertigungszelle her, die am Roboter installiert sind, z. B. Kraft-Moment-Sensoren. Weiterhin besteht eine Beziehung zwischen dem Roboter und den Werkstücken und Werkstückverbindungen, die zum aktuellen Zeitpunkt von ihm gegriffen werden. Letztendlich ist das logische Objekt *Bahn* dem Roboter derart zuzuordnen, daß eine Beziehung **kann fahren** die Bewegungsbahnen beschreibt, die ein Roboter verfahren kann.

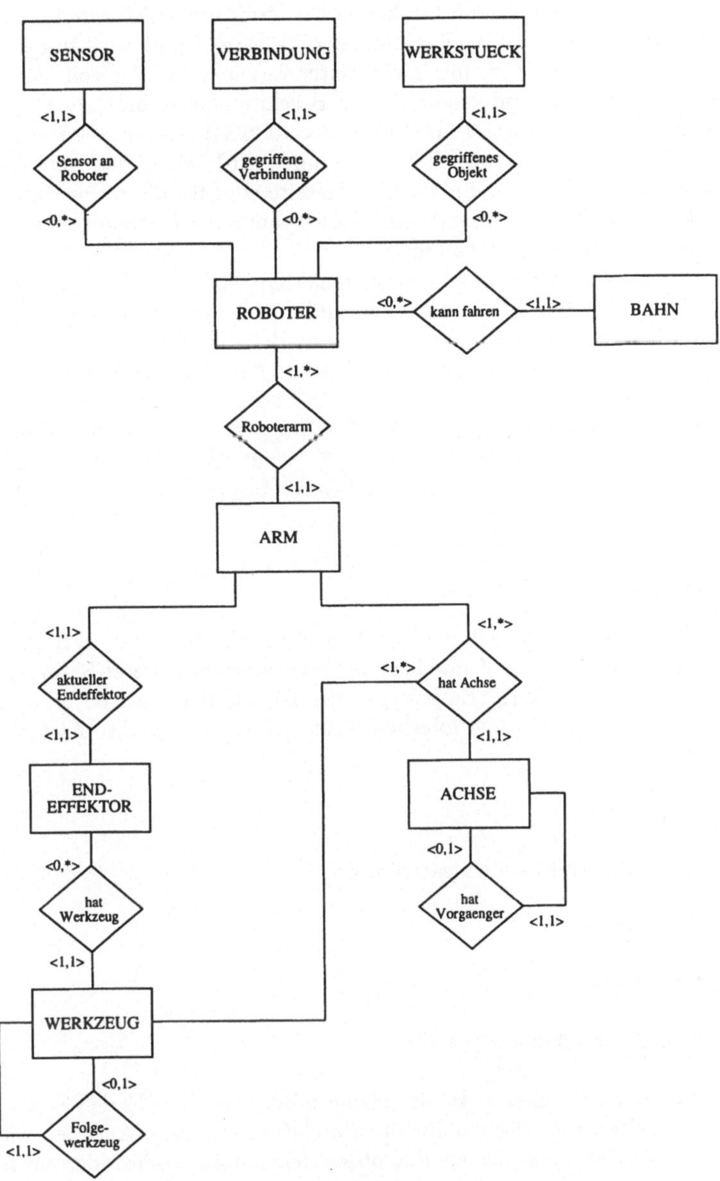


Abbildung 2.5: ER-Diagramm der Robotersicht

Bei den bisher beschriebenen Beziehungen zwischen realen Objekten der Fertigungszelle handelte es sich im wesentlichen um Beziehungen, die strukturelle Eigenschaften der Objekte darstellen. Zur Vervollständigung der strukturellen Beschreibung fehlt offensichtlich noch die geometrische Beschreibung der Objekte. Daher wird eine weitere Klasse *Geometrie* eingeführt, die jedoch hier nicht weiter verfeinert werden soll. An dieser Stelle sei lediglich angemerkt, daß zur geometrischen Beschreibung technischer Objekte vielfach das Volumenmodell (Constructive Solid Geometry (CSG)) oder das Begrenzungsflächen-Modell (Boundary Representation (BR)) verwendet wird, wobei das erste hauptsächlich für den graphisch unterstützten Entwurf, das zweite eher für die rechnerinterne Darstellung geeignet ist. Abbildung 2.6 zeigt das ER-Diagramm der Fertigungszelle aus der Sicht der geometrischen Objekteigenschaften.

Nachdem nun die Struktur verschiedener realer Objekte einer Fertigungszelle betrachtet wurde, soll eine Fertigungszelle noch kurz unter dem Gesichtspunkt der Bahnplanung betrachtet werden. Aufgabe der Bahnplanung ist die Planung der Bewegungen, die ein Roboter zur Ausführung einer Aufgabe zu vollziehen hat. Die Bewegungsbahn, auch Trajektorie genannt, wird i. a. durch eine Interpolationskurve beschrieben. Diese setzt sich aus einer Folge von Segmenten zusammen. Ein Segment wird wiederum durch eine Folge von Bahnpunkten beschrieben. Abbildung 2.7 zeigt das ER-Diagramm aus der Sicht der Bahnplanung. Die Konsolidierung der beschriebenen Sichten ist in Abbildung 2.8 dargestellt.

### Attributierung der Objektklassen

Neben den bereits beschriebenen strukturellen Eigenschaften einer Fertigungszelle und seiner Komponenten ist für das Umweltmodell eine Vielzahl anderer Parameter relevant. Diese werden den verschiedenen Entitytypen des ER-Modells als Attribute hinzugefügt. Dabei lassen sich im wesentlichen folgende nicht zwingend disjunkte Klassen von Attributen unterscheiden:

- Bezeichnungsattribute
- Funktionalitäts- und Leistungsattribute
- Simulationsattribute
- Laufzeitattribute
- allgemeine Beschreibungsattribute

Bezeichnungsattribute sind z. B. der Name oder Typ eines Endeffektors. Simulationsattribute enthalten spezielle nur für die Simulation relevante Angaben wie etwa den Modellstatus eines Roboters, der angibt, ob es sich um ein reales oder ein idealisiertes Modell handelt.

Laufzeitattribute beschreiben zeitvariante Daten wie aktuelle Positionen der Roboterachse oder eines Umweltobjekts. Zur Beschreibung der Lage von Objekten innerhalb einer Fertigungszelle wird in der Robotik i. a. das *Framekonzept* verwendet [BJ83]. Dieses geht davon aus, daß

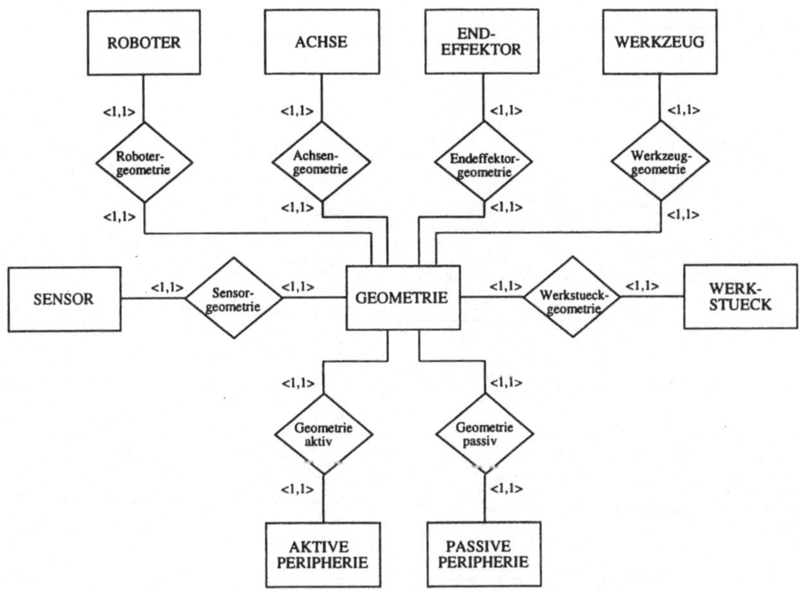


Abbildung 2.6: ER-Diagramm der Geometriesicht

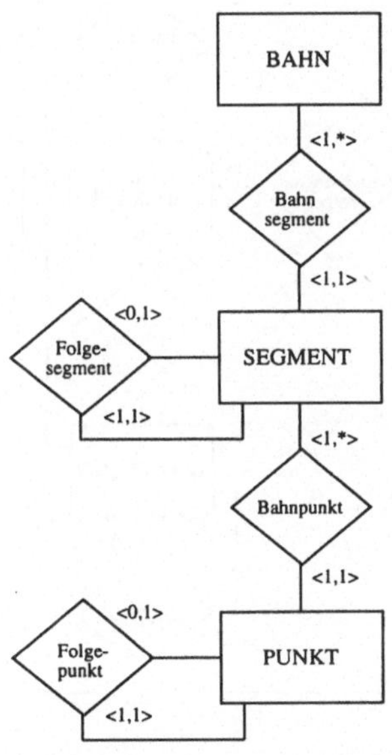


Abbildung 2.7: ER-Diagramm der Bahnplanungssicht

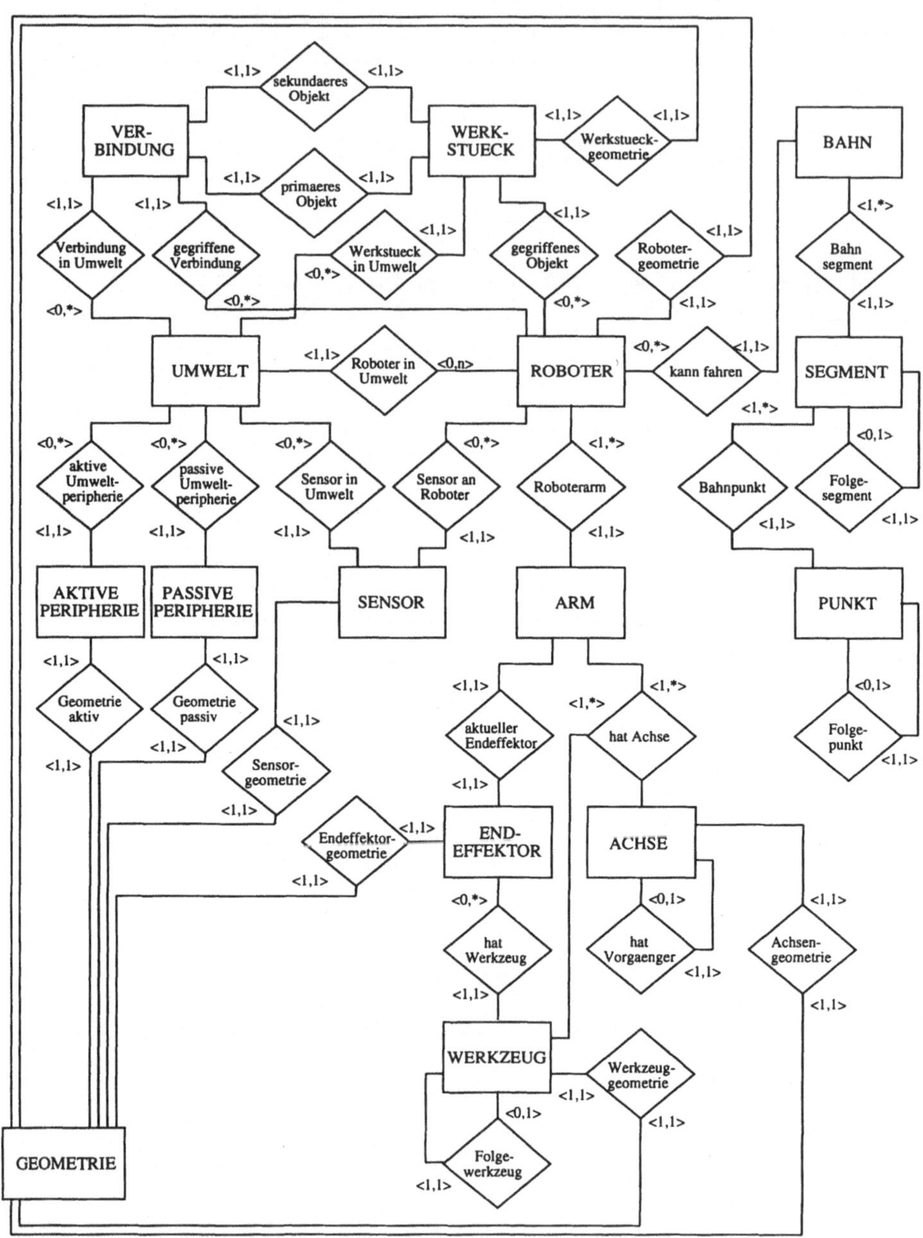


Abbildung 2.8: Konsolidiertes ER-Diagramm

1. eine Position im dreidimensionalen Raum sich eindeutig durch einen Vektor beschreiben läßt, der die Verschiebung eines Punktes entlang der Hauptachsen eines Basiskoordinatensystems angibt,
2. die Orientierung dadurch beschrieben werden kann, daß ein Einheitskoordinatensystem mit seinem Ursprung in den Punkt gelegt wird, womit die Orientierung als Verschiebung und Rotation des Koordinatensystems bzgl. des Basiskoordinatensystems spezifiziert werden kann. Ein Beispiel ist in Abbildung 2.9 aufgezeigt.

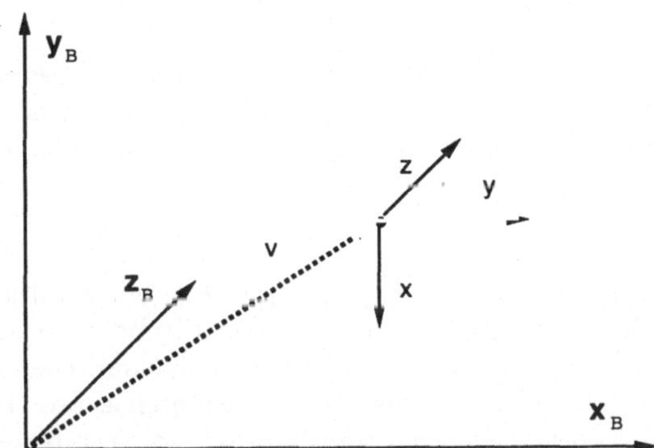


Abbildung 2.9: Beschreibung der Lage eines Objektes durch ein Frame

Algebraisch läßt sich die Position durch einen $1 \times 3$ Vektor $\vec{v}$, die Orientierung durch eine $3 \times 3$ Matrix $R$ darstellen. Vielfach werden diese Matrizen zu einer $4 \times 4$ Matrix, der Denavit-Hartenberg-Matrix (DH-Matrix) [DH55] zusammengefaßt, die eine sogenannte homogene Transformation beschreibt. Die DH-Matrix ist dann wie folgt aufgebaut:

$$\begin{pmatrix} R & \vec{v} \\ 0\,0\,0 & 1 \end{pmatrix}$$

Somit ergibt sich für die Positionsattribute eines Objekts eine Beschreibung in Form einer $4 \times 4$ Matrix. Es ist nicht unbedingt notwendig, die gesamte Matrix im Schema zu modellieren. Ein Frame kann alternativ durch je 3 Translations- und 3 Rotationsparameter beschrieben werden, aus denen die für das funktionale Umweltmodell erforderliche DH-Matrix abgeleitet werden kann.

Die Funktionalitätsattribute eines Entitytyps beschreiben charakteristische Merkmale der Funktionsweise eines Objekts oder enthalten Verweise auf das funktionale Modell der Fertigungszelle. Ein Funktionalitätsattribut für einen Sensor stellt z. B. dessen Aufnahmeprinzip dar. Hierbei handelt es sich um eine Kennung, die angibt, welche Art von Signalen (optisch, akustisch, mechanische usw.) vom Sensor verarbeitet werden können. Im Fall von Umweltobjekten, die Bewegungen ausführen oder bewegt werden, sind wesentliche Funktionalitäts- und Leistungsattribute solche, die die kinematischen bzw. dynamischen Eigenschaften der Objekte beschreiben. Diese Attribute sollen im folgenden am Beispiel des Roboters und seiner Subkomponenten detaillierter betrachtet werden.

Das dynamische Modell eines Roboters muß die Daten enthalten, die notwendig sind, um die auf ein statisches oder bewegtes Objekt einwirkenden Kräfte zu berechnen. Da viele Robotersimulationssysteme von einem idealisierten Robotermodell ausgehen, d.h. von einem Modell, in dem die Kräfte keine Auswirkung auf das Verhalten des Roboters haben, soll die dynamische Modellierung an dieser Stelle nicht weiter vertieft werden. Als Beispiele für Dynamikattribute einer Achse seien hier nur die Randwerte *Masse, maximale Geschwindigkeit* und *maximale Beschleunigung* genannt.

Das kinematische Modell ist für die funktionale Modellierung der Fertigungszelle von grundlegender Bedeutung. Daher soll im folgenden detaillierter darauf eingegangen werden. Meyers Lexikon der Technik und der exakten Naturwissenschaften [Mey69] definiert den Begriff Kinematik wie folgt:

> "`Kinematik`: Lehre von den geometrischen Bewegungsverhältnissen starrer Körper und Mechanismen. Sie untersucht die Lage (Bahnkurve), Geschwindigkeit und Beschleunigung einzelner Punkte des bewegten Körpers oder von Mechanismen in Abhängigkeit von der Zeit, wobei die die Bewegung verursachenden Kräfte unberücksichtigt bleiben."

Ein Teil der kinematischen Beschreibung eines Objekts ist offensichtlich durch die bereits erfolgte strukturelle Modellierung gegeben, im Fall des Roboters etwa durch die Anzahl und Verkettung der Achsen eines Arms. Ein anderer kinematischer Beschreibungsparameter ist die Art der Bewegung, die eine Achse ausführen kann. Diese wird auch als Freiheitsgrad bezeichnet und ist entweder translatorisch oder rotatorisch. Die Anzahl von Freiheitsgraden (= Anzahl Bewegungsachsen) ist somit auch ein Maß für die Beweglichkeit des Roboters. Für rotatorische Gelenke sind minimale, maximale und aktuelle Gelenkwinkel von Interesse, für translatorische Gelenke die entsprechenden Translationswerte. Die Angabe von Gelenkstellungen in Form von Gelenkwinkeln und Translationswerten wird i.a. bei der Roboterprogrammierung durch den Anwender und von der Robotersteuerung zur Berechnung der Einstellwerte benötigt. Diese Parameter werden auch als Roboterkoordinaten bezeichnet. Roboterkoordinaten eignen sich jedoch weder zur Berechnung der Werte für die dreidimensionale graphische Darstellung noch für die mathematische Beschreibung des Kinematikmodells. Weiterhin ist diese Darstellung nicht kompatibel mit der Angabe von Zielpositionen von zu bearbeitenden Objekten in der Fertigungszelle in Form kartesischer Koordinaten, wie sie etwa bei der impliziten Roboterprogrammierung verwendet wird.

Zur Unterstützung der funktionalen Modellierung, z. B. der Bewegungssteuerung für einen Roboter, sowie der Koordinatentransformation von kartesischen in Roboterkoordinaten und umgekehrt wird heute am häufigsten das Verfahren nach Denavit-Hartenberg [DH55] angewendet. Hierbei wird in jede Bewegungsachse des zu beschreibenden kinematischen Systems ein kartesisches Koordinatensystem gelegt. Die Zuordnung aufeinanderfolgender Bewegungsachsen wird durch die DH-Parameter beschrieben, die durch die Überführung benachbarter Koordinatensysteme definiert werden.

Voraussetzung für die Überführung ist die Festlegung der Bewegungskoordinatensysteme der Roboterachsen derart, daß die z-Achse des Koordinatensystems mit der Bewegungsachse des betreffenden Armelements (des Roboters oder des Endeffektors) übereinstimmt. Die Rotations- bzw. Translationsbewegung erfolgt dann immer entlang der z-Achse. Die Überführung der Koordinatensysteme $K_{i-1}$ und $K_i$ ineinander ist in Abbildung 2.10 schematisch dargestellt. Sie läßt sich nach [DFH88] durch die folgenden zwei Rotationen und 3 Translationen beschreiben:

1. Rotation von $K_{i-1}$ um die $z_{i-1}$-Achse mit Winkel $\Phi$, bis die $x_{i-1}$- und $x_i$-Achse parallel zueinander stehen. Es entsteht das neue Koordinatensystem $K'_{i-1}$.
2. Translation von $K'_{i-1}$ entlang der Koordinatenachsen um die Werte (a,y,s), so daß die Ursprünge der Koordinatensysteme $K''_{i-1}$ und $K'_i$ deckungsgleich sind.
3. Rotation des Koordinatensystems $K''_{i-1}$ um die $x''_{i-1}$ Achse mit dem Winkel $\alpha$, so daß die Koordinatensysteme $K''_{i-1}$ und $K_i$ deckungsgleich sind.

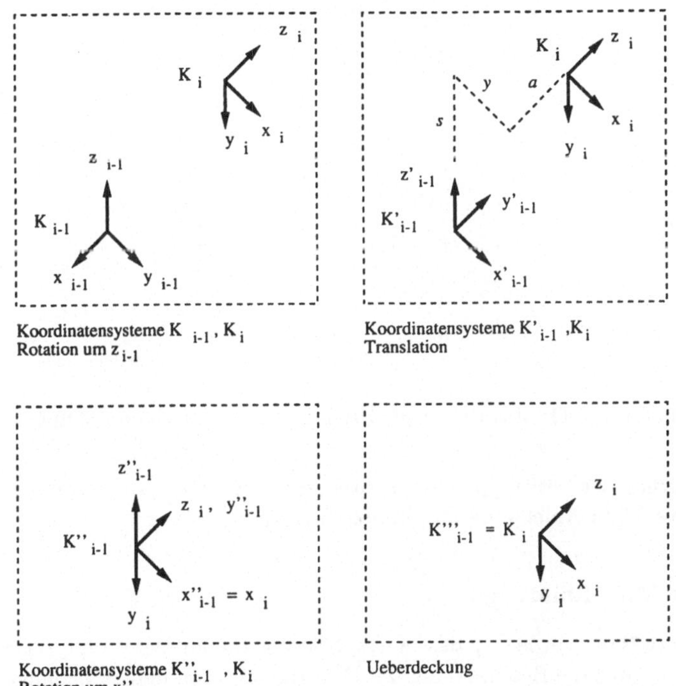


Abbildung 2.10: Koordinatentransformation nach Denavit-Hartenberg (Quelle: [DFH88])

Im Hinblick auf die Beschreibung der Kinematik im Datenmodell ist es nun also notwendig, die 2 Rotations- und die 3 Translationsparameter, die auch als DH-Parameter bezeichnet werden, als Attribute vorzusehen.

Ein Beispiel für allgemeine Beschreibungsattribute stellen die Attribute dar, die die Entitytypen der in Abbildung 2.7 dargestellten Bahnplanungssicht beschreiben. Die Segmente einer Trajektorie können, zusätzlich zu den Punkten, durch das Objekt, das der Roboter während ihrer Ausführung greift, beschrieben werden. Die Lage eines Bahnpunktes wird nicht durch einen Vektor im Koordinatensystem, sondern durch die Parameter der Roboter- bzw. Endeffektorachsen dargestellt, aus denen die z. B. für die graphische Visualisierung benötigten Vektoren abgeleitet werden können. Daraus ergeben sich die Beschreibungsattribute `eff_gelenkwerte` und `achs_gelenkwerte`. Das attributierte ER-Diagramm der Bahnplanungssicht ist in Abbildung 2.11 dargestellt. Abbildung 2.12 zeigt

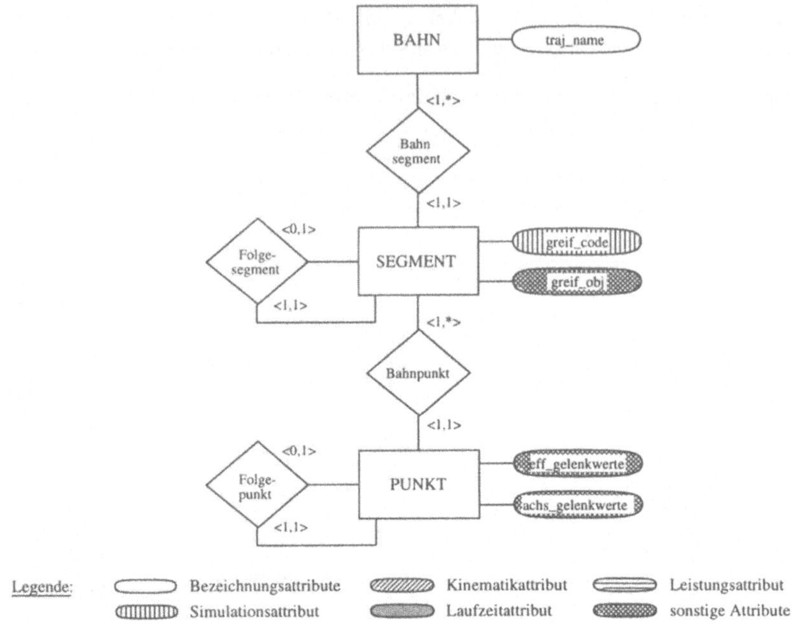


Abbildung 2.11: Attributiertes ER-Diagramm der Bahnplanungssicht

die Attributierung der Entitytypen für einen Ausschnitt des konsolidierten ER-Diagramms aus Abbildung 2.8 in Anlehnung an [Moh86, Swi88].

### Funktionale Modellbildung

Wie bereits erwähnt wurde, ist das einem Robotersimulationssystem zugrundeliegende Umweltmodell durch die Beschreibung der Objektstrukturen und Beziehungen noch nicht vollständig charakterisiert. Im Fall des Roboters bestimmen etwa die kinematische und mechanische Struktur des Systems den Arbeitsraum und die Art der ausführbaren Bewegungen. Die Bewegungsbahn eines Roboterarms für einen im Anwendungsprogramm spezifizierten Handhabungsvorgang, z. B. das Greifen eines Werkstücks, ergibt sich erst aus der Ansteuerung der Gelenke mit den entsprechenden Parametern. Für die Ansteuerung der Gelenke und die Koordination aller Bewegungen, ggf. unter Berücksichtigung von Sensordaten, ist die *Robotersteuerung* verantwortlich. Sie bildet die Schnittstelle zwischen dem Programm und dem mechanischen Roboter und übernimmt u. a. folgende Funktionen:

- *Ablaufsteuerung*, d. h. Realisierung des Gesamtablaufes der im Programm spezifizierten Aufgabe,

- *Bewegungssteuerung*, d. h. Steuerung, Koordination und Überwachung der Bewegungen des mechanischen Systems,

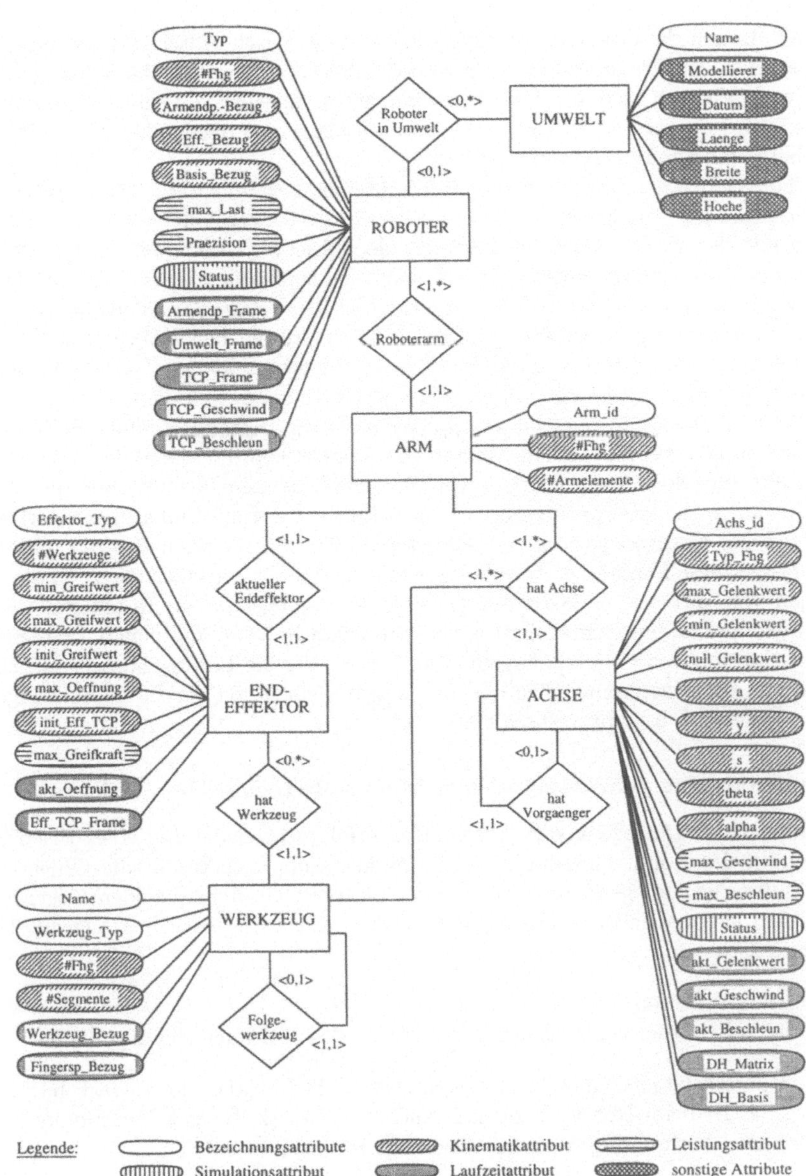


Abbildung 2.12: Attributierung des Umweltmodells

- *Aktionssteuerung*, d. h. Kommunikation mit der technologischen Umwelt (z. B. Sensoren), deren Resultat die Synchronisation und Koordination der Prozesse ist.

Weiterhin umfaßt die Robotersteuerung den Datenaustausch zwischen den verschiedenen Systemen, also dem Dialogsystem, dem Roboter, Sensoren, der Peripherie und ggf. einem Leitrechner. Vielfach wird auch das Programmiersystem selbst mit seinen Funktionen der Datenein- und ausgabe, dem Test und der Änderung von Programmen als Komponente der Robotersteuerung betrachtet.

Die Funktionen der Robotersteuerung beschreiben zusammen mit den Funktionen der Peripherie und ggf. der Sensoren die Funktionalität der Fertigungszelle und ergeben zusammen mit der strukturellen Beschreibung der Objekte das Umweltmodell. In einem Robotersimulationssystem müssen diese Funktionen softwaremäßig nachgebildet werden. Ihr Entwurf und ihre Implementierung werden als *funktionale Modellbildung* bezeichnet, d. h. das in Abbildung 2.2 aufgezeigte Emulationsmodul mit den darin realisierten Funktionen bildet einen wesentlichen Bestandteil des Umweltmodells. Weitere Funktionen, z. B. die Ein- und Ausgabe von Daten, gehen in die anderen Module ein.

Konkrete Beispiele für elementare Operationen, die Bestandteil eines Emulationssystems sind, sind etwa die Transformation von Roboterkoordinaten in kartesische Koordinaten und umgekehrt, die Planung von Bewegungsbahnen, die Interpolation von Bewegungsbahnen, die Überprüfung der Bahnausführung auf die Einhaltung verschiedener technologischer Grenzwerte sowie die Berechnung von auftretenden Kräften. Offensichtlich umfassen diese Funktionen sowohl objektspezifische Operationen wie z. B. die Transformation von kartesischen Koordinaten einer Bewegungsbahn in Roboterkoordinaten, die spezielle auf die jeweilige Roboterkinematik zugeschnittene mathematische Lösungen erfordert, als auch objektunabhängige Operationen wie die Lösung linearer Gleichungssysteme und die Matrixmultiplikation, die jedoch vielfach spezifische Darstellungen der Daten erfordern, d. h. typspezifisch sind.

### Zusammenfassung charakteristischer Merkmale technischer Objekte

Wie die in den vorangegangenen Abschnitten erfolgte Modellierung eines Beispiels aus dem Bereich der Robotersimulation zeigt, unterscheiden sich technische Objekte in einigen Punkten grundlegend von den auf ein Datenmodell abzubildenden Gegenständen in typischen kommerziellen Anwendungen. Dabei sind im wesentlichen folgende Punkte charakteristisch:

1. Objektstrukturen
   Technische Objekte als Elemente der realen Welt zeichnen sich aus durch

   - komplexe mechanische und geometrische Strukturen, die vielfach hierarchisch (z. B. beim Roboter), oftmals auch rekursiv (z. B. eine Verbindung, die aus zwei Verbindungen zusammengesetzt ist) sind,
   - eine Vielzahl von Beziehungen zwischen Objekten, die für das Modell eines Gesamtsystems (z. B. Umweltmodell) relevant sind,
   - Strukturen, die gleichartige Objekte gemäß eines Ordnungsbegriffs zusammenfassen (kinematische Kette, bestehend aus einer Folge von Achsen; Bahn, bestehend aus einer Folge von Bahnpunkten),

- eine Vielzahl charakteristischer Attribute zu einem Objekt, wobei die Attribute selbst komplexe Strukturen aufweisen (z. B. Matrixdarstellung für Attribute, die ein Frame repräsentieren).

2. Objektverhalten
Technische Objekte sind im Gegensatz zu logischen Objekten außer durch die Struktur auch durch ihr spezifisches Verhalten charakterisiert. Sie können selbst aktiv sein, wie z. B. ein Roboter, so daß ihr Verhalten durch die Funktionalität des Objekts charakterisiert ist, oder aber durch einen Prozeß verändert werden, wie etwa ein Werkstück, das bearbeitet wird und hierbei sein dynamisches Verhalten, also etwa den Schwerpunkt, ändert. Dieses Verhalten von Objekten bedarf vielfach einer operationalen Beschreibung, die zur rechnerinternen Verarbeitung zum Teil durch mathematische Modelle und deren Implementierung teilweise in Form anwendungsspezifischer Operationen erfolgt. Dabei kann man zwischen objektspezifischen Operationen und typspezifischen Operationen unterscheiden.

3. Objektzustände
Die Aktivität von Objekten innerhalb ihrer Umgebung bewirkt, daß sie durch zustandsabhängige Attribute (Zeit, Ort) charakterisiert sind. Der Wert derartiger Attribute ist während der Abarbeitung eines Prozesses, an dem das Objekt teilnimmt, kontinuierlichen Änderungen unterworfen (z. B. der aktuelle Gelenkwert einer Achse).

## 2.3 Programmierung mit technischen Objekten

Die Programmierung technischer Anwendungen erfolgt gegenwärtig primär in höheren Programmiersprachen wie Fortran oder Pascal. Hinzu kommt eine Vielzahl geräte- und anwendungsspezifischer Sprachen. Ursachen für den eher klassischen Programmiersprachenansatz sind in ihrem Einsatz in der Ingenieurausbildung und der hohen Verfügbarkeit von Bibliotheken mit Operationen vorwiegend für mathematische Verfahren zu sehen. Sprachen wie Fortran oder Pascal sind durch wenige einfache Strukturierungskonzepte mit vorwiegend statischer Speicherplatzvergabe wie Records oder Arrays gekennzeichnet. Die einzige dynamische Komponente bilden i. a. Zeigerstrukturen. Abstraktion und Modularisierung werden von diesen Sprachen in der Mehrzahl nicht direkt unterstützt.

Anwendungsprogramme in technischen Anwendungen haben vielfach die Aufgabe, aus gegebenen statischen Objekteigenschaften das Objektverhalten in Abhängigkeit veränderbarer Parameter zu berechnen. Zumindest bei den die statischen Eigenschaften beschreibenden Daten handelt es sich offensichtlich um Daten, für die Persistenzmechanismen wünschenswert wären. Der Begriff der Persistenz wird in konventionellen Programmiersprachen im Gegensatz zu Datenbanksystemen allein über die Lebensdauer von Datenobjekten definiert. [ABC+83] unterteilt das Spektrum persistenter Objekte in Programmiersprachen in sechs Kategorien:

1. Zwischenergebnisse bei der Berechnung von Ausdrücken

2. lokale Variablen einer aktiven Prozedur

3. Variablen einer Prozedur, globale Variablen und Elemente eines Heap, die auch außerhalb der gerade aktiven Prozedur referenzierbar sind

4. Daten, die zwischen mehrfachem Aufruf eines Programms existieren

5. Daten, die von einer zur anderen Version des Programms existieren

6. Daten, die auf ihnen arbeitende Programme überdauern

Die Punkte 1-3 realisieren offensichtlich Persistenz in einem sehr begrenzten Maß. Ein Beispiel für Punkt 3 wären etwa Variablen für zustandsabhängige Attribute, die ein technisches Objekt charakterisieren, aber nur für die Dauer eines Simulationsprozesses benötigt werden. Für die Persistenz der in Punkt 4-6 beschriebenen Daten stellen Programmiersprachen wie Pascal Methoden zur Definition und Verwaltung externer Dateien (Files) zur Verfügung. Ein Beispiel für Daten, die zwischen mehrfachen Programmaufrufen existieren, ist etwa das Protokoll einer Simulation. Daten, die das auf ihnen arbeitende Programm überleben, sind in Pascal nur über Dateien zu realisieren, wobei gewährleistet werden muß, daß die Datenspezifikation extern und nicht im Programm erfolgt. Bei den zu speichernden Daten kann es sich beispielsweise um die statischen Objekteigenschaften handeln, auf die möglicherweise auch von verschiedenen Programmen zugegriffen wird.

Die Manipulation von Daten kann in den hier betrachteten Programmiersprachen entweder durch Wertzuweisung, Funktions- oder Prozeduraufruf erfolgen. Da diese Sprachen im Gegensatz zu einer Vielzahl neuerer Sprachentwicklungen die Idee abstrakter Datentypen nicht berücksichtigen, ist es nicht möglich, Operationen direkt Datentypen zuzuordnen und damit Restriktionen und Konsistenzprüfungen zu verbinden. Die einzige Kontrollmöglichkeit ist z. B. in Pascal durch die strenge Typisierung gegeben.

Die für die Programmierung einer Anwendung verfügbaren Methoden und Werkzeuge beeinflussen sowohl die Programmstrukturen und Organisation der Daten als auch die Denk- und Arbeitsweise des Programmierers. Da in einem späteren Abschnitt untersucht werden soll, wie sich die konventionelle Programmierung technischer Anwendungen in Fortran oder Pascal von der Programmierung an Datenbankschnittstellen unterscheidet, wird im folgenden kurz aufgezeigt, wie die Objektmodellierung und -verwaltung in ROSI erfolgt.

Die im ER-Diagramm aus Abbildung 2.5 dargestellten Entitytypen `ROBOTER`, `ACHSE`, `ENDEFFEKTOR`, `WERKZEUG` und `WERKSTUECK` werden in ROSI durch die Objektklassen *Manipulator, Achse, Endeffektor, Werkzeug* und *Objekt* repräsentiert. Jede dieser Objektklassen ist durch vier zugehörige Pascal-Typdeklarationen charakterisiert. Abbildung 2.13 zeigt die Definition für die Objektklasse Manipulator. Der Typ *Mp_Daten* definiert die statischen Eigenschaften des Manipulators. Objekte diesen Typs bilden die Repräsentanten einer Objektklasse in der externen Datenhaltung von ROSI. Diese basiert auf einem Dateisystem, in dem die Objekte jeweils einer Objektklasse in einer Datei gespeichert sind. Neben den oben definierten Objektklassen existieren auch solche für funktionale Objekte wie Sensoren oder Umwelt-Objekt Beziehungen.

Wie aus der Typdefinition von *Mp_Daten* ersichtlich ist, sind Verweise auf Objektklassen, zu denen ein Objekt in Beziehung steht, nicht über Zeiger oder Komponenten des entsprechenden Typs, sondern über Identifikatoren realisiert. Eine wesentliche Ursache hierfür liegt in der Verwendung externer Dateien, in denen in Pascal nur Records fester Länge gespeichert werden können.

Neben der externen Datenhaltung existiert in ROSI eine interne Datenhaltung. Dabei handelt es sich um eine komplexe, aus Programmvariablen gebildete Datenstruktur, die eine konkrete Umwelt mit ihren Objekten und Beziehungen im Hauptspeicher repräsentiert. Zum Aufbau dieser Datenstruktur dienen die weiteren, die Objektklasse definierenden Typdeklarationen.

Der Typ *Mp_Verweise* enthält als Komponenten alle Attribute, die durch einen Zeiger auf eine Objektklasse realisiert sind. Diese Record-Komponenten spiegeln den Aufbau des Roboters aus Effektor und Arm, hier durch die acht Achsen modelliert, wider und sind somit Teil des strukturellen Objektmodells. Die Komponenten verweisen zugleich auf alle zur Laufzeit vorhandenen Objektdaten. Der Recordtyp *Mp_Laufzeit* setzt sich aus verschiedenen Komponenten zusammen, deren Wert laufzeitabhängig ist. Hierbei handelt es sich hauptsächlich um Parameter, die die aktuelle Position von Elementen des Manipulators beschreiben. Die drei vorgestellten Recordtypen bilden zusammen eine vollständige strukturelle Beschreibung der Objektklasse *Manipulator* und werden im Typ *Mp_Intern* zusammengefaßt.

Aufgrund der Verteilung der Information auf verschiedene externe Dateien, programminhärentes und benutzerspezifisches Wissen muß ein Objekt vom Typ *Mp_intern* am Anfang jedes Programmlaufs explizit erzeugt werden. Die vier weiteren Klassen physikalischer Objekte in ROSI werden analog modelliert.

Ein weiteres Charakteristikum technischer Anwendungen ist der Einsatz verschiedenartiger Hard- und Softwarekomponenten innerhalb einer Anwendung. So werden z. B. in ROSI, ebenso wie in der Mehrzahl ingenieurwissenschaftlicher Anwendungen, die graphischen Daten über ein spezielles Graphikprogrammpaket zur Verwaltung und graphischen Aufbereitung geometrischer Objekte bearbeitet. Somit müssen Schnittstellen definiert werden, die ggf. erforderliche Transformationen in die von der Graphiksoftware benötigten Datenstrukturen vornehmen.

Die in ROSI gewählte Art der Modellierung von Objekten, nämlich die Zerlegung in relativ kleine Informationseinheiten, die i. a. nicht den logischen Objekten entsprechen, bleibt nicht ohne Einfluß auf die Spezifikation von Prozeduren und Funktionen. Diese ist in ROSI u. a. stark von dem Problem der optimalen Speicherplatzausnutzung geprägt. Das hat zur Folge, daß in der Mehrzahl Prozeduren mit veränderbaren Parametern, die die kleinstmöglichen Informationseinheiten darstellen, definiert sind. Es ist weiterhin zu erkennen, daß sich die Definition von Strukturen nicht an auf Objekten bzw. Klassen sinnvoll ausführbaren Operationen orientiert, sondern primär an der erforderlichen Funktionalität der verschiedenen Schnittstellen (Dialog-, Graphikschnittstelle usw.).

```
Mp_Daten = RECORD
               Obj_Name:     string20;
               Anz_FHG:      integer;
               BKoord_Bez:   frame;
               Ef_Bez:       frame;
               Umw_Frame:    frame;
               Flansch_Z:    real;
               KM_Sen_Z:     real;
               Endeffektor:  string20;
               Folgeachse:   string20;
               KM_Sen:       string20;
               Basis_Geo:    string20;
               Flansch_Geo:  string20;
               Farbe:        real;
               Intensitaet:  real
           END;

Mp_Verweise = RECORD
                 Ptr_Fachs: achse_Zeiger;
                 Ptr_Ef:    endeffektor_zeiger;
                 Ptr_Achs1: achse_zeiger;
                 Ptr_Achs2: achse_zeiger;
                 Ptr_Achs3: achse_zeiger;
                 Ptr_Achs4: achse_zeiger;
                 Ptr_Achs5: achse_zeiger;
                 Ptr_Achs6: achse_zeiger;
                 Ptr_Achs7: achse_zeiger;
                 Ptr_Achs8: achse_zeiger
              END;

Mp_Laufzeit = RECORD
                 Arm_Efansch_Bez: matrix4x4;
                 Inv_Arm_Ef_Bez:  matrix4x4;
                 TCP_Pos:         vector;
                 TCP_V:           vector;
                 TCP_B:           vector;
                 TCP_Frame:       matrix4x4;
                 TCP_Ortg:        matrix3x3;
                 Grf_Objekt:      string20;
                 Umwelt_Bezug:    matrix4x4
              END;

Mp_Intern = RECORD
               Mp_Dat: Mp_Daten;
               Mp_Ver: Mp_Verweise;
               Mp_Lz:  Mp_Laufzeit
            END;
```

Abbildung 2.13: Spezifikation der Objektklasse *Manipulator* in ROSI

# Kapitel 3

# Datenbankaspekte

Nachdem im vorangegangenen Kapitel die Problematik der Entwicklung technischer Anwendungen aus der Sicht der Anwendung betrachtet wurde, sollen in diesem Kapitel die Datenbankaspekte erläutert werden. Hierbei muß unterschieden werden zwischen der Modellierung und Manipulation technischer Anwendungen in einem Datenmodell und der Programmierung mit persistenten Objekten. Daher wird in Abschnitt 3.1 zuerst das den folgenden Betrachtungen zugrundeliegende Datenmodell vorgestellt. Abschnitt 3.2 befaßt sich danach mit zwei Programmierschnittstellen. Die erste stellt eine Erweiterung konventioneller Cursorschnittstellen um Methoden zur Verarbeitung komplexer Objekte dar. Die zweite vorgestellte Schnittstelle verfolgt das Ziel, mittels weitergehender objektorientierter Konzepte zur lokalen Datenhaltung und -manipulation zu einer homogenen Schnittstelle zwischen Datenbanksystem und Programmiersprache zu gelangen.

## 3.1 Ein Datenmodell für technische Anwendungen

Das Ziel, Datenbanksysteme nicht nur für kaufmännische / administrative Anwendungen einzusetzen, sondern ein breiteres Anwendungsspektrum zu unterstützen, hat in den vergangenen Jahren zur Entwicklung einer Vielzahl neuer Datenmodelle geführt. Im Bereich der technischen Anwendungen bestand eine wesentliche Anforderung an ein geeignetes Datenmodell in der Möglichkeit, ein Entity des zu modellierenden Umweltausschnittes durch genau ein Objekt in der Datenbasis zu repräsentieren. Dieses führte zu einer ersten Definition des Begriffs des objektorientierten Datenmodells bzw. Datenbanksystems, der sowohl von Charakteristika objektorientierter Sprachen als auch von datenbankspezifischen Aspekten geprägt ist. Jedoch existiert bisher kein Konsens in der Frage, unter welchen Bedingungen ein System als objektorientiert bezeichnet werden kann. Den Versuch einer einheitlichen Definition unternehmen [ABD+89], indem sie einen Katalog obligater, optionaler und möglicher Eigenschaften objektorientierter Datenbanksysteme aufstellen.

Eine allgemeinere Definition, die sich stärker an den Begriff der komplexen Objekte anlehnt, gibt Dittrich [Dit86, Dit88]. Er unterscheidet drei Grade der Objektorientierung - die strukturelle, die verhaltensmäßige und die volle Objektorientierung. Danach ist ein Datenmodell *strukturell objektorientiert*, wenn es die Möglichkeit bietet, komplex strukturierte Entitäten als Objekte darzustellen und über generische Operatoren zu manipulieren. Es ist *verhaltensmäßig objektorientiert*, wenn es die Definition typspezifischer Operationen für einfache Datentypen wie atomare Datentypen oder Recordtypen unterstützt. Für die *volle Objektorientierung* wird zusätzlich zur strukturellen und verhaltensmäßigen Objektorientierung gefordert, daß Operationen nicht nur für einfache, sondern auch für komplexe Objekttypen des strukturell objektorientierten Modells definiert werden können.

Ein Datenmodell, das nach dieser Definition als objektorientiert bezeichnet werden kann, ist das $R^2D^2$-Datenmodell. Es handelt sich hierbei um ein Datenmodell, das speziell für das $R^2D^2$-System, ein Datenbanksystem für Robotikanwendungen entwickelt wurde.

Die strukturelle Objektorientierung des Systems basiert auf der Verwendung des erweiterten NF²-Modells zur Modellierung der komplexen Anwendungsobjekte. Die verhaltensmäßige und volle Objektorientierung ergibt sich aus der Möglichkeit, das Datenbanksystem um Operationen für komplexe Objekte zu erweitern. Die Realisierung des Datenmodells basiert auf dem am Wissenschaftlichen Zentrum Heidelberg der IBM entwickelten Datenbankprototyp AIM-P (**A**dvanced **I**nformation **M**anagement System **P**rototype), einer Implementierung des erweiterten NF²-Modells.

Bevor die Konzepte des R²D²-Datenmodells ausführlicher diskutiert werden, wird im folgenden Abschnitt eine Einführung in das erweiterte NF²-Modell gegeben. Daran schließen sich einige Anmerkungen zur Realisierung des Modells in AIM-P an.

### 3.1.1 Das erweiterte NF²-Datenmodell

Bei dem von Schek [SS86] vorgeschlagenen NF²-Datenmodell handelt es sich um ein nicht-normalisiertes relationales Datenmodell, d. h. Relationen können relationenwertige Attribute besitzen und deshalb beliebig tief geschachtelt sein. In den vergangenen Jahren wurden verschiedenen Algebren [SS86, AB84, HP87, LL88, RKS88] und Sprachen [PT86, PA86, RKB87, LL89] für das NF²-Datenmodell und seine verschiedenen Erweiterungen vorgeschlagen. Weiterhin existieren verschiedene Prototypimplementierungen des NF²-Datenmodells [DKA+86, PSS+87].

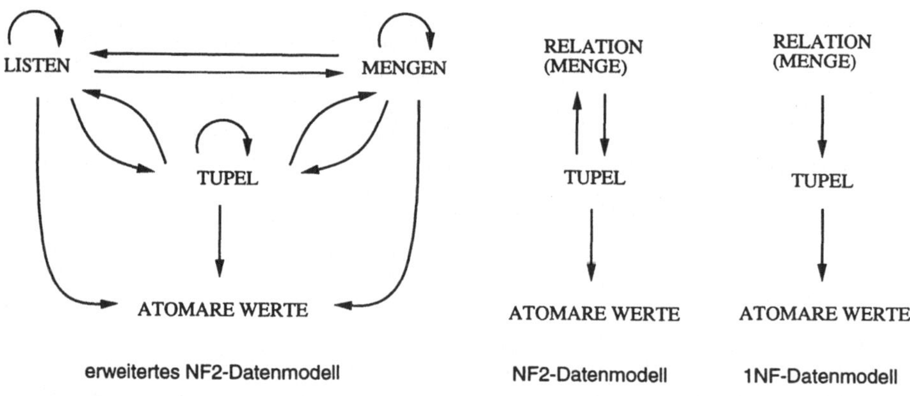


Abbildung 3.1: Schematische Darstellung der Unterschiede zwischen relationalem, NF²- und erweitertem NF²-Datenmodell

Ein solcher Prototyp ist das Datenbanksystem AIM-P, das ein erweitertes nicht-normalisiertes relationales Datenmodell (eNF²-Datenmodell) [PA86] realisiert. Die Unterschiede zwischen dem relationalen, dem NF²- und dem erweiterten NF²-Datenmodell stellt Abbildung 3.1 schematisch dar. Wie hieraus ersichtlich ist, unterscheidet sich das erweiterte vom ursprünglichen NF²-Modell durch das zusätzliche Konstrukt der Liste und die Möglichkeit, Tupel, Listen und Mengen beliebig ineinander zu verschachteln. Das erweiterte NF²-Modell soll im folgenden anhand einiger Beispiele aus dem Bereich der Robotersimulation näher erläutert werden. Zur Definition und Manipulation bedienen wir uns der Datenbanksprache von AIM-P, HDBL (**H**eidelberg **D**ata **B**ase **L**anguage) genannt [PA86, ALPS88]. HDBL besitzt, ebenso wie SQL, die **select** ... **from** ... **where**-Klausel als Basiskonzept. Zusätzlich stehen Typkonstruktoren für die modellinhärenten Typen Menge, Liste und Tupel zur Verfügung. Entsprechend der Möglichkeit, im NF$^2$-Modell Relationen zu schachteln, ist in Anfragen eine Schachtelung von **select** ... **from** ... **where**-Klauseln erlaubt, die jede für sich eine Menge bzw. Liste als Ergebnis liefern und so den Aufbau einer geschachtelten Ergebnisrelation sowie die Selektion und Projektion für Teilrelationen unterstützen.

Als erstes Beispiel soll das Objekt Bahn modelliert werden, dessen Struktur in Abbildung 2.11 dargestellt ist. Offensichtlich handelt es sich hierbei um eine streng hierarchische Struktur, die zudem eine Ordnung beinhaltet, welche im ER-Diagramm durch die Beziehungstypen **Folgesegment** und **Folgepunkt** angedeutet ist. Die Relation **trajektorien** kann nun mittels HDBL wie folgt definiert werden:

```
CREATE trajektorien
  { [ traj_name:  string(16),
      segmente:   < 20 [ greif_obj:  string(16),
                         greif_code: integer,
                         punkte:   < [ achs_gelenkwerte: <8 real>,
                                       eff_gelenkwerte:  <15 real>
                                     ] >
                       ] >
    ]}
END
```

Sie besteht aus einer Menge von Tupeln, was in der Definition durch Mengenklammern ({}) und eckige Klammern ([]) angedeutet ist. Das Attribut **segmente** stellt selbst wiederum eine Relation dar, auf der jedoch zugleich eine Ordnung definiert ist. Diese Ordnung kann im erweiterten NF$^2$-Modell mit Hilfe des Listenkonstruktors (<>) modelliert werden. Zudem erlaubt HDBL die Spezifikation einer maximalen oder festen (FIX) Anzahl von Elementen einer Liste, in diesem Fall maximal 20 Segmente pro Bahn. Die atomaren Attribute beschreiben Informationen darüber, ob ein bzw. welches Objekt während der Ausführung des entsprechenden Segments gegriffen wird. Das Attribut **punkte** ist eine beliebig lange Liste von Interpolationspunkten. Ein Interpolationspunkt wird durch die Stellung aller Roboter- und Endeffektorachsen in diesem Punkt beschrieben.

Weitere Verwendungsmöglichkeiten der Konstrukte des erweiterten NF$^2$-Datenmodells zeigt die folgende vereinfachte Definition einer Relation, mit der die statischen Parameter der Arme eines Roboters modelliert werden. Dabei werden im Unterschied zum ER-Diagramm aus Abbildung 2.8 nur die Achsen, nicht aber die Endeffektoren betrachtet. Der geometrischen Beschreibung der Achsen liegt das Begrenzungsflächenmodell zugrunde.

```
CREATE arms
  { [ arm_id:  string(16),
      axes:
        < 8 [ axis_name:  string(16),
              geometry:
```

```
                    [ geo_name:  string(16),
                      faces:  <500 [ vertices:
                                         < 50 [v:  <3 FIX real>] >
                                   ] >
                    ],
                  dh_value:
                    [ a:  real,
                      y:  real,
                      s:  real,
                      theta:  real,
                      alpha:  real
                    ],
                  joint_values:
                    [ type_degfree:  string(16),
                      max_v:  real,
                      min_v:  real,
                      zero:  real
                    ]
                ] >
      ] }
   END
```

Dieses Beispiel zeigt sehr deutlich, welche Strukturierungsmöglichkeiten das erweiterte $NF^2$-Datenmodell bietet. So läßt sich die kinematische Kette etwa über eine Liste modellieren, und die Dynamik- und Kinematikparameter einer Achse können logisch gruppiert und bezeichnet werden. Der Raumvektor **v** kann zudem einfach über eine Liste fester Länge modelliert werden.

Wie bereits oben angedeutet wurde, ist die DML von HDBL der Sprache SQL [SQL86] sehr ähnlich. Die wesentlichen Unterschiede bestehen in der obligaten durchgängigen Verwendung von Tupelvariablen, der Schachtelung von Select-Klauseln und der möglichen expliziten Restrukturierung durch Verwendung der Typkonstruktoren.

Als erstes Beispiel für den Datenretrieval mittels HDBL sollen alle Trajektorien bestimmt werden, deren Name den Teilstring 'PUMA' enthält. Die entsprechende Anfrage lautet:

```
SELECT t
FROM t IN trajektorien
WHERE t.traj_name CONTAINS 'PUMA'
```

Wie hieraus zu ersehen ist, besteht kein Unterschied zum Datenretrieval im flachen relationalen Modell, d.h. die geschachtelte Struktur der Tupel der Relation `trajektorien` wird in der Anfrage nicht sichtbar. Dieses ändert sich jedoch, sobald relationale Operatoren auf Teilrelationen angewendet werden sollen. Dazu sei folgende Beispielanfrage betrachtet, die alle Segmente bestimmt, in denen das Objekt 'Stift' gegriffen wird.

```
SELECT s
FROM s IN t.segmente,
     t IN trajektorien
WHERE s.greif_obj = 'Stift'
```

Hier spiegelt sich die Schachtelung in der Bindung der Tupelvariablen an die Relationen auf verschiedenen Ebenen wider. Noch deutlicher tritt die hierarchische Struktur in der folgenden Anfrage zutage, in der eine Projektion auf das Attribut `punkte` bzgl. `segmente` durchgeführt wird.

```
SELECT
   [ t.traj_name,
     segmente: ( SELECT [s.punkte]
                 FROM s IN t.segmente)
   ]
FROM t IN trajektorien
```

Das Ändern, Löschen und Eingeben neuer Werte erfolgt analog zum Datenretrieval. So lassen sich für ein Tupel der Relation `arms` die DH-Parameter der 5. Achse des Arms mit der Bezeichnung 'Arm1' unter Verwendung der eingebauten Funktion `position` wie folgt zuweisen:

```
ASSIGN [ a:  0,
         y:  0,
         s:  0,
         theta:  -90,
         alpha:  0
       ]
TO a.dh_values
FROM a  IN ar.axes,
     ar IN arms
WHERE position(a) = 5 AND ar.arm_id = 'Arm1'
```

### 3.1.2 Realisierung des erweiterten NF$^2$-Datenmodells in AIM-P

Zum besseren Verständnis verschiedener Entwurfsentscheidungen und Beispiele in den folgenden Ausführungen, die auf der Realisierung des erweiterten NF$^2$-Modells im Datenbankprototyp AIM-P (Release 2.0) beruhen, soll an dieser Stelle kurz auf einige implementierungsbedingte Restriktionen eingegangen werden.

Das erweiterte NF$^2$-Datenmodell, wie es in Abbildung 3.1 dargestellt ist, ist im Datenbanksystem AIM-P nicht vollständig implementiert, d. h. nicht alle beschriebenen Strukturen sind mittels HDBL [ALPS88] definierbar und manipulierbar. Abbildung 3.2 zeigt das erweiterte NF$^2$-Modell in der Form, in der es in AIM-P implementiert wurde. Wie hieraus zu ersehen ist, ist eine direkte Schachtelung von Listen und Mengen nicht möglich. Der gestrichelte Pfeil, der die Verschachtelung von Tupeln darstellt, soll andeuten, daß dieses Strukturierungskonzept zwar zur Verfügung steht, die DML jedoch den Zugriff auf Subkomponenten eines tupelwertigen Attributes nicht unterstützt. Im Beispiel der Relation `arms` bedeutet das, daß auf das Attribut `dh_values` nur als Ganzes, nicht aber auf die einzelnen DH-Parameter zugegriffen werden kann.

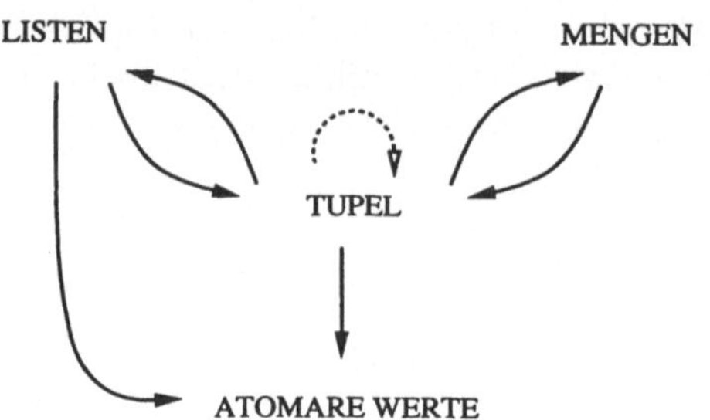


Abbildung 3.2: Realisierte Konzepte des eNF$^2$-Modells in AIM-P

### 3.1.3 Das R$^2$D$^2$-Datenmodell

Wie bereits eingangs erwähnt, handelt es sich beim R$^2$D$^2$-Datenmodell um ein strukturell und verhaltensmäßig objektorientiertes Datenmodell. Die Objektorientierung wird hierbei durch ein Konzept zur Typisierung komplexer Objekte erreicht. Ähnlich wie bei dem aus dem Bereich der Programmiersprachen bekannten Konzept der abstrakten Datentypen besitzt ein Objekttyp in R$^2$D$^2$ eine interne und eine externe Repräsentation. Die interne Repräsentation beschreibt die Objektstruktur in Form einer NF$^2$-Struktur. Die externe Repräsentation ergibt sich aus den zu den Datentypen spezifizierten Operationen.

Hierzu sei folgendes Beispiel betrachtet: Die Interpolationspunkte einer Roboterbewegungsbahn werden durch die Winkelstellungen der Roboter- und Endeffektorachsen in diesem Punkt beschrieben. Diese wurden im vorangegangenen Abschnitt durch Listen des atomaren Datentyps `real` repräsentiert. Führt man für diese Listen jeweils einen eigenen Datentyp ein, so ergibt sich die Möglichkeit, ihnen die spezifische Semantik der Achs- bzw. Endeffektorstellung aufzuprägen. Der Datentyp, der die Achsgelenkwerte repräsentiert, kann nun wie folgt spezifiziert werden:

```
CREATE TYPE
   achs_stellung IS
   <8 real>
WITH
   OPERATION gen_achsparam(w1,w2,w3,w4,w5,w6,w7,w8:real,anz:integer)
                            RETURNS achs_stellung;
   OPERATION stellung_achse_i(s:achs_stellung,i:integer) RETURNS real;
   OPERATION achs_abweichung(s1,s2:achs_stellung) RETURNS <8 real>;
   OPERATION anz_achswerte(a:achs_stellung) RETURNS integer;
END achs_stellung.
```

Die Operationen sind folgendermaßen zu interpretieren: Mittels `gen_achsparam` wird ein Objekt des Typs `achs_stellung` erzeugt. Der Parameter `anz` gibt dabei die Anzahl der relevanten Werte an, da es sich bei `achs_stellung` um eine variabel lange Liste handelt. `stellung_achse_i` liefert den Wert der i_ten Achse, also die i-te Komponente des Liste. Die Operation `achs_abweichung` berechnet die Differenzwerte der Winkel zweier Achsfolgen. Als Ergebnis liefert sie ein Objekt, das zwar strukturell äquivalent zu `achs_stellung` ist, aber eine andere Semantik besitzt, nämlich die eines Differenzvektors, nicht die einer Achsenstellung. Die Variabilität der Listenlänge erfordert weiterhin die Operation **anz_stellungen**, die die aktuelle Listenlänge bestimmt.

Die Stellung der Endeffektorachsen in einem Punkt kann ebenso wie die der Roboterachsen als Liste von Parametern der Typs **real** dargestellt werden. Die Semantik ist jedoch eine andere, da es sich nicht nur um eine, sondern um fünf kinematische Ketten, nämlich eine pro vorgesehenem Endeffektorwerkzeug, handelt. Diese Semantik wird in der Generierungsfunktion durch fünf Parameter, die jeweils ein Werkzeug repräsentieren, ausgedrückt. Weiterhin müssen Operatoren zur Verfügung gestellt werden, die aus der internen Repräsentation die Werte einer kinematischen Kette bzw. einer Achse eines Endeffektors bestimmen. Somit ergibt sich folgende Spezifikation des Datentyps **eff_stellung**:

```
CREATE TYPE
   eff_stellung IS
   <15 real>
WITH
   OPERATION gen_effparam(wz1,wz2,wz3,wz4,wz5:<3 real>,anz:integer)
                          RETURNS eff_stellung;
   OPERATION stellung_wz(e:eff_stellung,i:integer) RETURNS <3 real>;
   OPERATION stellung_wzachse(e:eff_stellung,i,j:integer)
                                   RETURNS real;
   OPERATION eff_abweichung(e1,e2:eff_stellung) RETURNS <15 real>;
   OPERATION anz_effwz(e:eff_stellung) RETURNS integer;
END eff_stellung.
```

Die Definition des Datentyps **eff_stellung** zeigt deutlich, daß erst die Operationen, die die interne Realisierung vollständig überdecken, die Interpretation des Datentyps liefern.

Typen und Operationen werden in $R^2D^2$ auch als benutzerdefinierte Datentypen bzw. benutzerdefinierte Operationen bezeichnet. Das bedeutet, daß diese im Gegensatz zum fest vorgegebenen Satz von atomaren Standarddatentypen jederzeit vom Anwender zum Datenbanksystem hinzugefügt werden können.

Benutzerdefinierte Datentypen stellen eine Erweiterung des Datenbanksystems in dem Sinne dar, daß sie nach ihrer Spezifikation wie die Standarddatentypen verwendet werden können. Hinsichtlich des strukturellen Teils ihrer Definition hat das zur Folge, daß ein Typ sowohl in der Definition eines neuen Typs als auch in der einer Relation vorkommen kann. Somit ist es in $R^2D^2$ u. a. möglich, Datentypen nach dem Prinzip des *stepwise refinement* zu spezifizieren. Ein Beispiel hierfür ist die folgende Spezifikation des Interpolationspunktes **punkt**, die auf den beiden zuvor deklarierten Datentypen basiert:

```
CREATE TYPE
   punkt IS
   [ achs_gelenkwerte: achs_stellung,
     eff_gelenkwerte:  eff_stellung ]
WITH
   OPERATION gen_punkt(as:achs_stellung,es:eff_stellung) RETURNS punkt;
   OPERATION punkt_achsen(p:punkt) RETURNS achs_stellung;
   OPERATION punkt_eff(p:punkt) RETURNS eff_stellung;
END punkt.
```

Für die Spezifikation eines benutzerdefinierten Datentyps steht dem Anwender die gesamte DDL zur Verfügung, d. h. die Datentypen können beliebig komplex werden und sich aus einer Kombination von Konstruktoren des erweiterten $NF^2$-Modells, atomaren und benutzerdefinierten Datentypen ergeben. Die komplexe Struktur eines Datentyps bleibt dabei einerseits in der Regel hinter den verwendeten benutzerdefinierten Datentypen verborgen, führt jedoch andererseits oft zu einer Vielzahl von benutzerdefinierten Operationen. Ein Beispiel für einen solchen komplexen Datentypen stellt der Typ `segment` dar, der ein Segment einer Bewegungsbahn repräsentiert.

```
CREATE TYPE
  segment IS
  [ greif_obj: string(16),
    greif_code: integer,
    punkte: <punkt> ]
WITH
  OPERATION gen_segment(go:string(16),gc:integer) RETURNS segment;
  OPERATION g_object(s:segment) RETURNS string(16);
  OPERATION g_code(s:segment) RETURNS integer;
  OPERATION spunkte(s:segment) RETURNS <punkt>;
  OPERATION spunkt_i(s:segment,i:integer) RETURNS punkt;
  OPERATION anz_spunkte(s:segment) RETURNS integer;
  OPERATION add_spunkt(s:segment,p:punkt) RETURNS segment;
  OPERATION insert_spunkt(s:segment,i:integer,p:punkt) RETURNS segment;
  OPERATION update_spunkt(s:segment,i:integer,p:punkt) RETURNS segment;
  OPERATION delete_spunkt(s:segment,i:integer) RETURNS segment;
END segment.
```

Die Definition des Bahnsegments kann nun die Basis der Deklaration einer wie folgt definierten Relation zur Speicherung von Bewegungsbahnen bilden:

```
CREATE bahnen
  { [ traj_name:  string(16);
      segmente:  <20 segment>
    ] }
END
```

Löst man die Definition des Datentyps `segment` über die verschiedenen Hierarchiestufen hinweg wieder auf, so sieht man leicht, daß die Relation **bahnen** strukturäquivalent zur Relation `trajektorien` aus Abschnitt 3.1.1 ist.

Eine dritte Möglichkeit zur Realisierung einer Relation für Bewegungsbahnen wäre die Spezifikation einer Trajektorie als Datentyp und somit die Definition der Relation als Menge von Instanzen benutzerdefinierter Datentypen. Eine korrekte Spezifikation des Datentyps **bahn** wäre beispielsweise die folgende:

```
CREATE TYPE bahn
  [traj_name:  string(16),
   segmente:  <20 segment>
  ]
```

```
WITH
  OPERATION gen_bahn(name:string(16)) RETURNS bahn;
  OPERATION b_name(b:bahn) RETURNS string(16);
  OPERATION bsegment_i(b:bahn,i:integer) RETURNS segment;
  OPERATION bsegmente(b:bahn) RETURNS <20 segment>;
  OPERATION anz_bsegmente(b:bahn) RETURNS integer;
  OPERATION add_bsegment(b:bahn,s:segment) RETURNS bahn;
  OPERATION insert_bsegment(b:bahn,i:integer,s:segment) RETURNS bahn;
  OPERATION update_bsegment(b:bahn,i:integer,s:segment) RETURNS bahn;
  OPERATION delete_bsegment(b:bahn,i:integer) RETURNS bahn;
END bahn
```

Aufbauend auf dieser Definition kann nun die zu `bahnen` strukturäquivalente Relation `bewegungsbahnen` deklariert werden.

```
CREATE bewegungsbahnen
  {bahn}
END
```

Die Frage, welche der beiden Modellierungen vorzuziehen ist, ist letztendlich eine Entwurfsentscheidung. Auf diese Problematik wird in Kapitel 4.3.1 noch detaillierter eingegangen.

Nachdem nun gezeigt wurde, wie komplexe Objekte als Datentypen definiert werden können und wie sich das Typkonzept orthogonal in die DDL einfügt, stellt sich die Frage, wie auf Instanzen benutzerdefinierter Datentypen zugegriffen werden kann. Hierbei sind zwei Gesichtspunkte zu betrachten – die Einbettung der benutzerdefinierten Operationen in die DML sowie die Bedeutung des Prinzips des *Information Hiding* in $R^2D^2$ .

Zum ersten Punkt ist festzustellen, daß benutzerdefinierte Operationen in der DML prinzipiell in der gleichen Art und Weise angewendet werden können wie die eingebauten Funktionen der DML. Das bedeutet, sie können sowohl in die SELECT- als auch in die FROM-Klausel eingebettet werden. Die aktuellen Parameter der Operationen bilden Konstanten und/oder Tupelvariablen. Ein Beispiel für die Verwendung von Funktionen in der DML zeigt die folgenden Anfrage bzgl. der Relation `bahnen`:

```
SELECT
   [ t.traj_name,
     segmente:  spunkte(s)
   ]
FROM s IN t.segmente
     t IN bahnen
WHERE anz_spunkte(s) > 100
```

Die hierin enthaltene Projektion auf das Attribut `punkte` bzgl. `segmente` muß nun, anders als in Abschnitt 3.1.1, nicht über verschachtelte Select-Anweisungen formuliert werden, sondern wird durch die Funktion `spunkte` ausgedrückt. Eine weitere benutzerdefinierte Operation dient der Beschreibung einer Selektionsbedingung.

Die Idee des Information Hiding stammt aus dem Bereich der Programmierung mit abstrakten Datentypen. Dieses Prinzip besagt, daß die Spezifikation eines Datentyps aus einer Schnittstellenbeschreibung und der Implementierung besteht, wobei nur die Schnittstelle für den Anwender sichtbar ist. Dadurch werden sowohl die interne Stuktur des Datentyps als auch die Implementierung der Operationen vor dem Benutzer verborgen.

Überträgt man das Konzept des Information Hiding in die Datenbankwelt, in der sich hierfür auch der Begriff der Verkapselung (*encapsulation*) eingebürgert hat, ergibt sich ein grundlegendes Problem bzgl. der Verkapselung der Objektstruktur. Diese steht eigentlich im Widerspruch zu den Konzepten üblicher Datenmanipulationssprachen, die den Zugriff auf Datenstrukturen explizit unterstützen.

In $R^2D^2$ stellt sich das Problem der Verdeckung oder Offenlegung von Strukturen der Datentypen aufgrund der hierarchischen Strukturen des $NF^2$-Modells auf zwei Ebenen. Zum einen ist zu fragen, ob die durch die Anwendung des *stepwise refinement* entstandene Abstraktionshierarchie offengelegt werden oder der Zugriff nur auf der in der Schemadefinition sichtbaren Ebene möglich sein sollte. Zum anderen ergibt sich die Frage ob bzw. inwieweit Instanzen benutzerdefinierter Datentypen über Zugriffsoperatoren der DML manipuliert werden können.

Zum ersten Punkt sei folgendes Beispiel betrachtet werden: Gesucht sei in der Relation `bewegungsbahnen` der Wert für die Stellung der ersten Endeffektorachse im ersten Punkt des letzten Bahnsegments der Trajektorie 'Tisch_Montage1'. Wird der hierarchische Aufbau des Typs `bahn` offengelegt, so kann der Zugriff durch eine den Hierarchiestufen entsprechende Schachtelung von Operationen erfolgen, d. h. es ergibt sich folgende Anfrage:

```
SELECT
  [result:
     stellung_eff_i(punkt_eff(spunkt_i(bsegment_i(b,anz_segmente(b))
                                        ,1))
                     ,1)
  ]
FROM b IN bewegungsbahnen
WHERE b_name(b) = 'Tisch_Montage1'
```

Legte man die Hierarchie nicht offen, so wäre die Definition einer Funktion für den Datentyp `bahn` erforderlich, deren Parameterliste sich aus der Summe aller Parameter der einzelnen Funktionen ergibt und die genau die geschachtelten Funktionsaufrufe realisiert, also eine Funktion der Art

```
OPERATION bahn_eff_i(b:bahn,eff_achs_pos:integer,punkt_index:integer,
                     segment_index:integer) RETURNS real;
```

Die obige Anfrage könnte dann wie folgt realisiert werden:

```
SELECT
  [result:  bahn_eff_i(b,1,1,anz_segmente(b))]
FROM b IN bewegungsbahnen
WHERE b_name(b) = 'Tisch_Montage1'
```

Soll ein striktes Information Hiding zum Zweck der Modularisierung auch innerhalb der Funktionsimplementierung angewendet werden, ist zudem eine Vielzahl von Funktionen auf den verschiedenen Hierarchiestufen erforderlich.

Das $R^2D^2$-Datenmodell geht davon aus, daß eine Offenlegung der Abstraktionshierarchie jederzeit möglich sein sollte, da sie i. a. auch die logische Struktur, d. h. die Semantik von Objekten widerspiegelt. Hinzu kommt, daß ein Information Hiding mit dem Ziel, die Implementierung von Objektstrukturen jederzeit für den Anwender unbemerkt ändern zu können, in relationalen Datenbanksystemen nur eine relativ geringe Rolle spielt, da dies einer dynamischen Schemaänderung entsprechen würde.

Zur Frage des Zugriffs auf die interne Struktur benutzerdefinierter Datentypen über Zugriffsoperationen der DML ist zu sagen, daß dieses in $R^2D^2$ erlaubt ist, falls die Datentypen nicht explizit als *encapsulated types* spezifiziert wurden (vgl. Abschnitt 3.1.4). Diese Möglichkeit des Zugriffs erscheint insbesondere dann sinnvoll, wenn ein Objekt eine komplexe $NF^2$-Struktur darstellt und sich selbst nicht wieder aus anderen benutzerdefinierten Datentypen zusammensetzt. In diesem Fall müßten zum Zugriff auf Subobjekte die Zugriffsoperationen der DML durch benutzerdefinierte Operationen nachgebildet werden.

Für den Datentyp `segment` ist also die Spezifikation der Operationen `insert_spunkt`, `delete_spunkt` und `update_spunkt` zum Einfügen, Löschen bzw. Ändern eines Punktes nicht zwingend erforderlich, sondern ein Punkt kann wie folgt in ein Bahnsegment der Relation `bahnen` eingefügt werden:

```
INSERT ..........
INTO s.punkte
FROM s IN b.segmente,
     b IN bahnen
WHERE position(s)=....
```

Diese Sichtweise der Bedeutung der Verkapselung entspricht der Forderung für objektorientierte Datenbanksysteme nach [ABD+89], die besagt, daß die Verkapselung durch eine Speicherung von Daten und Operationen in der Datenbank unterstützt werden soll, jedoch nicht in jedem Fall erzwungen werden muß.

Ein weiteres Konzept, das im Zusammenhang mit abstrakten Datentypen und dem Information Hiding gefordert wird, ist eine explizite Angabe der Operationen, die auf einen Datentyp angewendet werden dürfen. Eine derartige Bindung von Operationen an Datentypen ist in $R^2D^2$ nicht erforderlich, das bedeutet, lediglich die Typäquivalenz der zu manipulierenden Objekte und der Operationsparameter ist Voraussetzung für die Anwendbarkeit einer Operation auf ein Objekt.

Somit stellt sich das Konzept der benutzerdefinierten Datentypen als orthogonale Erweiterung des Datenbanksystems dar, d. h. es besteht kein wesentlicher Unterschied zwischen Standard- und benutzerdefinierten Datentypen abgesehen davon, daß Standarddatentypen grundsätzlich verkapselt sind und nicht gelöscht werden können. Insbesondere ist es aber auch möglich, neue Operationen für Standarddatentypen einzuführen. Im folgenden werden die atomaren Standarddatentypen und die benutzerdefinierten Datentypen auch unter dem Begriff der Datenbankdatentypen, abgekürzt DBDT, zusammengefaßt.

In den bisherigen Ausführungen wurden die Konzepte zur Spezifikation und zur Integration der benutzerdefinierten Operationen in die DML vorgestellt, jedoch noch nicht die Frage der Implementierung der Operationen diskutiert. Bevor hierauf eingegangen wird, sollen zum besseren Verständnis der Entwurfsentscheidungen einige Anmerkungen zur Rolle der Programmierung in objektorientierten Datenbanksystemen gemacht werden.

Auf Datenbankobjekte kann in der Regel über zwei verschiedene Schnittstellen zugegriffen werden – die interaktive Datenbankschnittstelle, an der zur Manipulation die Datenbanksprache zur Verfügung steht, und die Programmierschnittstelle. In vielen Programmierschnittstellen erfolgt der Zugriff auf die Datenbasis über eingebettete DML-Anweisungen, deren Ergebnis in Variablen des Anwendungsprogramms transferiert, mittels Konzepten der Programmiersprache manipuliert und ggf. wieder zurückgeschrieben wird.

Zur Lösung des in der Literatur auch als *impedance mismatch* [CM84, Mai89] bezeichneten Problems der Kombination zweier nur schwer verträglicher Konzepte existieren verschiedene Ansätze – von der Erweiterung konventioneller Programmiersprachen um mengenorientierte Zugriffsmethoden und Datenstrukturen [Sch77] bis hin zur persistenten Programmierung [AB87, ABM88]. Auch im Bereich der objektorientierten Datenbanksysteme wird durch die Integration von Datenbank- und Programmiersprachenkonzepten versucht, Lösungsansätze für dieses Problem zu finden.

In $R^2D^2$ ist das Problem der Programmierung von besonderem Interesse, da die Programmierschnittstelle für die Entwicklung technischer Datenbankanwendungen eine bedeutende Rolle spielt. Einen Ansatzpunkt zur Realisierung einer homogenen Schnittstelle stellen die benutzerdefinierten Operationen dar. Sie ermöglichen bei der Wahl einer geeigneten Implementierung weitestgehend gleiche Zugriffskonzepte in DML und Programmiersprache.

Hinsichtlich eines geeigneten Sprachkonzepts für die Implementierung von benutzerdefinierten Operationen wurden in $R^2D^2$ zwei verschiedene Ansätze untersucht. Der erste Ansatz [KW87b] besteht in der Implementierung der benutzerdefinierten Operationen in der Datenmanipulationssprache. Der Vorteil dieser Idee ist in einem in sich homogenen Konzept zur Spezifikation, Implementierung und Manipulation benutzerdefinierter Datentypen und Operationen zu sehen. Als wesentlicher Nachteil dieses Ansatzes muß die mangelnde Mächtigkeit von Datenmanipulationssprachen zur Realisierung des Verhaltens technischer Objekte genannt werden. So ist z. B. in einer DML die Matrixmultiplikation sowohl nur schwer zu beschreiben als auch nur sehr ineffizient zu implementieren.

Der zweite Ansatz besteht in der Implementierung von benutzerdefinierten Operationen in einer höheren Programmiersprache. Der Nachteil dieses Ansatzes besteht darin, daß die Realisierung der Operationen nicht mit Konzepten des Datenmodells erfolgt und somit nicht vom Datenbanksystem unterstützt wird, sondern in einer mehr oder weniger eng an das Datenbanksystem gekoppelten Programmierumgebung durchgeführt werden muß. Weiterhin müssen nun benutzerdefinierte Datentypen und die zugehörigen Operationen in zwei verschiedenen Sprachen implementiert werden. Zwei wesentliche Vorteile dieses Ansatzes bestehen in der Mächtigkeit der Implementierungssprache und der Möglichkeit, Operationen sowohl in die DML als auch in Anwendungsprogramme einzubetten. Ein dritter Vorteil besteht darin, daß bei einer entsprechenden Wahl der Programmiersprache prinzipiell die Möglichkeit besteht, die Datenbank durch Hinzubinden des Operationscodes explizit um die benutzerdefinierten Operationen zu erweitern, d. h. eine echte Migration der Operationen in den Datenbankkern durchzuführen.

Die Wahl einer prozeduralen Sprache zur Implementierung benutzerdefinierter Operationen hat zur Folge, daß benutzerdefinierte Datentypen neben ihrer internen $NF^2$-Repräsentation auch eine Programmiersprachenrepräsentation besitzen müssen, auf deren Basis die Operationen implementiert werden können. Das bedeutet, zu jedem Strukturierungskonzept des Datenmodells muß ein äquivalentes Konzept in der Programmiersprache gefunden werden. Die Programmiersprachenrepräsentation eines benutzerdefinierten Datentyps dient, wie in Abschnitt 3.2.3 noch näher erläutert wird, in $R^2D^2$ gleichzeitig zur Repräsentation eines Datenbankobjektes im Anwendungsprogramm.

Zur Generierung einer Pascaldarstellung für einen Datentyp sind generell zwei verschiedene Ansätze vorstellbar:

1. manuelle Spezifikation einer geeigneten Darstellung für jeden Datentyp durch den für die Implementierung verantwortlichen Datenbankbenutzer

2. automatische Generierung einer Pascalrepräsentation wobei

   - für jedes $NF^2$-Konstrukt genau eine Standarddatenstruktur existiert und
   - eine Auswahl verschiedener Pascalrepräsentationen zur Verfügung steht.

Die erste Alternative erfordert die Implementierung der Transformations- und Rücktransformationsprozeduren für jeden Datentyp. Dieser Aufwand ist insbesondere im Hinblick auf die Implementierung benutzerdefinierter Datenbankfunktionen nicht vertretbar. Daher wurde in $R^2D^2$ der zweite Ansatz gewählt, wobei der Benutzer im Rahmen der Definition eines Datentyps aus den vorgegebenen Alternativen die ihm geeignet erscheinende auswählen kann.

Das Erfordernis, dem Anwender die Möglichkeit zu geben, Einfluß auf die generierte Pascalstruktur zu nehmen, ergibt sich aus der Beobachtung, daß insbesondere in ingenieurwissenschaftlichen Anwendungen keine typischen Datenstrukturen existieren, die zur Implementierung aller Anwendungen geeignet sind. Das zeigt sich beispielsweise bei der Wahl von Pascaldarstellungen für Mengen und Listen, die je nach Anwendung leicht handhabbar oder aber effizient bzgl. Laufzeit und/oder Speicherplatzbedarf sein müssen.

### 3.1.4 Realisierung des $R^2D^2$-Datenmodells in AIM-P

Die Realisierung des $R^2D^2$-Datenmodells in AIM-P weicht, bedingt durch Implementierungsbeschränkungen und den Prototypcharakter des Systems, in einigen Punkten geringfügig vom Konzept ab bzw. beinhaltet Restriktionen.

So ist in AIM-P die Bindung von Operationen an einen Datentyp vollständig aufgehoben, d. h. Struktur und Operationen werden vollständig voneinander unabhängig definiert. Die strukturelle Definition eines Datentyps in AIM-P setzt sich aus bis zu drei Teilen zusammen – der obligaten Beschreibung der $NF^2$-Struktur sowie der optionalen Deklaration des Typs als *encapsulated type* und der ebenfalls optionalen Deklaaration der variablen Parameter der Pascaldarstellung des Typs.

Hinsichtlich der Pascalrepräsentation von $NF^2$-Strukturen sind in AIM-P die Darstellungen der atomaren Datentypen und Records fest vorgegeben. Für Mengen und Listen werden zwei Alternativen angeboten – die sogenannte *standard representation*, die per Default erzeugt wird, oder die *dense representation* [LKD+88, KWD+89]. Der wesentliche Unterschied zwischen diesen beiden Darstellungsformen besteht darin, daß im ersten Fall der Speicherplatz für die Elemente der Menge / Liste dynamisch und im zweiten Fall statisch allokiert wird.

Die Spezifikation von Datentypen in AIM-P sowie ihre Pascaldarstellung wird im folgenden anhand einiger Beispiele erläutert. Hierzu sei als erstes Beispiel der tupelwertige Datentyp `punkt` betrachtet. Er kann in AIM-P mittels HDBL wie folgt deklariert werden:

```
DECLARE TYPE punkt
  [ achs_gelenkwerte: achs_stellung,
    eff_gelenkwerte:  eff_stellung
  ]
ENC END
```

Das Schlüsselwort `ENC` gibt an, daß für `punkt` die Verkapselung erzwungen werden soll. Da die Pascaldarstellung für Tupel fest vorgegeben ist, ist in diesem Fall hierzu keine Angabe erforderlich. Die Pascaldarstellung für Tupel besteht aus einem Record, dessen Felder die Attribute repräsentieren, d. h. für `punkt` ergibt sich folgende Typdeklaration (Syntax gemäß [IBM85]):

```
TYPE punkt = PACKED RECORD
                 achs_gelenkwerte: achs_stellung;
                 eff_gelenkwerte:  eff_stellung
             END;
```

Zusätzlich erzeugt der Typcompiler zu jedem benutzerdefinierten Datentyp einen Pascaldatentyp, der einen Zeiger auf eine Instanz des Datentyps repräsentiert und für `punkt` folgendermaßen definiert ist:

```
TYPE punkt_ptr = ↑punkt;
```

Er dient zur automatischen Speicherallokation für komplexe Datenbankobjekte im Anwendungsprogramm.

Als zweites Beispiel sei der Datentyp `achs_stellung` betrachtet, dessen Existenz im vorangegangenen Beispiel vorausgesetzt wurde. Es handelt sich hierbei um einen listenwertigen Datentyp. Daher kann zwischen zwei Pascaldarstellungen ausgewählt werden. Das folgende Beispiel zeigt die Spezifikation der kompakten Darstellung mittels der Option DENSE.

```
DECLARE TYPE achs_stellung
  <8 real>

PASCAL REPRESENTATION:
achs_stellung:  DENSE
END
```

Aufgrund dieser Spezifikation wird nun vom Typgenerator folgende Pascal-Typdeklaration erzeugt:

```
TYPE achs_stellung = PACKED RECORD
                         act_elem: PACKED 0..8;
                         val:      PACKED ARRAY[1..8] OF real
                     END;
```

Wie aus dieser Typdefinition zu ersehen ist, wird zu jedem mengen-/listenwertigen Typ ein Record erzeugt, der Informationen über die aktuelle Belegung und die Daten bzw. einen Verweis hierauf enthält. Im Fall der kompakten Darstellung wird die Elementliste selbst als Array dargestellt, für das in Pascal der Speicherplatz statisch allokiert wird.

Ein Beispiel für eine sinnvolle Anwendung der Default-Darstellung stellt das Attribut `punkte` des Datentyps `segment` dar. Ein Array der vom System vorgegebenen Länge 65535, das im Fall der *dense representation* erzeugt würde, wäre hier offensichtlich nicht sinnvoll, da die Anzahl von Punkten pro Segment zum einen ggf. sehr groß sein kann, zum anderen aber in Abhängigkeit von der Bewegung, die durch die Bahn repräsentiert wird, stark schwanken kann. In der folgenden HDBL-Deklaration wird daher nur für das Attribut `greif_obj` die kompakte Darstellung gewählt. Für `punkte` wird keine Angabe gemacht und somit implizit die Default-Darstellung angenommen.

```
DECLARE TYPE segment
  [ greif_obj:  string(16),
    greif_code:  integer,
    punkte:  <punkt>
  ]

PASCAL REPRESENTATION:
segment.greif_obj:  DENSE
END
```

Wie die Deklaration zeigt, werden zur Spezifikation der Pascalrepräsentation sogenannte Pfadausdrücke [ALPS88] verwendet. Ein Pfadausdruck beginnt immer mit dem Typnamen, der selbst einen Pfadausdruck stellt. Ist $p$ ein Pfadausdruck, der eine Menge oder Liste bezeichnet, dann bezeichnet $p\$$ den Elementtyp dieser Menge bzw. Liste. Bezeichnet $p$ ein Tupel, dann beschreibt $p.a$ den Typ des Attributs $a$.

Die Wahl der Default-Darstellung für das Attribut `punkte` führt nun zu folgender Pascal-Typdeklaration:

```
TYPE segment = PACKED RECORD
                   greif_obj:  string(16);
                   greif_code:  integer;
                   punkte:  segment$punkte
               END;

     segment$punkte = PACKED RECORD
                          act_elem:  PACKED 0..65535;
                          alo_elem:  PACKED 0..65535;
                          val:  segment$punkte$P
                      END;

     segment$punkte$P = ↑segment$punkte$R;

     segment$punkte$R = PACKED ARRAY[1..65535] OF punkt;
```

Bei der Default-Darstellung der Listen / Mengen ist das Feld `val` des Verwaltungsrecords ein Zeiger auf ein Array, dessen Elemente Objekte des entsprechenden Datentyps sind. Die Verwendung von Zeigern ermöglicht die Allokation des benötigten Speicherplatzes durch das System bzw. im Rahmen der Implementierung benutzerdefinierter Operationen durch den Anwender. Dementsprechend weist der Recordtyp **segment$punkte** auch noch ein weiteres Feld auf, das die Anzahl der Elemente, für die Speicherplatz allokiert wurde, angibt, da diese nicht mit der real gespeicherten Anzahl von Elementen übereinstimmen muß.

In den bisherigen Ausführungen wurde im Hinblick auf die Realisierung des $R^2D^2$-Datenmodells in AIM-P nur auf den strukturellen Bestandteil der DBDT-Definition eingegangen. Im folgenden wird dargestellt, wie benutzerdefinierte Operationen in AIM-P definiert und realisiert werden und welche Einschränkungen hierbei bzgl. der ursprünglichen Idee gemacht wurden.

Die erste Restriktion ist in der Methode zur Integration von Operationen in den Datenbankkern begründet. Sie besagt, daß nur Funktionen als benutzerdefinierte Operationen in der Datenbank zugelassen sind. Diese Einschränkung wurde in AIM-P eingeführt, da der Pascalcode der Operationen explizit zum Datenbankcode hinzugebunden wird und nur im Fall von Funktionen Seiteneffekte vermieden werden können. Alle anderen benutzerdefinierten Operationen können nur an der Programmierschnittstelle realisiert und angewendet werden und werden nicht von AIM-P kontrolliert. Ein Ansatz zur Erweiterung von AIM-P um Konzepte, die zumindest eine Verwaltung von beliebigen benutzerdefinierten Operationen ermöglichen, wird in [Bic89] vorgestellt.

Die Definition einer Datenbankfunktion erfolgt in HDBL in einer Pascal-ähnlichen Syntax. Die Operationen **insert_spunkt**, die einen neuen Punkt in ein Bahnsegment einfügt, wird in HDBL wie folgt definiert:

```
DECLARE FUNCTION insert_spunkt(s:segment,i:integer,p:punkt):segment
```

Die Implementierung der Operation erfolgt unabhängig vom Datenbanksystem unter Verwendung der üblichen Programmierwerkzeuge. Eine mögliche Implementierung wäre etwa die folgende:

```
FUNCTION insert_spunkt(s:segment,i:integer,p:punkt):segment;
VAR newseg:  segment;
   byte_count,newsize,j:  integer;
BEGIN
newseg.greif_obj := s.greif_obj;
newseg.greif_code := s.greif_code;
WITH newseg.punkte DO                          /* Speicherplatz allokieren */
  BEGIN
  newsize := s.punkte.alo_elem+1;
  byte_count := newsize * SIZEOF(punkt);
  alloc_coll(current_collection,byte_count,val,fct_rc);
   FOR j:=1 TO i-1 DO               /* Werte bereits bestehender Punkte bis */
      val↑[j]:= s.punkte.val↑[j];              /* Einfügeposition zuweisen */

   val↑[i]:= p;                                  /* neuen Punkt einfügen */

   FOR j:= i+1 TO s.punkte.alo_elem DO           /* restliche Werte zuweisen */
      val↑[j]:= s.punkte.val↑[j];
```

```
    alo_elem := newsize
    END;
insert_spunkt := newseg
END.
```

Das Beispiel demonstriert zugleich die Handhabung der Default-Pascalstrukturen mittels der vom System bereitgestellten Speicherallokationsprozeduren. Die Parameter der Prozedur `alloc_coll` sind der extern vereinbarte Zeiger auf den zu reservierenden Adreßraum, die Größe des angeforderten Speicherplatzes in Bytes, der Zeiger für den die Reservierung erfolgt sowie eine ebenfalls extern vereinbarte Variable für einen Returncode. Wie aus dem Beispiel zu ersehen ist, ist der Implementator einer benutzerdefinierten Operation nicht nur für die Berechnung und Allokation des Speicherplatzes, sondern auch für die Korrektheit der Verwaltungsinformation verantwortlich. Eine detaillierte Beschreibung der Pascalrepräsentation für $NF^2$-Strukturen und der Funktionen zur Speicherverwaltung finden sich in [KKLW87].

Die Implementierung von benutzerdefinierten Operationen bedingt eine weitere Restriktion. So ist es nicht möglich, wie in den vorangegangenen Beispielen mehrfach geschehen, beliebige $NF^2$-Datenstrukturen als Ein- oder Ausgabeparameter einer Funktion zu verwenden. Als Parameter sind nur $NF^2$-Objekte zulässig, die zuvor als Datentyp definiert wurden und für die somit auch eine Pascalrepräsentation existiert. So erfordert z. B. die Funktion `stellung_effachse`, deren Ergebnisparameter eine dreielementige Liste ist, die Deklaration des entsprechenden Datentyps.

## 3.2 Programmierung mit komplexen Objekten

Die in technischen Anwendungen primär genutzte Schnittstelle zum Datenbanksystem ist die Programmierschnittstelle. Im folgenden werden zwei derartige Schnittstellen für das Datenbanksystem AIM-P vorgestellt. Bei der ersten handelt es sich um das Application Program Interface (API), das ursprünglich als Programmierschnittstelle für ein $NF^2$-Datenbanksystem entwickelt wurde. Seine Basiskonzepte werden in Abschnitt 3.2.1 ausführlich diskutiert. Im Rahmen der Erweiterung von AIM-P um das Konzept benutzerdefinierter Datentypen wurde API ebenfalls um eine Methode zur Handhabung komplexer Objekte erweitert, die in Abschnitt 3.2.2 erläutert wird. Parallel hierzu wurde eine weitere Programmierschnittstelle für $R^2D^2$ entwickelt, deren Ziele u. a. in der einfachen Handhabung komplexer Objekte im Anwendungsprogramm, einer weitestgehenden Integration von Programmier- und Datenbankkonzepten und dem effizienten Zugriff auf Datenbankobjekte zur Laufzeit bestanden. Die Konzepte dieser Schnittstelle werden in Abschnitt 3.2.3 diskutiert.

### 3.2.1 Basiskonzepte der API-Programmierschnittstelle

Die Programmierschnittstelle API (**A**pplication **P**rogram **I**nterface) [EW86, ES88] ist der Klasse der Datenbank-Programmierschnittstellen mit eingebetteter Datenbanksprache zuzuordnen. Jedoch unterscheidet sich API in zwei wesentlichen Punkten von vergleichbaren Ansätzen, die in Ingres [SWK76] und System/R [CAE+76] bzw. DB2 [Dat85] verfolgt wurden. Die Unterschiede sind zum einen durch das Datenmodell, zum anderen aber auch durch die Architektur des Datenbanksystems bedingt. Daher wird im folgenden kurz auf die für das Verständnis der Schnittstelle relevanten Aspekte der Systemarchitektur eingegangen.

AIM-P unterstützt eine Server-Client Architektur. Für die Programmierschnittstelle bedeutet das, daß Anwendung und Datenbank auf zwei (virtuell) getrennten Systemen arbeiten, dem Datenbankserver und dem Klienten. Zu Beginn einer Transaktion werden die in ein API-Programm eingebetteten Anfragen in der globalen Datenbasis auf dem Server vom Queryprozessor ausgewertet. Die Ergebnisrelationen werden in die lokale Datenbasis, die sich auf dem Klienten befindet, übertragen (*check-out*). Dort stehen sie dem Anwendungsprogramm für die Dauer der Transaktion zum Transfer in den eigenen Adreßraum und zur Manipulation zur Verfügung. Der Zugriff vom Anwendungsprogramm auf Objekte in der lokalen Datenbasis erfolgt, wie aus konventionellen Ansätzen bekannt, über Cursor bzw. hierarchische Cursor, einer Erweiterung des konventionellen Cursorkonzepts. Hierauf wird an anderer Stelle noch detaillierter eingegangen. Am Ende einer Transaktion oder aufgrund sonstiger benutzerkontrollierter Aktionen erfolgt ein *check-in* der in der lokalen Datenbasis geänderten Objekte in die globale Datenbasis. Die Abhängigkeiten zwischen den beschriebenen Komponenten sind in Abbildung 3.3 nochmals schematisch dargestellt.

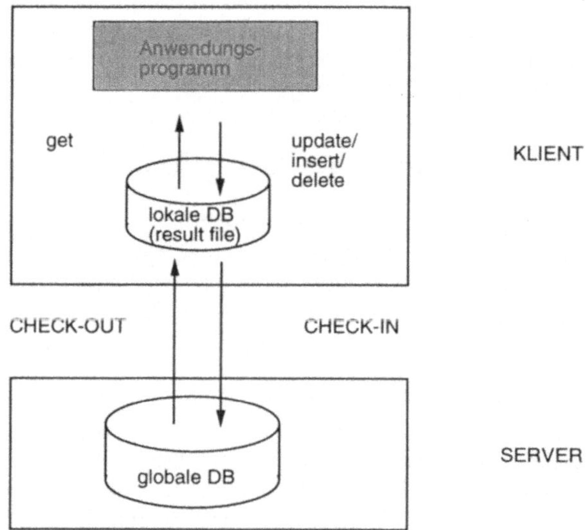


Abbildung 3.3: Die Server-Client Architektur von AIM-P

Die Existenz einer lokalen und einer globalen Datenbasis bedingt den ersten der zuvor erwähnten Unterschiede von API zu anderen Ansätzen für Schnittstellen zu relationalen Systemen. Er besteht darin, daß eingebettete Datenbankanweisungen i. a. nicht direkt und sofort auf der globalen Datenbank operieren. Vielmehr lassen sich die in API verfügbaren Anweisungen grob in die fünf Klassen

1. Deklarationsanweisungen

2. Anweisungen zur Fehlerbehandlung
3. Anweisungen zur Verwaltung der globalen Datenbasis
4. Anweisungen mit Wirkung auf globale und lokale Datenbasis
5. Operationen auf der lokalen Datenbasis

einteilen. Alle Anweisungen sind syntaktisch durch den Präfix `EXEC NF2` gekennzeichnet, der erforderlich ist, da Datenbankanweisungen durch einen Präprozessor in Pascal-Unterprogrammaufrufe übersetzt werden. Abbildung 3.4 zeigt ein Beispiel eines API-Programms, anhand dessen im folgenden die wesentlichen Konzepte der Programmierschnittstelle erläutert werden sollen.

Der Deklarationsteil eines API-Programms besteht aus 3 Blöcken, dem Datendeklarationsblock, dem Cursordeklarationsblock und dem Pascal-Deklarationsblock. Im Datendeklarationsblock werden alle Typen und Variablen vereinbart, die im Programm in einer Datenbankanweisung benötigt werden. Der Cursordeklarationsblock setzt sich aus den Datenbankanfragen, der Angabe ihres jeweiligen Modus (*for read, for update*) und den zugehörigen Cursordeklarationen zusammen. Im Beispielprogramm aus Abbildung 3.4 sind das eine Anfrage bzgl. der in Abschnitt 3.1.1 eingeführten Relation `trajektorien` sowie fünf Cursor. Diese hierarchisch angeordneten Cursor für die Ergebnisrelation stellen den zweiten wesentlichen Unterschied zu Programmschnittstellen für relationale Systeme dar. Während bei letzteren zur Navigation in einer Ergebnisrelation, die mehr als ein Tupel enthält, genau ein Cursor erforderlich ist, muß für eine geschachtelte Ergebnisrelation eine Cursorhierarchie deklariert werden, genauer ein Cursor für jedes mengen/listenwertige Attribut. Das der Cursordeklaration zugrundeliegende Konzept wird im folgenden näher beschrieben.

Das Ergebnis der Beispielanfrage ist gerade eine Teilmenge der Relation `trajektorien`, d. h. die Struktur der Ergebnisrelation entspricht der der Ausgangsrelation. Sie ist in Abbildung 3.5 schematisch dargestellt. Die Knoten des Strukturbaumes stellen Listen (L), Mengen (M) bzw. Tupel (T) dar, die Blätter atomare Werte.

Für diese Relation müssen nun im API-Programm fünf Cursor deklariert werden. Der Cursor *top* zeigt auf die Wurzel des Baumes, d. h. die komplexen Tupel der Ergebnisrelation. In der `WITHIN`-Klausel der Deklaration erfolgt die Anbindung an den Vaterknoten, in diesem Fall an den Identifikator der Anfrage. Die Cursor *level11* und *level21* dienen zur Navigation in den Teilrelationen `segmente` und `punkte`. Wie zu sehen ist, wird hier nicht weiter zwischen Listen und Mengen von Tupeln unterschieden. Nicht nur auf Listen oder Mengen von Tupeln, sondern auch auf Listen atomarer Werte ist die Navigation möglich. Im Beispiel werden etwa für die Listen `achs_gelenkwerte` und `eff_gelenkwerte` Cursor deklariert. Dabei steht das Schlüsselwort `NST_ATTR` für *non-subtable attribute*. Abbildung 3.6 zeigt nochmals den Strukturbaum, jetzt mit den für die jeweiligen Knoten definierten Cursorn.

Bevor die lokale Datenbasis mit Hilfe der nunmehr deklarierten Cursor manipuliert werden kann, muß das Anwendungsprogramm über die hierzu verfügbaren Anweisungen verschiedene Aktionen auf der globalen Datenbasis ausführen. Hierzu gehören das Eröffnen der Sitzung und der Beginn einer lesenden oder schreibenden Transaktion. Analog hierzu fallen das Beenden einer Sitzung oder einer Transaktion ebenfalls in diese Klasse von Anweisungen.

```
program benchmark;
EXEC NF2 BEGIN DECLARE DATA;                                  /* Datendeklarationsblock */
var id_var:  string(16);
    wert_var:  integer;
    vector_var8:  array[1..8] of real;
    vector_var15:  array[1..15] of real;
    userid, passwd, serverid:  alfa;
...
EXEC NF2 END DECLARE DATA;

EXEC NF2 BEGIN DECLARE CURSOR;                                /* Cursordeklarationsblock */
DECLARE RESULT bahn_relation FOR READ FROM QUERY STATEMENT
select t
from t in trajektorien
where t.traj_name CONTAINS 'benchmark';
DECLARE CURSOR top FOR TABLE result WITHIN bahn_relation;
DECLARE CURSOR level11 FOR SUBTABLE segmente WITHIN top;
DECLARE CURSOR level21 FOR SUBTABLE punkte WITHIN level11;
DECLARE CURSOR level31 FOR NST_ATTR achs_gelenkwerte WITHIN level21;
DECLARE CURSOR level32 FOR NST_ATTR eff_gelenkwerte WITHIN level21;
EXEC NF2 END DECLARE CURSOR;

type bahntyp = record ...                                     /* Pascal-Deklarationsblock */
var bahn:  bahntyp;

begin                                                         /* Hauptprogramm */
...
EXEC NF2 BEGIN SESSION userid passwd serverid;                /* Verbindungsaufbau */
EXEC NF2 BEGIN TRANSACTION ro_trans:                          /* Transaktionsbeginn */
EXEC NF2 EVALUATE bahn_relation;                              /* Datenextraktion */
EXEC NF2 OPEN top;                                            /* Cursorinitialisierung */
EXEC NF2 MOVE top;                                            /* Navigation */
EXEC NF2 GET top ATTR_WISE traj_name INTO id_var;             /* Datentransfer */
bahn.traj_name := id_var;
   repeat
   EXEC NF2 MOVE level11;
   EXEC NF2 GET level11 ATTR_WISE greif_obj, greif_code INTO id_var, wert_var;
   bahn.segmente[level11.pos].greif_obj := id_var;
   bahn.segmente[level11.pos].greif_code := wert_var;
      repeat
      EXEC NF2 MOVE level21;
      EXEC NF2 MOVE level31;
      EXEC NF2 FETCH level31 BY 8 ELEMENT_WISE INTO vector8_var; /* Transfer + Navigation */
      bahn.segmente[level11].punkte[level21.pos].achs_gelenkwerte := vector8_var;
      EXEC NF2 FETCH level32 BY 15 ELEMENT_WISE INTO vector15_var;
      bahn.segmente[level11].punkte[level21.pos].eff_gelenkwerte := vector15_var;
      until ...
   until ...
EXEC NF2 CLOSE top;                                           /* Schließen des result file */
EXEC NF2 PROPAGATE bahn_relation         /* ggf. Propagation der Änderungen an globale DB */
EXEC NF2 COMMIT TRANSACTION;                                  /* Transaktionsende */
EXEC NF2 END SESSION;                                         /* Sitzungsende */
...
end.
```

Abbildung 3.4: API-Programm

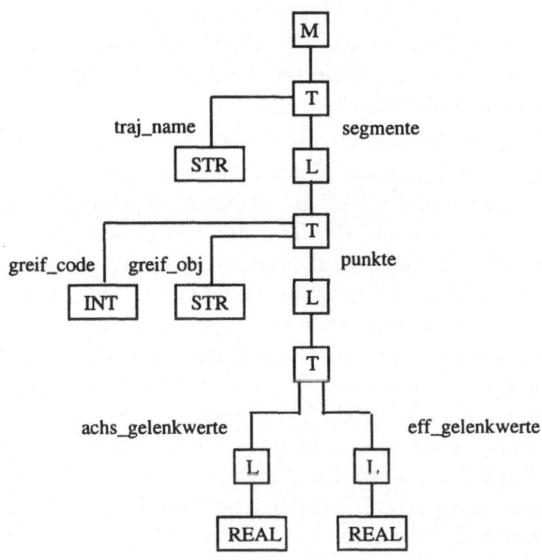


Abbildung 3.5: Strukturbaum der Ergebnisrelation `bahn_relation`

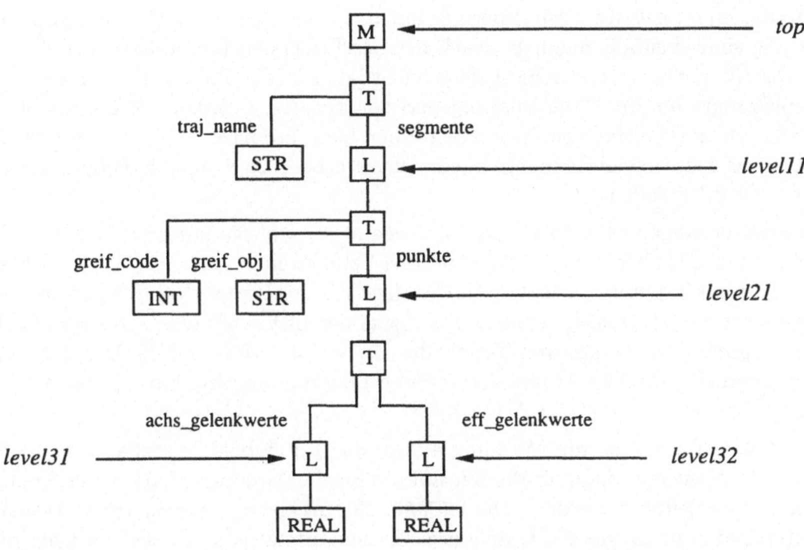


Abbildung 3.6: Strukturbaum der Ergebnisrelation `bahn_relation` mit zugehörigen Cursorn

Die Klasse von Anweisungen, die Statusänderungen der globalen und lokalen Datenbasis bewirken, umfaßt die Befehle zur Datenextraktion aus der globalen Datenbasis und den Transfer zwischen den Datenbasen. Der `EVALUATE`-Befehl etwa bewirkt die Auswertung einer im Deklarationsteil spezifizierten DML-Anweisung und das Hinzufügen der Ergebnisrelation zur lokalen Datenbasis.

Nach der Erstellung der lokalen Datenbasis kann diese über Cursoroperationen manipuliert werden. Zu dieser Operationsklasse zählen das Öffnen und Schließen des *result file*, das eine Ergebnisrelation in der lokalen Datenbasis repräsentiert, die Navigation sowie das Einfügen, Ändern, Löschen und der Transfer von Datenobjekten. Die Verwendung der hierarchisch angeordneten Cursor zur Navigation in der lokalen Datenbasis und zum Datentransfer zwischen Anwendungsprogramm und Datenbasis ist im Rumpf des Beispielprogramms dargestellt. Hier wird das erste komplexe Tupel des Anfrageergebnisses in eine Programmvariable eines entsprechenden Typs transformiert. Da API in der ursprünglichen Version nur den Transfer atomarer Objekte oder flacher Tupel unterstützt, ist eine schrittweise Navigation durch die lokale Datenbasis und die Transformation in eine Programmvariable notwendig. Diese geschieht für das erste Objekt der Ergebnisrelation wie folgt: Mit Hilfe des `MOVE`-Befehls werden die Cursor positioniert, im Beispiel zuerst der Cursor *top* auf das erste komplexe Tupel der Ergebnisrelation. Daran anschließend wird der Wert des atomaren Attributs `traj_name` mit der `GET`-Anweisung in eine Programmvariable des entsprechenden Typs transferiert und über eine Pascal-Anweisung der die Trajektorie repräsentierenden Variable zugewiesen. Das zweite Attribut auf dieser Hierarchiestufe, das Attribut `segmente`, ist selbst wieder eine Menge. Daher muß im nächsten Schritt der Cursor *level11* für diese Mengen positioniert werden. Im vorliegenden Fall wird per default um Schrittweite 1 vorwärts positioniert. Die Angabe einer beliebigen Schrittweite, eine explizite Positionierung auf das n-te Element oder eine Rückwärtspositionierung sind ebenfalls möglich. Nach der beschriebenen Methode wird weiter vorgegangen, bis die unterste Hierarchiestufe erreicht ist. Für die Cursor dieser Ebene wurden im Beispielprogramm die Positionierung und der Transfer mit dem `FETCH`-Befehl zusammengefaßt. Beim Transfer von Elementen einer Liste atomarer Objekte kann zusätzlich angegeben werden, wieviel Elemente in eine entsprechend zu wählende Programmvariable transferiert werden sollen.

Die Positionsangabe für einen Cursorbewegungsbefehl ist immer relativ zum Vatercursor zu sehen. Das bedeutet, daß im Beispiel beim zweiten Durchlaufen der Schleife für den Cursor *top* die untergeordneten Cursor *level11, level12* und *level13* automatisch reinitialisiert werden, d. h. sich vor dem 1. Objekt der Liste befinden. Abbildung 3.7 zeigt eine Ausprägung eines komplexen Tupels der Ergebnisrelation und die Position der Cursor nach zweimaligem Durchlaufen der äußeren und einmaligem Durchlaufen der inneren Schleife.

Eine weitere Operation mit Wirkung auf lokale und globale Datenbasis ist die Propagation der Änderungen, die über die nur auf die lokale Datenbasis wirkenden Änderungsoperatoren durchgeführt wurden. Die `PROPAGATE`-Anweisung bewirkt einen Transfer der geänderten Daten in die globale Datenbasis. Zudem erfolgt eine Konsistenzsicherung derart, daß alle *result files*, deren zugehörige Anfragen sich auf die gleichen Relationen beziehen wie das propagierte File, gelöscht werden. Diese Konsistenzsicherung ist nicht obligat, sondern kann vom Programmierer über einen Parameter der `PROPAGATE`-Anweisung optional ausgeschaltet werden.

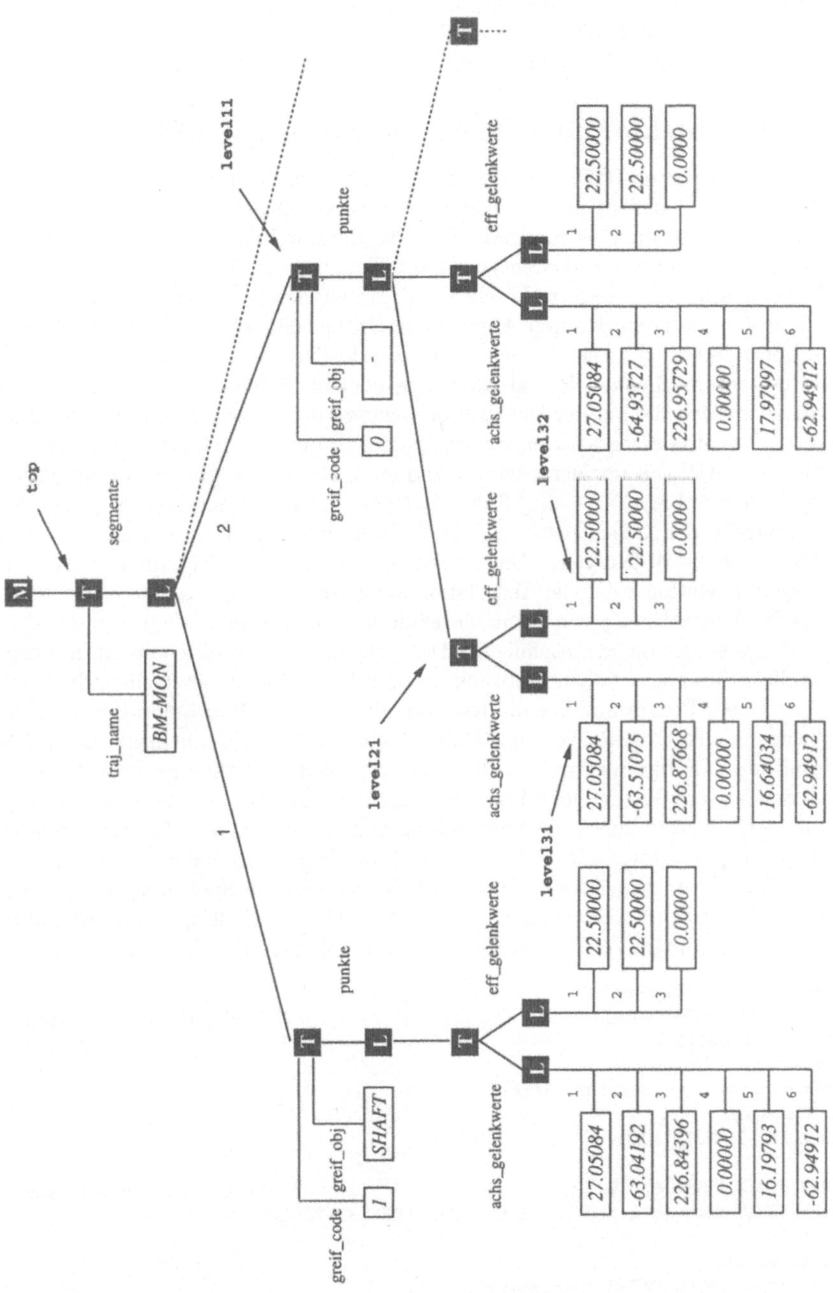


Abbildung 3.7: Ausprägung eines komplexen Tupel und Cursorpositionierung

Die letzte Klasse von Operationen, die noch nicht besprochen wurde, bilden die Anweisungen zur Fehlerbehandlung. Sie ermöglichen die Ausnahmenbehandlung bei undefinierten Datenbasis- und Cursorzuständen sowie Systemfehlern.

### 3.2.2 Die objektorientierte Erweiterung von API

Zur Verarbeitung der im $R^2D^2$-Datenmodell eingeführten benutzerdefinierten Datentypen wurde API um ein Konzept für den Transfer komplexer Objekte erweitert [EW87, ES88]. Diesem Konzept liegt die Idee zugrunde, Objekte, die eine Informationseinheit bilden, also Instanzen benutzerdefinierter Datentypen darstellen, auch an der Programmierschnittstelle, d. h. beim Einfügen, Ändern, Löschen und Transferieren, als Einheit zur verarbeiten. Dieser Transfermodus wird durch Angabe der Option `OBJ_WISE` für die jeweilige Transferoperation aufgerufen. Die für den Transfer erforderliche Programmvariable muß als Variable des entsprechenden Pascal-Datentyps oder als Zeiger auf eine solche vereinbart sein. Hierzu werden die bei der Deklaration benutzerdefinierter Datentypen automatisch generierten Pascalrepräsentationen vom Präprozessor bereitgestellt. Der Transfer komplexer Objekte in API soll im folgenden anhand eines Beispielprogramms erläutert werden, das auf die in Abschnitt 3.1.3 eingeführte Relation `bahnen` Bezug nimmt.

Der Transfer der Objektinstanzen der Teilrelation `segmente` erfolgt wie in Abbildung 3.8 dargestellt objektweise. Das hat zur Folge, daß nur zwei Cursor zur Navigation in der Ergebnisrelation bzw. der Teilrelation `segmente` erforderlich sind. Wie bereits anhand der Implementierung von benutzerdefinierten Operationen aufgezeigt wurde, kann die Pascaldarstellung benutzerdefinierter Datentypen sehr komplex werden und bzgl. der Speicherallokation einen hohen Aufwand verursachen. Zudem setzt eine effiziente Allokation durch den Programmierer die Kenntnis über interne Repräsentation und aktuelle Datenbelegung des Objekts voraus. Daher bietet API die Möglichkeit, beim Transfer vom *result file* in Programmvariable die Speicherallokation wahlweise vom Anwendungsprogramm oder vom System vornehmen zu lassen. Im Beispielprogramm wurde die zweite Methode gewählt, was durch die Verwendung von Zeigervariablen für den Transfer und eine entsprechende Initialisierung dieser und verschiedener globaler Variablen veranlaßt wird. Bei Transfer in umgekehrter Richtung hingegen muß der Speicherplatz für die Transfervariable im Anwendungsprogramm allokiert werden. Im Beispiel aus Abbildung 3.8 wird davon ausgegangen, daß dieses Bestandteil der Prozedur `bahnkorrekturen` ist.

```
program benchmark_complex;
EXEC NF2 BEGIN DECLARE DATA;                         /* Deklaration der DB-spezifischen */
var id_var:string(16);                                              /* Variablen */
   segment_var:  segment_ptr;
   userid, passwd, serverid:  alfa;
   i:  integer;
EXEC NF2 END DECLARE DATA;

EXEC NF2 BEGIN DECLARE CURSOR;                  /* Cursor- und Anfragendeklaration */
DECLARE RESULT bahn_relation FOR READ FROM QUERY STATEMENT
select t
from t in bahnen
where t.traj_name CONTAINS 'benchmark';
DECLARE CURSOR top FOR TABLE result WITHIN bahn_relation;
DECLARE CURSOR level11 FOR SUBTABLE segmente WITHIN top;
EXEC NF2 END DECLARE CURSOR;
```

```
type bahntyp = record                          /* anwendungsspezifische Datenstrukturen */
                traj_name:  string(16);                /* Variablen und Operationen */
                segmente:  array[1..20] of segment_ptr
              end;
var bahn:  bahntyp;
function bahntest(b:bahntyp):boolean;
procedure bahnkorrektur(b:bahntyp);

begin
...
EXEC NF2 BEGIN SESSION userid passwd serverid;
EXEC NF2 BEGIN TRANSACTION ro_trans;
EXEC NF2 EVALUATE bahn_relation;
EXEC NF2 OPEN top;
EXEC NF2 MOVE top;
EXEC NF2 GET top ATTR_WISE traj_name INTO id_var;           /* Transfer atomarer Attribute */
bahn.traj_name := id_var;                                   /* auf oberster Hierarchiestufe */
  repeat
  segment_var:= nil;                               /* Initialisierung der Transfervariablen */
  c_c:= nil;
  EXEC NF2 MOVE level11;
  EXEC NF2 GET OBJ_WISE segment INTO segment_var;                   /* objektweiser Transfer */
  bahn.segmente[level11.pos]:= segment_var
  until false;
for i := 1 to 20 do
  begin
  if not bahntest(bahn[i])
  then
    begin
    bahnkorrektur(bahn[i]);                                        /* Objektmanipulation */
    EXEC NF2 MOVE level11 ON i;
    segment_var := bahn[i];                      /* Zurückschreiben des geänderten Objektes */
    EXEC NF2 UPDATE OBJ_WISE segment FROM segment_var;              /* in lokale Datenbasis */
    end
  end;

EXEC NF2 CLOSE top;
EXEC NF2 PROPAGATE bahn_relation;
EXEC NF2 COMMIT TRANSACTION;
EXEC NF2 END SESSION;
end.
```

Abbildung 3.8: API-Programm mit objektweisem Transfer

### 3.2.3 Konzepte der $R^2D^2$-Programmierschnittstelle

Die $R^2D^2$-Programmierschnittstelle ist durch zwei Grundideen gekennzeichnet – die Unterstützung der erforderlichen Performance von Ingenieuranwendungen beim Zugriff auf die Daten und die Bereitstellung eines homogenen Konzepts zur Objektverarbeitung in Datenbank und Anwendungsprogramm [KW88].

### Die Object Cache Architektur

Die Idee, die der Architektur der $R^2D^2$-Schnittstelle zugrunde liegt, ist eine Performancesteigerung durch eine mengenorientierte Ein- / Auslagerung von Datenbankobjekten in den bzw. aus dem Adreßraum des Anwendungsprogramms zu einem vom Programmierer frei wählbaren Zeitpunkt. Abbildung 3.9 zeigt die $R^2D^2$-Architektur, die in Ergänzung zur AIM-P Architektur mit globaler und lokaler Datenbasis eine weitere Ebene – den Object Cache – vorsieht [KWD88, KW88, KWD+89].

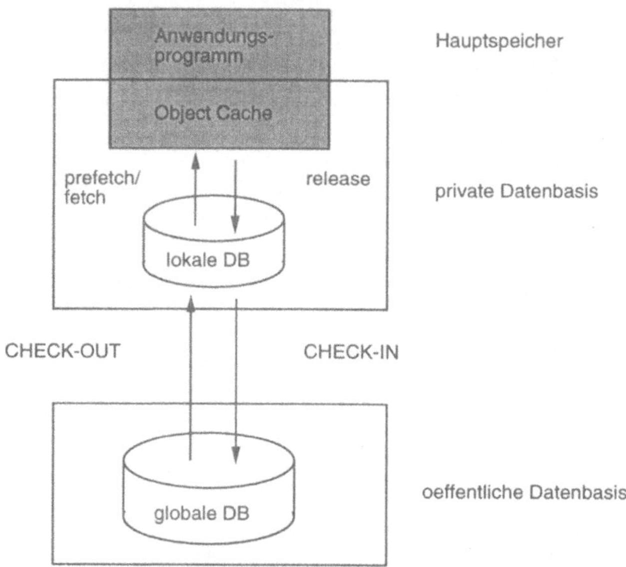


Abbildung 3.9: Object Cache Architektur

Dieser dient zur Speicherung und Verwaltung von persistenten Objekten im Anwendungsprogramm und bildet zusammen mit der lokalen Datenbasis für die Dauer einer Transaktion die private Datenbasis der Anwendung. Objekte werden im Cache durch den zum Entwurfszeitpunkt festgelegten Pascaldatentyp repräsentiert. Ihre Manipulation erfolgt primär über die im Datenbankkern spezifizierten benutzerdefinierten Operationen, so daß dem Programmierer die interne Darstellung der Objekte verborgen bleibt. Zudem ist es möglich, im Programm anwendungsspezifische Operationen zu vereinbaren, die auf Cacheobjekte anwendbar sind.

Der Transfer von Objekten zwischen lokaler Datenbasis und Object Cache, der zugleich die Transformation in die jeweilige interne Objektdarstellung beinhaltet, kann vom Benutzer gesteuert werden. Bei der Einlagerung von Objekten in den Object Cache lassen sich zwei Strategien unterscheiden - das *prefetch* und das *fetch*. Das *prefetch*, d. h. die explizite benutzerkontrollierte Einlagerung von Objekten, unterstützt die Spezifikation der zu transferierenden Objekte und des Transferzeitpunkts. Es ermöglicht damit eine Performancesteigerung der Anwendung, indem die vielfach im voraus bekannten erforderlichen Objekte zu Beginn des Programms oder einem anderen unkritischen Zeitpunkt eingelagert werden können, wodurch die durch den Transformationsprozeß bedingten Wartezeiten zum Zeitpunkt des Zugriffs entfallen. Das *prefetch* wird in $R^2D^2$ durch den Operator PREFETCH unterstützt, dessen Parameter der Cacheidentifikator und die Position der Objekte in der privaten Datenbasis sind. Für weniger zeitkritische Anwendungen kann die Einlagerung auch nach der *fetch*-Strategie, d. h. durch implizite Einlagerung der Objekte erfolgen. In diesem Fall wird ein Objekt erst dann eingelagert, wenn es zum ersten Mal referenziert wird, das bedeutet die Einlagerung erfolgt systemkontrolliert.

Objekte verweilen im Object Cache, bis sie explizit mit Hilfe des Operators RELEASE oder implizit z. B. durch Beenden der Transaktion freigegeben werden. Die Freigabe impliziert zugleich eine Propagation der Änderungen in die lokale Datenbasis.

### Das homogene Objektkonzept

Dem homogenen Objektkonzept [KW88] liegt die Idee zugrunde, die strukturelle und verhaltensmäßige Objektorientierung in einem System derart zu integrieren, daß an allen Schnittstellen eine einheitliche Sicht auf Objekte sowie einheitliche Verarbeitungsmethoden angeboten werden können. Die Homogenität wird in $R^2D^2$ durch die 1:1 Abbildung zwischen $NF^2$- und Pascalstrukturen und die Realisierung von migrierbaren Operationen in Pascal erreicht, die bereits in Kapitel 3.1.4 beschrieben wurden.

Das Object Cache Konzept unterstützt die einheitliche Objektsicht noch dadurch, daß sowohl der Datentransfer als auch die Manipulation im Cache objektorientiert erfolgen und die Transformation der Repräsentationen automatisch durchgeführt wird, so daß die interne Darstellung der Objekte im Cache und in der Datenbasis dem Programmierer verborgen bleibt. Der Programmierer benötigt nur dann einen Zugriff auf die Pascalrepräsentation, wenn er zusätzliche Operationen für benutzerdefinierte Datentypen im Programm realisieren will. Letztendlich bleibt durch den Object Cache, im Gegensatz zur API-Schnittstelle, wo Objekte einzeln und in Gruppen in Programmvariable transferiert werden müssen, die mengenorientierte Sichtweise erhalten.

### Datenbankanweisungen in einem $R^2D^2$-Programm

Abbildung 3.10 zeigt ein Beispielprogramm zur Darstellung einer Roboterbewegungsbahn. Zu Beginn der Transaktion werden alle Objekte aus der lokalen Datenbasis in den Object Cache eingelesen. Der Zugriff auf den Cache und die Manipulation der Objekte erfolgt sowohl über in der Datenbank vereinbarte Operationen als auch über im Programm vereinbarte anwendungsspezifische Operationen. Hinzu kommen Operationen zur Cacheverwaltung wie etwa die Freigabe von Objekten. Wie aus Programm und Systemarchitektur zu ersehen ist, lassen sich die Datenbankanweisungen, ähnlich wie in API, in verschiedene Klassen einteilen. Während einerseits Cursordeklaration und -navigation entfallen, kommen Operationen zur Cachemanipulation und -verwaltung hinzu. Im einzelnen kann man an der $R^2D^2$-Programmierschnittstelle folgende Arten von Anweisungen unterscheiden:

1. Deklarationsanweisungen
2. Anweisungen zur Verwaltung der globalen Datenbasis
3. Anweisungen mit Wirkung auf private und globale Datenbasis
4. Anweisungen mit Wirkung auf die private Datenbasis

```
/* Animation von Roboterbewegungen mit Zugriff auf persistente Daten */

program bahn_ausfuehrung;

/* Deklaration der Datenbankanfrage */
DEFINE QUERY alle_bahnen INTO bahn_cache;
select t
from t in bewegungsbahnen;

/* Deklaration der anwendungsspezifischen Datenstrukturen, Variablen und Funktionen */
type a_werte_satz:  array[1..8] of real;            /* anwendungsspez. Datenstrukturen */
     eff_werte_satz:  array[1..5,1..3] of real;

var bahn_cache:  CACHE OF arm;
    i,segm_zaehler:  integer;
    more,result:  boolean;
    ausgabe:  string;
    rob_gel:  a_werte_satz;

procedure abfrage(const frage:string,var antwort:boolean)          /* interaktive Abfrage */

/* Anwendungsspezifischer Sichten auf automatisch generierte Pascaldatentypen */
function achs_val(const a:achs_stellung):a_werte_satz;
function eff_val(const e:eff_stellung):eff_werte_satz;

/* Zuordnen bzw. Aufheben der Zuordnung eines Roboters zu gegriffenem Objekt in Graphik */
procedure greifen(const rob:string(16),obj:string(16),
                 umwelt:string(16),gwerte:a_werte_satz);
procedure loslassen(const rob:string(16),umwelt:string(16),gwerte:a_werte_satz);

/* Prozeduren zur Visualisierung der Roboter- bzw. Effektorachsbewegung */
procedure achs_bewegung(const werte:a_werte_satz,punkt:integer);
procedure eff_bewegung(const werte:eff_werte_satz,punkt:integer);

/* Hauptprogramm */

begin
...
/* Sitzungsaufbau, Transaktionsbeginn und Anfragenauswertung */
BEGIN SESSION userid passwd serverid;
BEGIN TRANSACTION upd_trans:
EVALUATE alle_bahnen;

/* Transfer aller Ergebnisobjekte in den Cache */
PREFETCH bahn_cache[*];

/* Ausgabe der Cachepositionen und Namen aller Trajektorien */
writeln('folgende Trajektorien sind verfuegbar:');
writeln(Nr:  Name');
for i:=1 to card(bahn_cache) do
   writeln(i,traj_name(bahn_cache[i]↑);
more:= true;
```

```
/* Animation in Interaktion mit dem Benutzer */
while more do
      begin
      readln(pos);                                  /* Auswahl der zu visualisierenden Bahn */
      if 0 < pos ≤ card(bahn_cache[i])
      then
        begin
        for segm_zaehler:=1 to anz_bsegmente(bahn_cache[pos]↑) do
          begin                                                  /* segmentweise Bearbeitung */
          rob_gel:=achs_val(punkt_achsen(spunkt_i(bsegment_i(bahn_cache[pos]↑,1)))));
            case g_code(bsegment_i(bahn_cache[pos]↑,segm_zaehler)) of
            1: greifen('PUMA260',g_obj(bahn_cache[pos]↑),'Montagewelt',rob_gel);
            2: loslassen('PUMA260','Montagewelt',rob_gel);
          for i:=1 to anz_spunkte(bsegment_i(bahn_cache[pos]↑,segm_zaehler) do
            begin                                        /* Visualisierung der Bewegungen */
            achs_bewegung(achs_val(punkt_achsen(spunkt_i(bsegment_i(bahn_cache[pos]↑,i)))));
            eff_bewegung(eff_val(punkt_eff(spunkt_i(bsegment_i(bahn_cache[pos]↑,i)))))
            end
          end
        end;
      abfrage('Bewegung korrekt?',result);
      if not result
      then

        /* interaktive Änderung, z.B. neues Segment einfügen */
        begin
        ...
        bahn_cache[pos]↑:=add_bsegment(bahn_cache[...]↑,gen_segment(...))
        ...
        end
      else

        /* Freigabe des Objekts im Cache bei nicht absehbarer Wiederverwendung */
        begin
        abfrage('ist weitere Bearbeitung der Trajektorie absehbar?',result);
        if not result
        then
          RELEASE bahn_cache[pos];                                       /* Objekt freigeben */
        end;
      abfrage('weitere Trajektorie bearbeiten?',result);
      more:=result;
      end;

/* Propagation der Änderungen an globale DB */
PROPAGATE vbahn_cache

/* Transaktionsende und Sitzungsabbau */
COMMIT TRANSACTION;
END SESSION;
end.
```

Abbildung 3.10: $R^2D^2$-Programm

Die einzige datenbankspezifische Deklaration in einem $R^2D^2$-Programm ist die Deklaration von Anfragen und deren Zuordnung zu einem Cache. Anders als in API ist in $R^2D^2$ keine explizite Kennzeichnung der Datenbankanweisungen erforderlich. Der einer Anfrage zugeordnete Cache muß als Variable vom Typ `CACHE OF <obj_type>` vereinbart werden, wobei `<obj_type>` ein der Datenbank bekannter Datentyp ist, also atomar oder benutzerdefiniert.

Die Anweisungen zur Verwaltung der globalen Datenbasis entsprechen denen in API mit der Ausnahme, daß die Parametervariablen global vereinbart sind. Dasselbe gilt für die Anweisungen, die Wirkungen auf der lokalen und globalen Datenbasis hinterlassen, mit der Ausnahme, daß die Propagierung nicht Anfragen-, sondern Cache-orientiert erfolgt, da einem Cache nacheinander verschiedene Anfragen zugeordnet sein können.

In der oben angeführten Klassifikation wurde nicht näher zwischen Object Cache und lokaler Datenbasis unterschieden. Dies entspricht dem Konzept der transparenten Schnittstellen in $R^2D^2$ was hinsichtlich der Programmierung bedeutet, daß ein Anwender die Aufteilung in lokale Datenbasis und Object Cache nicht zu beachten hat, solange er keine besonderen Anforderungen an die Effizienz stellt. Daher wird die Klasse der Anweisungen für die private Datenbasis nicht bzgl. des Wirkungsortes, sondern bzgl. der Funktionalität weiter verfeinert. Man kann hier unterscheiden:

- Anweisungen für den Datentransfer zwischen lokaler Datenbasis und Object Cache
- Anweisungen zur Manipulation von Cacheobjekten
- Zurücksetzen lokal durchgeführter Änderungen auf dem Object Cache
- Freigabe des Object Cache

Prinzip und Motivation des Datentransfers mittels `PREFETCH/RELEASE` wurden oben bereits erläutert. Die Manipulation des Object Cache erfolgt durch die Anwendung von benutzerdefinierten Operatoren auf Objekte im Cache oder durch das explizite Einfügen oder Löschen von Objekten. Das Löschen erfolgt durch die `DELETE`-Anweisung, deren Parameter der Cache-Name und die Position des Objektes im Cache sind. Weiterhin können mehrere Objekte durch Angabe mehrerer Positionsnummern oder eines Intervalls auf einmal gelöscht werden. Das Einfügen erfolgt analog.

Wenngleich die Schnittstelle zwischen Object Cache und lokaler Datenbasis für den Anwender quasi transparent ist, wird in $R^2D^2$ zwischen lokal (Object Cache) und sowohl lokal als auch global (lokale DB) wirksamen Operationen unterschieden. Lokal sind alle über Pascal-Operationen durchgeführten Manipulationen. Diese Änderungen werden erst mit der Freigabe per `RELEASE` global wirksam. Das Einfügen und Löschen von Objekten hingegen erfolgt gleichzeitig in Object Cache und lokaler Datenbasis und bewirkt zudem eine Reorganisation der Datenbasis.

Der Hauptgrund für die lokale Wirksamkeit der Manipulationsoperationen liegt in den Effizienzanforderungen an die Programmierschnittstelle. Ein sofortiges Nachvollziehen jeder Änderung in der lokalen Datenbasis würde jeweils eine Transformation in die datenbankinterne Repräsentation erfordern. Der durch Transfer und Transformation bedingte Aufwand soll durch das *prefetch*-Konzept jedoch gerade vermieden werden.

Der zweite Grund für die Lokalität ergibt sich ebenfalls aus den Anforderungen technischer Anwendungen. Wie in Abschnitt 2.2 dargelegt wurde, sind technische Objekte z. B.

in der Simulation während der Abarbeitung eines Prozesses kontinuierlichen Änderungen unterworfen. Offensichtlich ist es nicht sinnvoll, jede dieser Änderungen in der lokalen Datenbasis festzuhalten. Ein anderes Beispiel für lokale Änderungen ist ein Entwurfsprozeß, also etwa die Layoutplanung einer Fertigungszelle oder die Teilekonstruktion im CAD Bereich, in dem der Entwerfer eine Vielzahl von Operationen ausführt, ehe das Objekt einen Zustand erreicht hat, in dem seine persistente Speicherung wünschenswert ist.

Ein weiteres Charakteristikum technischer Anwendungen ist, daß vielfach innerhalb einer Transaktion sowohl Änderungen auf einer Relation durchgeführt werden, deren Übernahme in die globale Datenbasis erwünscht ist als auch solche, die nur in der lokalen Datenbasis von Interesse sind. Würden alle Änderungen, die auf dem Cache durchgeführt werden, sofort in die lokale Datenbasis übernommen, so hätte das zur Folge, daß nicht mehr zwischen den beiden Änderungsarten unterschieden werden könnte. Ursache hierfür ist die Tatsache, daß der `PROPAGATE`-Befehl, durch den das Zurückschreiben der Änderungen in die globale Datenbasis initiiert wird, nicht selektiv auf einzelne Objekte sondern nur auf eine Relation / ein result file als Ganzes angewendet werden kann.

Die temporären Änderungen werden in $R^2D^2$ durch den Operator `UNDO` unterstützt. Dieser bewirkt, daß alle Änderungen, die seit dem letzten Zurückschreiben der angegebenen Objekte in die lokale Datenbasis an diesen vorgenommen wurden, rückgängig gemacht werden.

Die letzte Anweisung betrifft die Zuordnung eines Cache zu Anfragen. Einem Cache kann nur dann ein neues Anfrageergebnis zugeordnet werden, wenn zuvor alle Änderungen propagiert oder rückgängig gemacht wurden und die aktuell bestehende Zuordnung explizit gelöscht wurde. Hierzu dient der Operator `DISCARD`.

### 3.2.4 Die Updateproblematik für abgeleitete Relationen

Ein Problem, das die Mächtigkeit der in einer Wirtssprache eingebetteten Datenmanipulationssprachen stark einschränkt, stellen Updates auf abgeleiteten Relationen dar. Das grundsätzliche Problem besteht hierbei darin, daß Änderungen auf abgeleiteten Relationen nicht in jedem Fall eindeutig auf die Basisrelationen abgebildet werden können. Dieses ist etwa dann der Fall, wenn die Anfrage schemaverändernde relationale Operatoren enthält oder eingebaute Funktionen in der Projektionsliste vorkommen.

Das relationale Datenmodell kennt zwei schemaverändernde Operatoren – die Projektion ($\pi$) und das Kreuzprodukt ($\times$) (sowie selbstverständlich die daraus ableitbaren Operatoren). Während hier Updates auf Relationen, die als Produkt mehrerer Basisrelationen entstanden sind, grundsätzlich nicht durchgeführt werden dürfen, ist ein Update erlaubt, wenn die Zielrelation durch Projektion entstanden ist und die Projektionsliste den Primärschlüssel der Basisrelation enthält.

Im $NF^2$-Modell gehören neben der (erweiterten) Projektion und dem Kreuzprodukt auch Nest ($\eta$) respektive Unnest ($\mu$) der Klasse der schemaverändernden Operatoren an (s. [SS86]). Updates auf Zielrelationen, die unter Verwendung der Operatoren Unnest oder Nest entstanden sind, können ebenso wie Updates auf Relationen, die aus einer Produktbildung hervorgegangen sind, nicht eindeutig auf die Basisrelationen abgebildet werden und sind daher nicht möglich.

Ebenso wie in relationalen Systemen steht in nicht-normalisierten Systemen das Updateproblem bei der Projektion bzw. erweiterten Projektion [SS86] in direktem Zusammenhang mit dem Schlüsselkonzept. In SQL/NF [RKB87] beispielsweise wird vorausgesetzt, daß gerade die atomaren Attribute einer Relation / Subrelation gemeinsam ihren Schlüssel bilden.

Im erweiterten $NF^2$-Modell ist dieses Schlüsselkonzept nicht anwendbar, da Mengen und Listen direkt geschachtelt werden können, d. h. es existieren nicht in jeder Relation atomare Attribute. Zudem erlaubt das Modell Mehrfachmengen. AIM-P sieht daher keine explizite Schlüsseldefinition vor. Hinsichtlich der Möglichkeit, Daten einer Ergebnisrelation in einem Anwendungsprogramm zu ändern und diese Änderungen zu propagieren, wirkt sich das an der API-Schnittstelle wie folgt aus: Updates auf einer Ergebnisrelation sind genau dann möglich, wenn diese ausschließlich durch Anwendung der (erweiterten) Projektion entstanden ist, d. h. mindestens alle relationenwertigen Attribute der Basisrelation entlang des Pfades von der Wurzel des zugehörigen Strukturbaumes bis zu der Ebene enthält, auf der die Änderung erfolgt.

Hierzu sei folgendes Beispiel betrachet: Im Anwendungsprogramm sollen die Punkte des ersten Segments einer Trajektorie aus der Relation `trajektorien`, deren Strukturbaum in Abbildung 3.11 dargestellt ist, gelesen und verändert werden. Die Bestimmung der Punkte kann unter Verwendung der folgenden Anfrage erfolgen:

```
SELECT p                                          /*Anfrage 1a */
FROM p IN s.punkte,
     s IN t.segmente,
     t IN trajektorien
WHERE t.traj_name = 'Bahn1' AND position(s)=1
```

Die Struktur der resultierenden Ergebnisrelation ist in Abbildung 3.12 dargestellt. Wie hieraus deutlich zu erkennen ist, geht die Information der Zuordnung zwischen Trajektorie, Segment und Punkten verloren. Um diese Zuordnung zu erhalten und somit ein Update auf der Ergebnisrelation zu ermöglichen, wäre folgende Anfrage zu formulieren, die in derselben Datenmenge resultiert, zusätzlich jedoch die für das Update erforderliche Strukturinformation mitführt.

```
SELECT                                            /*Anfrage 1b */
  [segmente: (SELECT
                [punkte: (SELECT p
                          FROM p IN s.punkte)
                ]
              FROM s IN t.segmente
              WHERE position(s)=1)
  ]
FROM t in trajektorien
WHERE t.traj_name = 'Bahn1'
```

Abbildung 3.13 zeigt den Strukturbaum der Ergebnisrelation dieser Anfrage.

Wie aus dem Beispiel zu ersehen ist, hat die Forderung nach der Durchführbarkeit von Änderungen ggf. sehr komplexe Anfragen zur Folge. Für die API-Schnittstelle bedeutet das, daß eine Vielzahl zusätzlicher Cursoroperationen erforderlich wird.

In $R^2D^2$ wirken sich diese Restriktionen auf eine etwas andere Weise aus als in API. Ursache hierfür sind zwei Konzepte des $R^2D^2$-Datenmodells bzw. der Programmierschnitt-

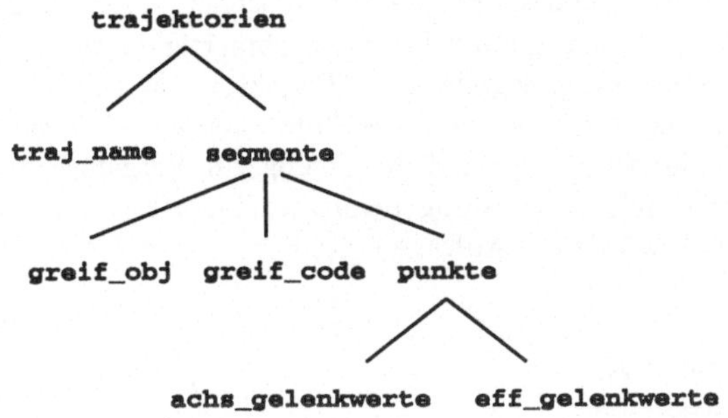


Abbildung 3.11: Strukturbaum der Relation `trajektorien`

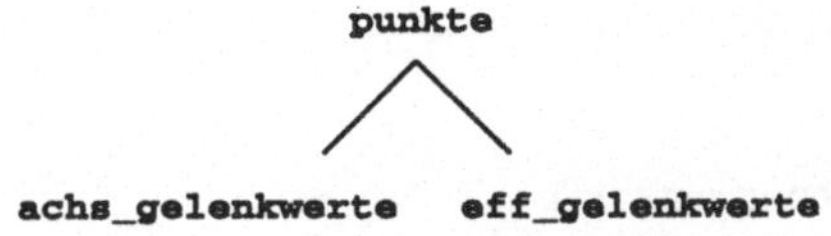


Abbildung 3.12: Strukturbaum der nicht manipulierbaren Sicht auf die Relation `trajektorien`

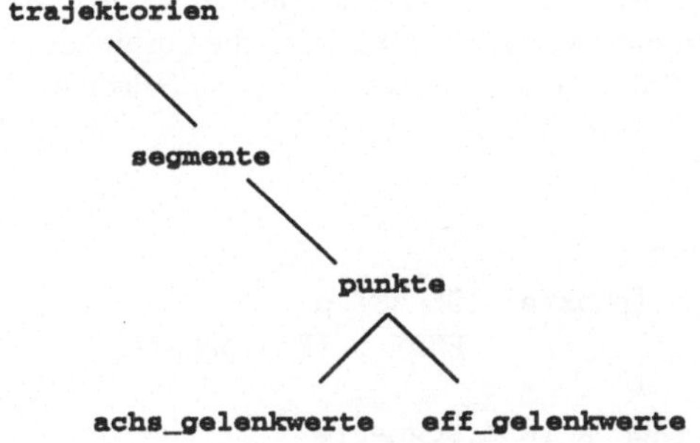


Abbildung 3.13: Strukturbaum der manipulierbaren Sicht auf die Relation `trajektorien`

stelle – die optionale Verwendung benutzerdefinierter Operationen zur Anfragenformulierung und die Einschränkung der Ergebnisrelationen auf Mengen/Listen von Instanzen benutzerdefinierten Datentypen als Folge des homogenen Objektkonzepts.

Betrachten wie zuerst den Einfluß benutzerdefinierter Datentypen auf das Update-Problem. Die Punkte des ersten Segments der Trajektorie 'Bahn1' können für die Relation **bewegungbahnen** auf verschiedene Arten bestimmt werden – entweder durch Zugriff auf die interne Struktur der Datentypen, d. h. analog zur Vorgehensweise für die Relation **trajektorien**, oder durch Verwendung benutzerdefinierter Operationen in der Select-Klausel. Im ersten Fall würde die Anfrage lauten:

```
SELECT p                                        /*Anfrage 2a */
FROM p IN s.punkte,
     s IN b.segmente,
     b IN bewegungsbahnen
WHERE b_name(b)='Bahn1' AND position(s)=1
```

Offensichtlich ist diese Anfrage äquivalent zu der oben angeführten Anfrage auf der Relation **trajektorien**, das bedeutet, auch sie resultiert in einer nicht manipulierbaren Ergebnisrelation.

Berücksichtigt man die in Abschnitt 3.1.3 beschriebenen benutzerdefinierten Operationen, dann kann die Anfrage bei Beschränkung auf den ersten Segmentpunkt wie folgt formuliert werden:

```
SELECT spunkt_i(bsegment_i(b,1),1)              /*Anfrage 2b */
FROM b IN bewegungsbahnen
WHERE b_name(b)='Bahn1'
```

Beim Zugriff über benutzerdefinierte Operationen kann i. a. nicht a priori überprüft werden, ob es sich bei den Operationen um strukturverändernde Operationen handelt. Hierzu wäre eine entsprechende Erweiterung der Operationsspezifikation und des Query Prozessors erforderlich. Daher wird in $R^2D^2$ ein Update auf Relationen, die durch Zugriff über benutzerdefinierte Operationen entstanden sind, generell untersagt.

Die Einschränkung der Ergebnisrelationen auf Mengen bzw. Listen von Instanzen benutzerdefinierter Datentypen hat zur Folge, daß die Lösung des Update-Problems durch die Formulierung von Anfragen mittels geschachtelten Select-Anweisungen nicht möglich ist. Die Anfrage

```
SELECT                                          /*Anfrage 2c */
  [segmente: (SELECT
                [punkte: (SELECT p
                          FROM p IN s.punkte)
                ]
              FROM s IN b.segmente
              WHERE position(s)=1)
  ]
FROM b IN bewegungsbahnen
WHERE b_name(b) = 'Bahn1'
```

ermittelt die gewünschten Instanzen des Typs **punkt** sowie die für ein Update erforderliche Pfadinformation. Wie jedoch Abbildung 3.14 zeigt, führt die Beibehaltung der Pfadinformation zu einer Ergebnisrelation, die nicht aus Instanzen benutzerdefinierter Datentypen besteht sondern selbige nur als Subobjekte enthält und somit nicht 1:1 auf den Object Cache abgebildet werden kann.

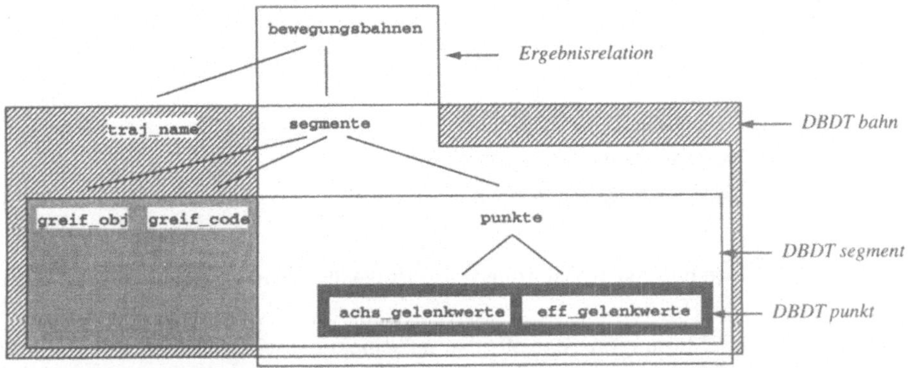


Abbildung 3.14: Typhierarchie der Relation **bewegungsbahnen** und Struktur der manipulierbaren Ergebnisrelation

Grundsätzlich sind drei Lösungsmöglichkeiten für dieses Problem vorstellbar. Die erste Lösung besteht darin, beim Zugriff auf Subobjekte keine Projektionen auf Vaterobjekte zuzulassen, es sei denn, sie liefern als Ergebnis Instanzen eines benutzerdefinierten Datentyps. Im Beispiel der Relation **bewegungsbahnen** würde dies bedeuten, daß weder auf den Objekten der Relation **bewegungsbahnen** vom Typ *bahn* noch auf denen der Subrelation **segmente** vom Typ *segment* eine Projektion durchgeführt werden darf. Zur Extraktion der gewünschten Information über die Punkte des Bahnsegments müßte also das entsprechende komplexe Tupel vollständig extrahiert und in das Anwendungsprogramm transferiert werden. Dieser Overhead an Datentransfer kann zu nicht vertretbaren Ineffizienzen aufgrund des benötigten Zeitbedarfs für den Transfer und des belegten Speicherplatzes führen. Nimmt man etwa an, für die in Kapitel 2.2 beschriebene Fertigungszelle wird ein Datentyp eingeführt, der diese mit ihren Komponenten wie Robotern und Werkstücken beschreibt, so erfordert beispielsweise die Extraktion der Geometriedaten der Werkstücke zugleich die Extraktion der vollständigen Roboterdaten. Der vollständige Verzicht auf Projektionen in *for update* deklarierten Anfragen, d. h. Anfragen, auf deren Ergebnis propagierbare Änderungen durchgeführt werden sollen, ist also offensichtlich nicht akzeptabel.

Ein zweiter Lösungsansatz, der auf eine Menge von Instanzen benutzerdefinierter Datentypen als Ergebnis führt, besteht darin, explizit neue Datentypen einzuführen, deren Struktur denen der Ergebnisobjekte entspricht. Da derartige Datentypen nicht bereits in die Deklaration der Relationen eingehen können, würden sie Sichten auf den jeweiligen Datentyp repräsentieren (vgl. Abschnitt 4.3.6). Damit ergibt sich das auch aus anderen Datenmodellen bekannte Problem der Updates auf Sichten, das in $R^2D^2$ zudem in Kombination mit dem bereits diskutierten Problem der Verwendung benutzerdefinierter Operationen auftritt.

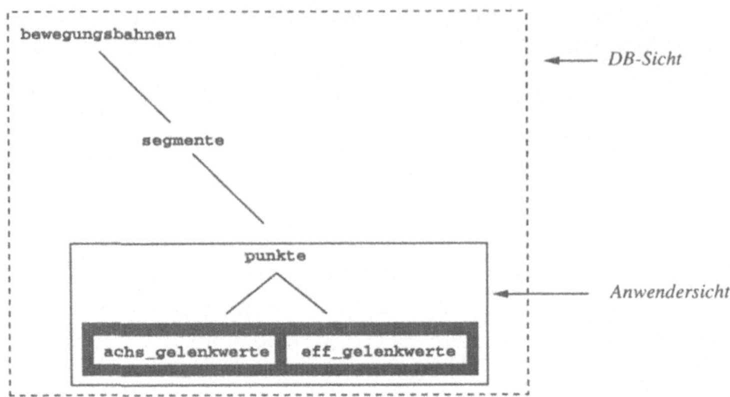


Abbildung 3.15: Ergebnis der transformierten Anfrage aus Benutzer- und Datenbanksicht

Da die ersten zwei Lösungsansätze offenbar zu keinem befriedigendem Ergebnis führen, wurde für die $R^2D^2$-Programmierschnittstelle ein Konzept entwickelt, das es dem Benutzer erlaubt, in *for update* deklarierten Anfragen die Operationen Projektion und Unnest zu verwenden. Die so formulierte Anfrage wird vom $R^2D^2$-Prozessor automatisch in die vom Datenbanksystem geforderte Anfrage transformiert [Wal88]. Im Beispiel der Anfrage bzgl. der Relation **bewegungsbahnen** formuliert der Anwender also die Anfrage 2a, das System generiert daraus Anfrage 2c. Dieses bleibt dem Benutzer jedoch vollständig verborgen, d. h. der Cache enthält in jedem Fall Instanzen des von ihm definierten Typs. Die Zuordnung zu den Vaterobjekten wird vom Laufzeitsystem kontrolliert. Abbildung 3.15 zeigt die Struktur der Relation aus Benutzersicht sowie die der vom System generierten Ergebnisrelation. Wie hieraus zu ersehen ist, wird dabei der minimal erforderliche Informationsgehalt unter Beibehaltung der vom Benutzer gewünschten Sichtweise auf die Daten gewährleistet. Die einzige Einschränkung, die sich für ihn hieraus ergibt, ist die, daß das Einfügen von Objekten in einen Cache, der auf einer transformierten Anfrage basiert, untersagt ist.

## 3.3 Zusammenfassung

In diesem Kapitel wurden verschiedene für Nicht-Standard-Anwendungen entwickelte Datenmodelle und Datenbankprogrammierschnittstellen vorgestellt. Dabei handelt es sich zum einen um das strukturell objektorientierte $eNF^2$-Datenmodell, zum anderen um das hierauf basierende voll objektorientierte Datenmodell $R^2D^2$ , das speziell für ingenieurwissenschaftliche Anwendungen konzipiert wurde und die Ausgangsbasis für die im folgenden entwickelten Konzepte bildet. Als wesentliche Charakteristika des $R^2D^2$-Datenmodells sind die Realisierung der Objektorientierung mittels benutzerdefinierter Datentypen und Operationen, die Erweiterbarkeit, die Migration der Operationen in den Datenbankkern sowie die Bereitstellung von 1:1 Abbildungen zwischen Datenbasis- und Programmiersprachenrepräsentationen der persistenten Objekte zu nennen.

Die beschriebenen Programmierschnittstellen legen eine für den ingenieurwissenschaftlichen Bereich typische Server-Client-Datenbankarchitektur zugrunde. Im Gegensatz zur API-Schnittstelle berücksichtigt die $R^2D^2$-Programmierschnittstelle die in vielen Anwendungen zur Gewährleistung der geforderten Performance notwendige lokale Datenhaltung. Neben der Performancesteuerung mittels spezieller Ein- und Auslagerungstechniken ermöglicht das Object Cache-Konzept, das die lokale Datenhaltung realisiert, zugleich eine einheitliche Beschreibung des Objektverhaltens und somit den Einsatz weitgehend identischer Zugriffs- und Manipulationsmethoden in Datenbank und Anwendungsprogramm. Hierdurch, sowie durch die Vereinfachung der Anfragenformulierung mittels Ausrichtung der Anfragen auf Mengen von Instanzen benutzerdefinierter Datentypen und mittels der beschriebenen automatischen Anfragentransformation, wird dem Benutzer weitreichende Unterstützung bei der Programmierung mit persistenten komplexen Objekten gegeben.

# Kapitel 4

# Modellierung technischer Anwendungen in $R^2D^2$

Die Entwicklung ingenieurwissenschaftlicher Anwendungen auf der Basis von $R^2D^2$ umfaßt im wesentlichen zwei Bereiche – die Datenmodellierung und die Anwendungsprogrammierung. In diesem Kapitel wird ein Konzept für den Entwurf eines auf dem $R^2D^2$-Modell basierenden Datenbankschemas vorgestellt. Die Entwurfsmethodik wird entlang eines komplexen Anwendungsbeispiels aus der Robotik entwickelt und dargestellt. Zugleich werden die grundlegenden Probleme, die sich für den Datenbankentwerfer aus dem Datenmodell und dem Entwurfskonzept ergeben, evaluiert. Zum Abschluß des Kapitels wird zudem auf einige modellspezifische Aspekte der Implementierung von Datenbankschemata in $R^2D^2$ eingegangen.

Die charakteristischen Merkmale technischer Objekte wurden bereits in Abschnitt 2.2 anhand des Beispiels einer Fertigungszelle aufgezeigt. Der dort betrachtete Weltausschnitt soll im wesentlichen die Grundlage der folgenden Modellierung in $R^2D^2$ bilden. Unter dem Begriff Modellierung sollen dabei die Entwurfsschritte verstanden werden, die zur Abbildung der Miniwelt auf ein Datenbankschema erforderlich sind. Weiterhin wird im Rahmen der Modellierung untersucht, welche Rolle den Benutzersichten unter Berücksichtigung des Konzepts der verhaltensmäßigen Modellierung zukommt. Bevor jedoch detaillierter auf die einzelnen Entwurfsschritte eingegangen wird, muß im folgenden der Schemabegriff in $R^2D^2$ näher spezifiziert werden.

## 4.1 Das Datenbankschema in $R^2D^2$: Definition und Konsequenzen

Eine sehr allgemeine Definition des Schemabegriffs gibt das Lexikon der Informatik und Datenverarbeitung [Sch86], in dem eine Schema definiert wird als *"formale und in den meisten Fällen deskriptive Definition der in der Datenbank zugelassenen Typen von Datenstrukturen, ggf. einschließlich weiterer semantischer Regeln."* Ein relationales Datenbankschema besteht nach [MDL87] aus einer Reihe von Relationenschemata der Form $r_i(A_{i1}, \ldots, A_{in})$ mit $i, ij < \infty$, wobei die $A_{ij}$ Benennungen von Domänen sind. Diese Definition kann sinngemäß für das nicht-normalisierte relationale Datenmodell übernommen werden, mit dem einzigen Unterschied, daß als Attribute selbst wieder Relationen zugelassen sind. (Verschiedene detailliertere Definitionen des Schemabegriffs für nicht-normalisierte Datenmodelle findet der interessierte Leser / die interessierte Leserin in [SS86, RKS88, AB84]).

Ein Schemabegriff, der sich nur auf die Datenstrukturen bezieht, reicht offensichtlich nicht aus, um ein objektorientiertes Datenmodell zu beschreiben, da es den Aspekt der Modellierung des Objektverhaltens vollständig vernachlässigt. Andererseits gibt es bisher nur wenige Ansätze aus dem Bereich der objektorientierten Datenmodelle, die versuchen, den Schemabegriff explizit zu spezifizieren [Zic89, TK89]. Einen möglichen Ansatz zeigt Zicari [Zic89] für das $O_2$-Datenmodell [LRV88] auf. Hier wird ein Datenbankschema durch eine Klassenhierarchie, eine Menge von Methoden für Klassen sowie eine Menge von Typen und ihren Bezeichnern definiert.

Da es sich bei $R^2D^2$ um ein Datenmodell handelt, das einerseits auf einem relationalen Datenmodell basiert, andererseits aber auch ein Typkonzept und Operationen kennt, bietet es sich an, als Datenbankschema die Zusammenfassung aller Relationenschemata, Datenbankdatentypen (DBDT) und Operatoren zu bezeichnen. Im folgenden werden weiterhin die Begriffe DBDT bzw. DBDT-Operationen als Synonym für benutzerdefinierte Datentypen bzw. benutzerdefinierte Operationen verwendet.

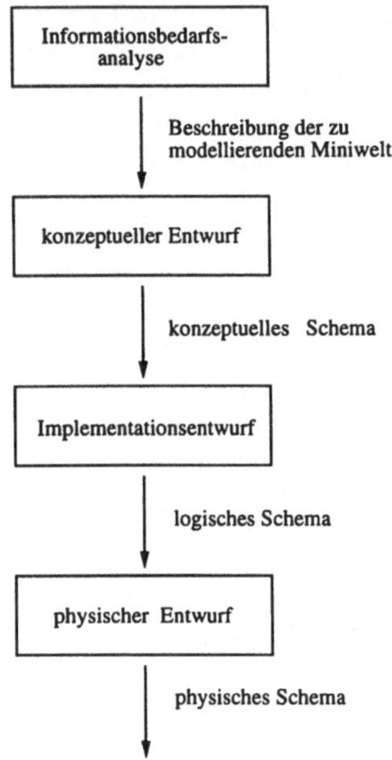


Abbildung 4.1: Datenbankentwurfsschritte

Aus dem so eingeführten Schemabegriff ergibt sich die Konsequenz, daß der Datenbankentwurf in $R^2D^2$ in erster Linie den Entwurf der Datentypen, Operatoren und Relationenschemata umfassen muß. Das im folgenden entwickelte Entwurfskonzept folgt bekannten Entwurfsmodellen [TF82, MDL87], die sich wiederum an der ANSI/SPARC 3-Schichten-Architektur [Sys78] orientieren. Abbildung 4.1 zeigt die wesentlichen Entwurfsschritte dieser Modelle mit den jeweiligen Ergebnissen. Wir wollen uns bei den folgenden Betrachtungen auf die Phasen des konzeptuellen Entwurfs und des Implementationsentwurfs beschränken. In der Phase des konzeptuellen Entwurfs wird die Miniwelt mittels eines geeigneten semantischen Datenmodells beschrieben. Der Implementationsentwurf, der vielfach auch als logischer Entwurf bezeichnet wird, beinhaltet die Abbildung des konzeptuellen Schemas in das logische Schema, d. h. in ein Schema des Zieldatenmodells. Zudem erfolgt in dieser Phase der logische Entwurf der externen Schemata auf der Basis des Gesamtschemas.

Legt man diese modellunabhängige Entwurfsmethode zugrunde, so ist zu untersuchen, wie und in welchen Phasen der Entwurf benutzerdefinierter Datentypen und Operationen berücksichtigt werden kann. Bekannte Methoden für die einzelnen Entwurfsphasen sind daraufhin zu überprüfen, inwieweit sie zur Beschreibung und Abbildung von Abstraktionen und Objektverhalten geeignet bzw. erweiterbar sind. Daher wird im folgenden anhand der Umweltmodellierung für ein Robotersimulationssystem eine Entwurfsmethodik entwickelt, die sich zwar weiterhin an klassischen Konzepten orientiert, diese aber um Methoden zur Darstellung und Abbildung der strukturellen und verhaltensmäßigen Objektorientierung erweitert.

## 4.2 Konzeptueller Entwurf

In der Phase des konzeptuellen Entwurfs werden die verschiedenen Sichten der Miniwelt unter Verwendung eines semantischen Datenmodells beschrieben und konsolidiert. Die Entwicklung der einzelnen Benutzersichten setzt, wie Abbildung 4.1 zeigt, in der Regel die Informationsbedarfsanalyse für die im Einzelfall zu entwerfende Datenbasis voraus. Da bei der im folgenden durchgeführten Modellierung nicht der Entwurf einer konkreten Datenbasis, sondern die anzuwendende Methodik im Vordergrund steht, wurde auf eine detaillierte Anforderungsanalyse verzichtet. Die zu entwerfenden Einzelsichten stellen demzufolge keine konkreten Anwendersichten, sondern eher logische Sichten bzgl. der zu modellierenden Miniwelt dar, welche jedoch durch verschiedene mögliche Anwendungen der Datenbasis motiviert sind.

Ein semantisches Datenmodell, das im Datenbankentwurf vielfach eingesetzt wird, ist das Entity-Relationship-Modell [Che76], zu dem weiterhin vielfältige Erweiterungen existieren [KL88, CJA89, BCN91, EN92, BCN92]. Da es mittlerweile auch in ingenieurwissenschaftlichen Anwendungen an Bedeutung gewinnt, soll das ER-Modell im folgenden zur Modellierung unseres Anwendungsbeispiels verwendet werden, obgleich es nur eine begrenzte Anzahl an Modellierungskonzepten zur Verfügung stellt. Abbildung 4.2 zeigt schematisch die Ein- und Ausgabeparameter des konzeptuellen Entwurfs unter der Annahme, daß die Modellierung im ER-Modell erfolgt.

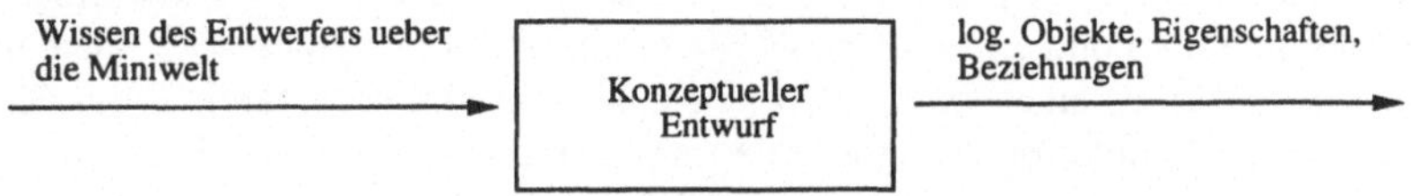


Abbildung 4.2: Konzeptueller Entwurf

Die Modellierung im ER-Modell umfaßt nach [Che76, DR90] im wesentlichen folgende Entwurfsschritte:

- Bestimmung der Entitytypen
- Bestimmung der Attribute und ihrer Wertebereiche
- Identifikation von Primärschlüsseln für Entitytypen

- Bestimmung der Beziehungstypen
- Identifikation weiterer semantischer Information, die durch Beziehungstypen impliziert wird, z. B. Kardinalitäten

Hinsichtlich der Wertebereiche der Attribute wird im Rahmen der ER-Modellierung vielfach gefordert, daß jedem existierenden Gegenstand durch ein Attribut genau ein Wert zugeordnet wird [MDL87], d. h. die Wertebereiche atomar sind. Diese Einschränkung dient nach [MDL87] primär dazu, die Abbildung eines konzeptuellen auf ein logisches Schema formal ableiten zu können. Da das hier betrachtete Zieldatenmodell im Gegensatz zu den in [MDL87] diskutierten Datenmodellen strukturierte und mengenwertige Attribute zuläßt, sollen im folgenden auch bei der ER-Modellierung keine diesbezüglichen Einschränkungen gelten. Weiterhin ist die Spezifikation von Primärschlüsseln nicht zwingend erforderlich. Die Kardinalitäten der Beziehungen werden wie schon in Kapitel 2.2 durch Minimal- und Maximalkardinalitäten spezifiziert [DR90].

In Kapitel 2.2 wurde bereits die datenunabhängige Modellierung für eine Fertigungszelle durchgeführt, wobei die Objekte mit Hilfe des ER-Modells beschrieben wurden. Hierbei wurden vier Teilsichten auf die Zelle identifiziert: die Geometriesicht, die Robotersicht, die Bahnplanungssicht und die Umweltsicht. Im folgenden wird die geometrische Beschreibung der Objekte vollständig vernachlässigt. Sie ist für das ER-Modell und das $NF^2$-Modell in [Moh86, KW87a] ausführlich dargestellt. Hinsichtlich der Umweltsicht beschränken wir uns auf Roboter und einfache Objekte als Umweltkomponenten. Die Robotersicht hingegen wird noch weiter verfeinert.

Betrachten wir also im folgenden zuerst die Robotersicht. Wie in Kapitel 2.2 bereits beschrieben wurde, sind viele Attribute eines Roboters laufzeitabhängig in dem Sinne, daß sie z. B. während eines Simulationsprozesses kontinuierlichen Änderungen ihrer Werte unterworfen sind. Der Roboter, wie er im ER-Diagramm aus Abbildung 2.4 dargestellt ist, beschreibt somit den Zustand eines Roboters zu einem Zeitpunkt $t_i$.

Eine andere Repräsentation der statischen und dynamischen Robotereigenschaften wird in [Swi88] vorgeschlagen. Hier werden zwei Sichten – die dynamische und die statische Sicht – eingeführt. In der statischen Sicht sind Manipulatoren und Effektoren durch die Modelldaten in ihren geometrischen, kinematischen und technologischen Eigenschaften beschrieben. Zudem beschreibt sie mögliche Zuordnungen zwischen Manipulator- und Effektormodellen. Diese Sicht entspricht im wesentlichen der Sicht des Modellierers bzw. des Modelliermoduls beim Entwurf eines Manipulators. Die dynamische Sicht hingegen sieht einen Roboter als einen in eine Umwelt eingebauten Gegenstand. Diese Sichtweise wird etwa bei der Simulation, Programmierung oder Layoutgenerierung angenommen.

Abbildung 4.3 zeigt das attributierte ER-Diagramm der statischen Robotersicht. Die Entitäten und Beziehungen beschreiben die physikalische bzw. logische Struktur eines Roboters, der aus Armen und Effektoren besteht. Sowohl Arme als auch Endeffektoren sind selbst wieder aus einer Folge von Achsen zusammengesetzt. Eine derartige Achsenfolge wird in der Robotik auch als kinematische Kette bezeichnet. Da Endeffektoren in der Regel auswechselbar sind, wird in der statischen Robotersicht noch keine feste Zuordnung zwischen Robotern und Endeffektoren beschrieben, sondern nur eine optionale Zuordnung zwischen Roboter- und Endeffektortypen. Im vorliegenden Modellierbeispiel wollen wir uns bzgl. der Roboter auf einarmige Manipulatoren, bzgl. der Endeffektoren auf Mehrfingergreifer mit bis zu fünf dreigliedrigen Fingern beschränken.

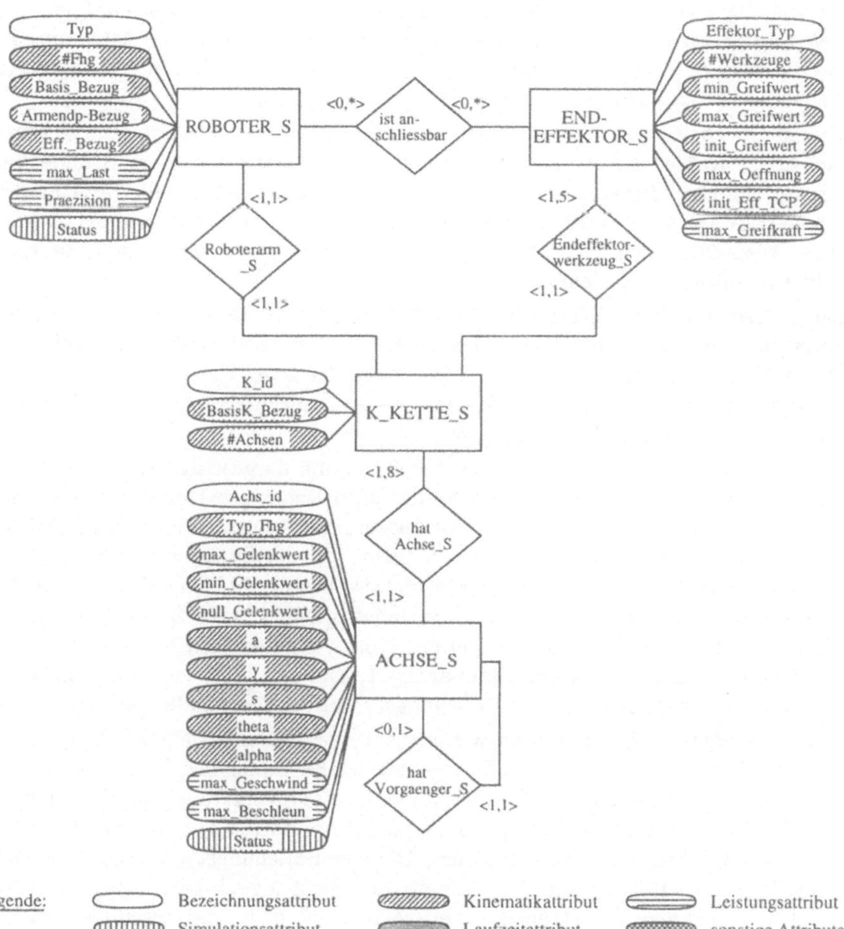


Abbildung 4.3: ER-Diagramm der statischen Robotersicht

Die Attribute der Entitäten ROBOTER_S, ENDEFFEKTOR_S, K_KETTE_S und ACHSE_S beschreiben die kinematischen und Leistungseigenschaften sowie Identifikatoren und systemspezifische Merkmale. Sie sind in Abbildung 4.4 zusammen mit ihren Domänen aufgeführt. Die Primärschlüssel sind durch Unterstreichung gekennzeichnet. Attribute mit der Endung Bezug sowie der Tool-Center-Point repräsentieren Positionen im Raum, die, wie in Kapitel 2.2 dargestellt, durch Frames beschrieben werden, also durch sechs Werte vom Typ *real*. Die durch das Attribut Typ_Fhg repräsentierten Freiheitsgrade können rotatorisch oder translatorisch sein, d. h. der Wertebereich kann durch einen Aufzählungstyp beschrieben werden. Die Gelenkwertattribute sind in Abhängigkeit vom Freiheitsgrad als Winkel oder Längenangaben zu interpretieren.

Die im ER-Diagramm der statischen Robotersicht auftretenden Beziehungstypen lassen sich in drei Kategorien unterteilen. Die Beziehungstypen Roboterarm_S, Endeffektorwerkzeug_S und hat_Achse_S charakterisieren hierarchische strukturelle Beziehungen, der Beziehungstyp hat_Vorgaenger_S definiert eine Ordnung auf der Menge der Achsen, die zu einer Ausprägung von K_KETTE_S in Beziehung stehen und ist anschliessbar beschreibt eine optionale Beziehung.

Die Tatsache, daß die Entitäten ROBOTER_S und ENDEFFEKTOR_S nur über diesen Beziehungstyp miteinander in Beziehung stehen, zeigt zugleich, daß es sich bei Endeffektoren um physikalisch eigenständige Objekte handelt, deren Existenz und Eigenschaften unabhängig vom Roboter sind. Abbildung 4.5 gibt nochmals einen Überblick über die Beziehungstypen und ihre Eigenschaften.

Die dynamische Robotersicht, die in Abbildung 4.6 dargestellt ist, beschreibt die Eigenschaften eines Roboters, die er als Teil der aktuell gültigen Umwelt annehmen kann. Der Aufbau des Roboters aus Arm, Endeffektor und Achsen entspricht mit einer Ausnahme der Beschreibung in der statischen Sicht. In der dynamischen Sicht, die nicht einen Robotertyp, sondern eine konkrete Instanz beschreibt, sind dem Roboter explizit Endeffektoren zugeordnet, die an ihm befestigt sind. Im Beispiel soll dabei die Beschränkung auf einen Endeffektor gelten. Somit ergeben sich in Analogie zur statischen Sicht die Beziehungstypen Roboterarm_I, hat Achse_I, hat Vorgaenger_I und Endeffektorwerkzeug_I sowie der Beziehungstyp aktueller Endeffektor.

Der Beziehungstyp R_Instanz ist wie folgt zu interpretieren: jedem Exemplar des Entitytyps ROBOTER_I ist zum Zeitpunkt t genau ein Exemplar des Entitytyps ROBOTER_S zugeordnet, d. h. es handelt sich hierbei um eine totale Abbildung. [MDL87] bezeichnen eine solche Abbildung als Bindung. Dieselbe Interpretation gilt für die Beziehungstypen E_Instanz, K_Instanz und A_Instanz. Die vier Beziehungstypen sagen zugleich aus, daß es sich bei den Entitytypen der dynamischen Sicht logisch betrachtet um Instantiationen der zugehörigen Entitäten der statischen Sicht, d. h. des jeweiligen Modelltyps, mit zusätzlichen Eigenschaften handelt. Das bedeutet, die Beziehungstypen lassen sich auch als Repräsentation einer Vererbungshierarchie auffassen, in der ein Objekttyp der dynamischen Sicht die Eigenschaften des entsprechenden Objekttyps der statischen Sicht ererbt.

Als Komponente einer Fertigungszelle kann eine Roboterinstanz zusätzlich zu weiteren physikalischen und logischen Objekten in der Umwelt in Beziehung stehen. Dieses sind in unserem Beispiel zum einen das Werkstück, das vom Roboter im Initialzustand gegriffen wird, zum anderen die Bewegungsbahnen, die er innerhalb einer Umwelt abfahren kann. Hinsichtlich der Werkstücke wollen wir uns in unserem Fallbeispiel auf ein-

| Entitytyp | Attributname | Wertebereich |
|---|---|---|
| ROBOTER_S | Typ | string(16) |
| | #Fhg | integer |
| | Basis_Bezug | [1..6] of real |
| | Armendp_Bezug | [1..6] of real |
| | Eff_Bezug | [1..6] of real |
| | max_Last | real |
| | Praezision | real |
| | Status | string(16) |
| ENDEFFEKTOR_S | Endeffektor_Typ | string(16) |
| | #Werkzeuge | integer |
| | min_Greifwert | real |
| | max_Greifwert | real |
| | init_Greifwert | real |
| | max_Oeffnung | real |
| | init_Eff_TCP | [1..6] of real |
| | max_Greifkraft | real |
| K_KETTE_S | K_id | string(16) |
| | BasisK_Bezug | [1..6] of real |
| | #Achsen | integer |
| ACHSE_S | Achs_id | string(16) |
| | Typ_Fhg | (rot,trans) |
| | min_Gelenkwert | real |
| | max_Gelenkwert | real |
| | init_Gelenkwert | real |
| | a | real |
| | y | real |
| | s | real |
| | theta | real |
| | alpha | real |
| | max_Geschwind | real |
| | max_Beschleun | real |
| | Status | string(16) |

Abbildung 4.4: Attribute und Wertebereiche der Entitäten der statischen Robotersicht

| Beziehungtyp | Charakteristika | Kardinalitäten |
|---|---|---|
| Roboterarm_S | strukturell, hierarchisch | <1,1>:<1,1> |
| Endeffektorwerkzeug_S | strukturell, hierarchisch | <1,5>:<1,1> |
| hat_Achse_S | strukturell, hierarchisch | <1,8>:<1,1> |
| hat_Vorgaenger_S | Ordnungsrelation | <0,1>:<1,1> |
| ist_anschliessbar | assoziativ,optional | <0,*>:<0,*> |

Abbildung 4.5: Beziehungstypen der statischen Robotersicht und ihre Eigenschaften

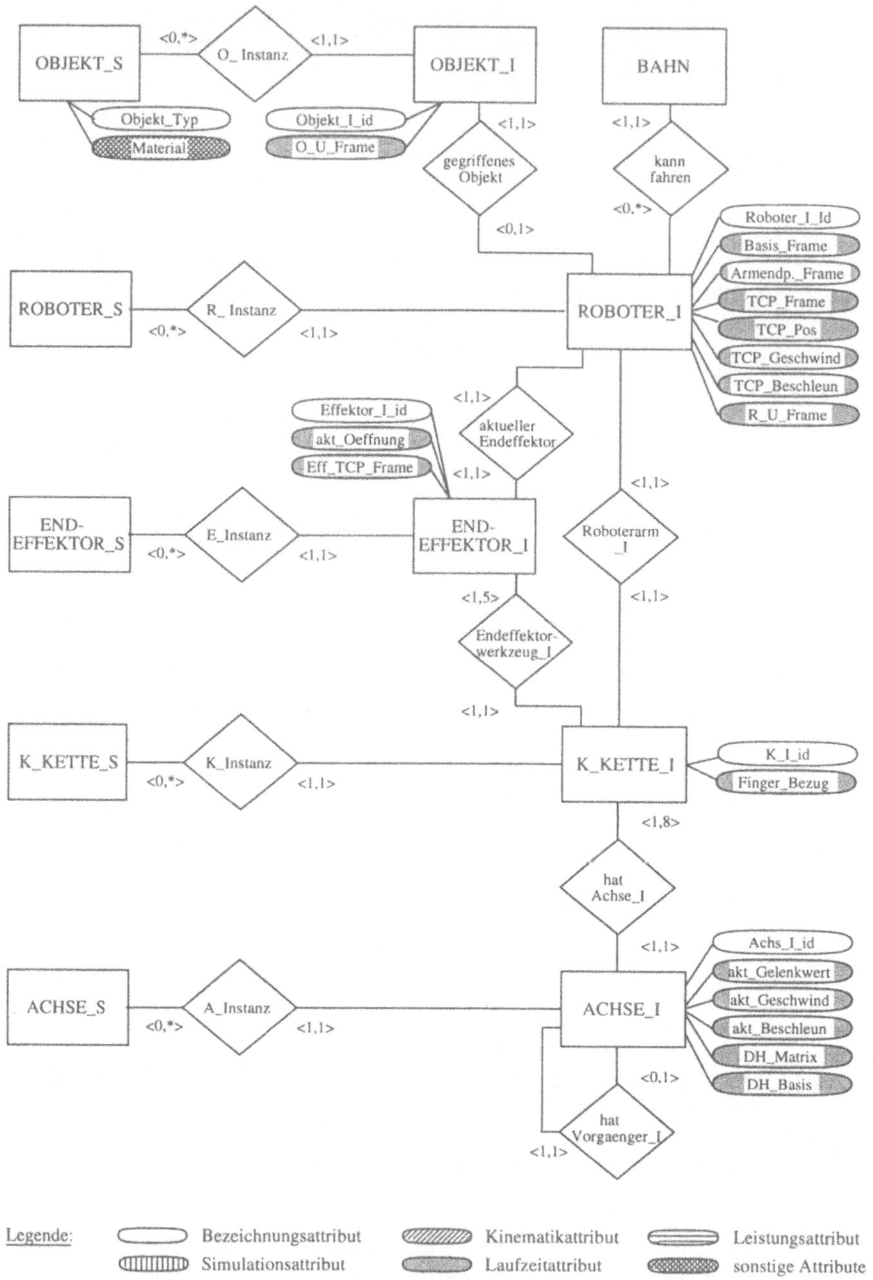


Abbildung 4.6: ER-Diagramm der dynamischen Robotersicht

fache Objekte beschränken, d. h. Verbindungen werden nicht berücksichtigt. Derartige Werkstücke, im folgenden allgemeiner als Objekte bezeichnet, besitzen ebenso wie Roboter sowohl statische als auch dynamische Eigenschaften. Statisch sind die geometrischen und technologischen Eigenschaften eines Objekts. Wir wollen uns hier auf die Beschreibung der statischen Objektparameter durch den Objekttyp und das Material, aus dem das Werkstück beschaffen ist, beschränken. Attribute der dynamischen Objektbeschreibung sind ein Identifikator und die aktuelle Position des Objekts in der Umwelt.

Die Attribute der Entitäten `ROBOTER_I`, `ENDEFFEKTOR_I`, `K_KETTE_I` und `ACHSE_I` stellen, abgesehen von den Identifikatoren, sämtlich Laufzeitattribute dar. Dabei handelt es sich im wesentlichen um Positionsangaben, die durch Frames und Vektoren beschrieben werden, sowie um DH-Parameter, die hier durch ihre DH-Matrizen repräsentiert werden. Abbildung 4.7 gibt einen Überblick über die Attribute und ihre Wertebereiche, die Beziehungstypen und ihre Eigenschaften sind in Abbildung 4.8 aufgelistet.

| Entitytyp | Attributname | Wertebereich |
|---|---|---|
| ROBOTER_I | Roboter_I_id | string(16) |
| | Basis_Frame | [1..6] of real |
| | Armendp_Frame | [1..6] of real |
| | TCP_Frame | [1..6] of real |
| | TCP_Pos | [1..3] of real |
| | TCP_Geschwind | real |
| | TCP_Beschleun | real |
| | R_U_Frame | [1..6] of real |
| ENDEFFEKTOR_I | Endeffektor_I_id | string(16) |
| | akt_Oeffnung | real |
| | Eff_TCP_Frame | [1..6] of real |
| K_KETTE_I | K_I_id | string(16) |
| | Finger_Bezug | [1..6] of real |
| ACHSE_I | Achs_I_id | string(16) |
| | akt_Gelenkwert | real |
| | akt_Geschwind | real |
| | akt_Beschleun | real |
| | DH_Matrix | [1..4,1..4] of real |
| | DH_Basis | [1..4,1..4] of real |
| OBJEKT_I | Objekt_I_id | string(16) |
| | O_U_Frame | [1..6] of real |
| OBJEKT_S | Objekt_Typ | string(16) |
| | Material | string(16) |

Abbildung 4.7: Attribute und Wertebereiche der Entitäten der dynamischen Robotersicht

Die dritte Sicht, die zu modellieren ist, ist die Umweltsicht. Eine Umwelt ist der Arbeitsbereich, in dem sich die Roboter und die zu manipulierenden Objekte befinden. Seine Geometrie ist durch seine Länge, Breite und Höhe beschrieben. Weiterhin wird eine Umwelt durch einen Namen, den Namen des Modellierers sowie das Datum der Generierung beschrieben. Die Werte dieser Attribute werden im Rahmen der Modellierung i. a. interaktiv spezifiziert und sind zur Laufzeit auch änderbar, d. h. im Gegensatz zum Roboter

| **Beziehungtyp** | **Charakteristika** | Kardinalitäten |
|---|---|---|
| Roboterarm_I | strukturell, hierarchisch | <1,1>:<1,1> |
| Endeffektorwerkzeug_I | strukturell, hierarchisch | <1,5>:<1,1> |
| hat_Achse_I | strukturell, hierarchisch | <1,8>:<1,1> |
| hat_Vorgaenger_I | Ordnungsrelation | <0,1>:<1,1> |
| aktueller Endeffektor | strukturell,hierarchisch | <1,1>:<1,1> |
| gegriffenes Objekt | assoziativ,optional | <0,1>:<1,1> |
| kann fahren | assoziativ,optional | <0,*>:<1,1> |
| R_Instanz | Bindung (Vererbung) | <1,1>:<0,*> |
| E_Instanz | Bindung (Vererbung) | <1,1>:<0,*> |
| K_Instanz | Bindung (Vererbung) | <1,1>:<0,*> |
| A_Instanz | Bindung (Vererbung) | <1,1>:<0,*> |
| O_Instanz | Bindung (Vererbung) | <1,1>:<0,*> |

Abbildung 4.8: Beziehungstypen der dynamischen Robotersicht und ihre Eigenschaften

besitzt eine Umwelt keine charakteristischen zeitinvarianten Parameter abgesehen vom Schlüsselattribut. Der Entitytyp `UMWELT` steht zu zwei weiteren Entitytypen, nämlich `OBJEKT_I` und `ROBOTER_I` in Beziehung. Die Beziehungstypen **`Objekt in Umwelt`** und **`Roboter in Umwelt`** drücken aus, daß sich in einer Umwelt beliebig viele Roboter und Objekte befinden können. Das ER-Diagramm sowie die Beschreibung der Attribute und der Beziehungen sind in Abbildung 4.9 bis 4.11 dargestellt.

Als letzte Sicht soll die in Abbildung 4.12 dargestellte Bahnplanungssicht betrachtet werden. Die Bedeutung dieser Sicht und eine mögliche Darstellung mittels $NF^2$-Strukturen und benutzerdefinierten Datentypen wurde bereits in Kapitel 3.1.1 und Kapitel 3.1.3 erläutert. Im folgenden soll nochmals aufgezeigt werden, wie man durch Anwendung der hier entwickelten Entwurfsmethodik zu dieser bzw. zu einer gegebenenfalls verfeinerten Modellierung und Abbildung gelangt.

Die Bahnplanungssicht beschreibt den Aufbau einer Roboterbewegungsbahn sowie die Zuordnung zwischen Bahn und ausführendem Roboter. Eine Bewegungsbahn wird unterteilt in eine Menge von maximal 20 Segmenten, die selbst wieder aus einer Reihe von Punkten bestehen. Dieser hierarchische Aufbau kann durch die drei Entitytypen `BAHN`,

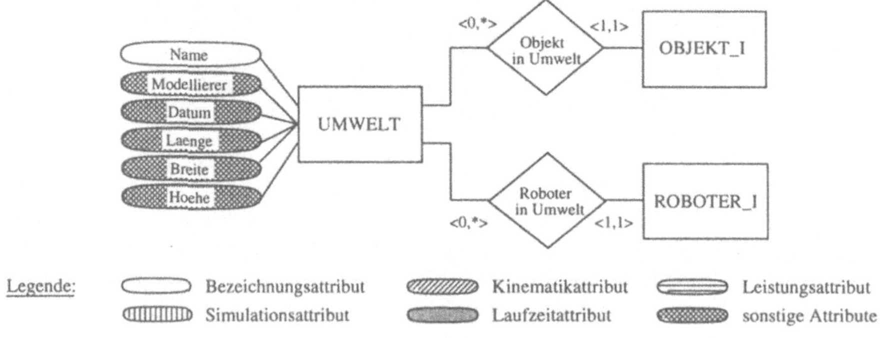


Abbildung 4.9: ER-Diagramm der Umweltsicht

| Entitytyp | Attributname | Wertebereich |
|---|---|---|
| UMWELT | Name | string(16) |
| | Modellierer | string(16) |
| | Datum | date |
| | Laenge | real |
| | Breite | real |
| | Hoehe | real |

Abbildung 4.10: Attribute und Wertebereiche der Entitäten der Umweltsicht

| Beziehungtyp | Charakteristika | Kardinalitäten |
|---|---|---|
| Objekt in Umwelt | assoziativ, optional | <0,*>:<1,1> |
| Roboter in Umwelt | assoziativ, optional | <0,*>:<1,1> |

Abbildung 4.11: Beziehungstypen der Umweltsicht und ihre Eigenschaften

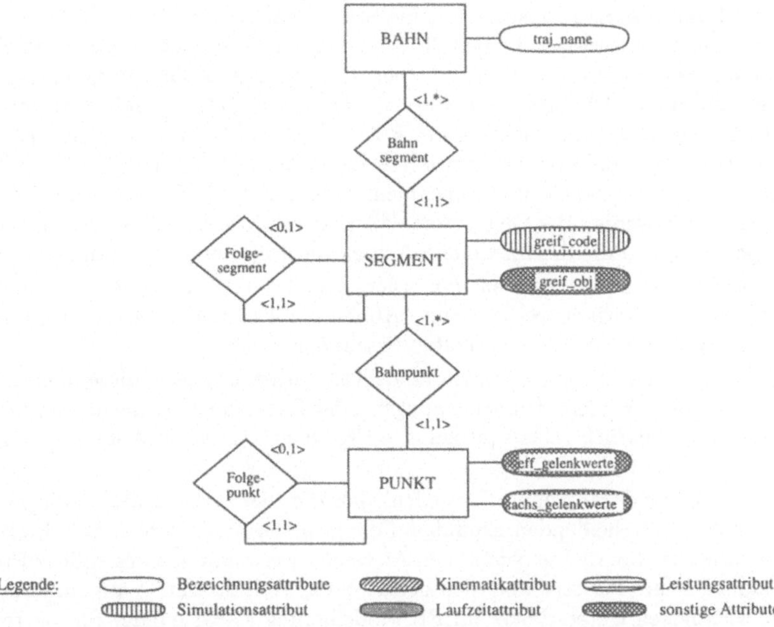


Abbildung 4.12: ER-Diagramm der Bahnplanungssicht

| `Entitytyp` | `Attributname` | `Wertebereich` |
|---|---|---|
| BAHN | <u>Name</u> | string(16) |
| SEGMENT | greif_code | integer |
| | greif_obj | string(16) |
| PUNKT | eff_gelenkwerte | [1..3,1..5] of real |
| | achs_gelenkwerte | [1..8] of real |

Abbildung 4.13: Attribute und Wertebereiche der Entitäten der Bahnplanungssicht

| `Beziehungtyp` | `Charakteristika` | Kardinalitäten |
|---|---|---|
| Bahnsegment | strukturell, hierarchisch | <1,20>:<1,1> |
| Bahnpunkt | strukturell, hierarchisch | <1,*>:<1,1> |
| Folgesegment | Ordnungsrelation | <0,1>:<1,1> |
| Folgepunkt | Ordnungsrelation | <0,1>:<1,1> |
| wird verfahren von | assoziativ | <1,1>:<1,*> |

Abbildung 4.14: Beziehungstypen der Bahnplanungssicht und ihre Eigenschaften

`SEGMENT` und `PUNKT` sowie die Beziehungstypen `Bahnsegment` und `Bahnpunkt` charakterisiert werden. Offensichtlich müssen die Segmente bzw. Punkte einer Ordnung unterworfen sein, was durch die Beziehungstypen `Folgesegment` und `Folgepunkt` dargestellt ist.

Der Entitytyp `BAHN` besitzt als einziges Attribut einen eindeutigen Identifikator. Segmente und Punkte hingegen besitzen keine Schlüsselattribute. Hier wurde von der eingangs beschriebenen Erweiterung der ER-Modellierung Gebrauch gemacht, da eine Identifikation von Segmenten und Punkten über die spezifizierte Ordnungsrelation gewährleistet werden kann. Die Attribute `greif_code` und `greif_obj` geben an, ob ein und ggf. welches Objekt vom Endeffektor des Roboters gegriffen wird, während das Segment verfahren wird. Ein Bahnpunkt wird durch die Stellung beschrieben, die die Effektor- und Roboterachsen in dem Punkt annehmen, d. h. durch die Gelenkwerte. Im Attribut `eff_gelenkwerte` werden die Gelenkwerte aller Achsen der Endeffektoren des Roboters, in `achs_gelenkwerte` die der maximal 8 Achsen des Roboterarms zusammengefaßt.

Die Beziehung `wird verfahren von` drückt aus, daß eine Bewegungsbahn immer einer Roboterinstanz zugeordnet werden muß. Abbildung 4.13 und 4.14 fassen die Attribute und Beziehungen mit ihren Eigenschaften zusammen.

Nachdem nun die einzelnen Sichten modelliert wurden, müssen diese in einem letzten Schritt konsolidiert werden. Umbenennungen oder Zusammenfassungen sind in unserem Beispiel nicht erforderlich. Das konsolidierte ER-Diagramm ist in Abbildung 4.15 dargestellt.

Zusammenfassend kann man feststellen, daß die hier vorgestellte Variante des ER-Entwurfs keinen entscheidenden Einfluß auf die grundlegende Problematik des konzeptuellen Entwurfs hat. Somit besteht für den Anwender weiterhin das wesentliche Problem in der Abbildung seines Wissens über den betrachteten Weltausschnitt auf ein formales Modell. Die wichtigsten Unterschiede zur ER-Modellierung als Grundlage für das relationale Datenmodell liegen in der Spezifikation strukturierter Wertebereiche, die die Kenntnis einer höheren Programmiersprache voraussetzt, sowie in der Beschreibung von Charakteristika von Beziehungstypen. Letztere ist nicht zwingend erforderlich, vereinfacht jedoch

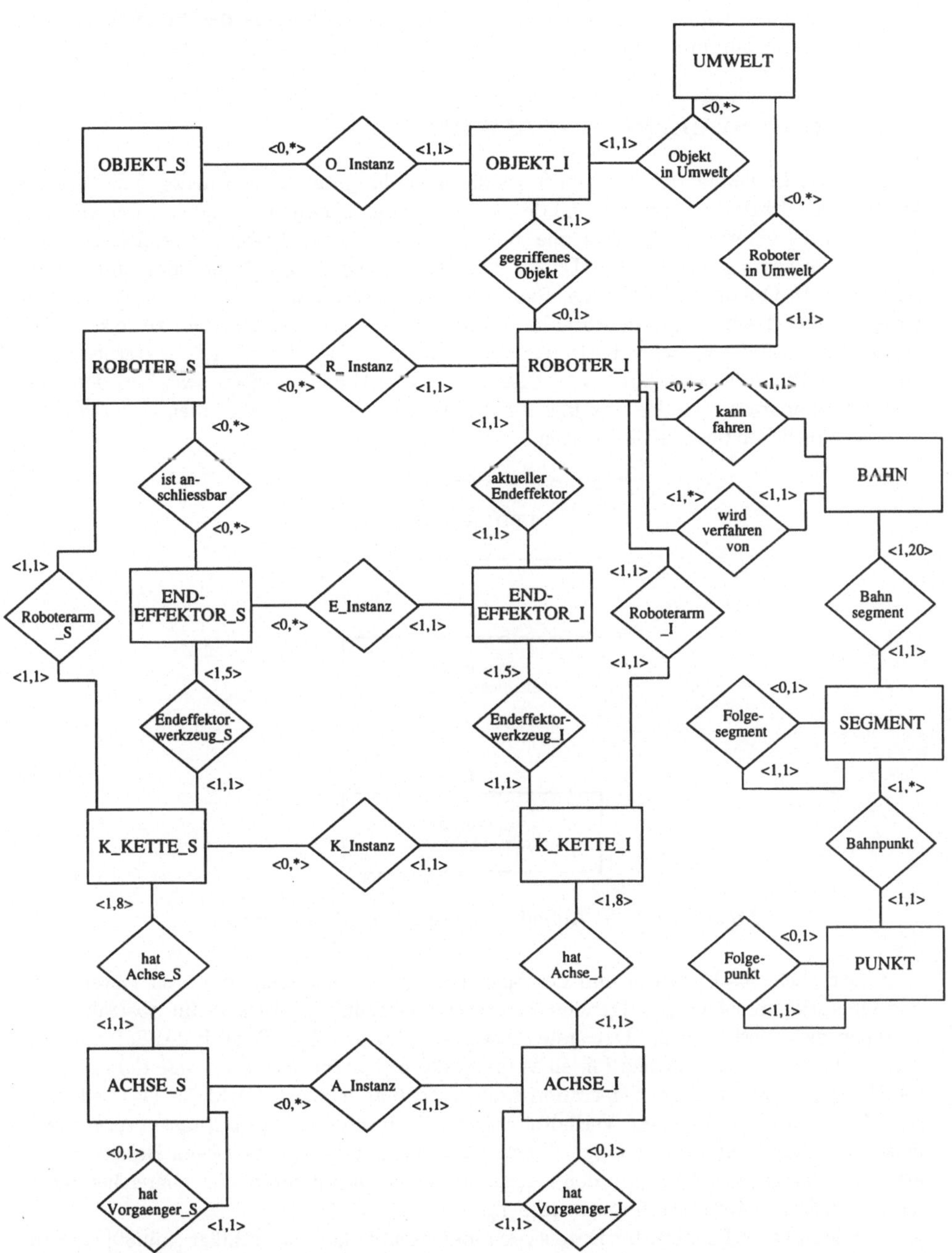


Abbildung 4.15: Konsolidiertes ER-Diagramm der Fertigungszelle

die Unterstützung von Entwurfsentscheidungen bei der Abbildung der Beziehungstypen auf das logische Datenmodell.

## 4.3 Implementationsentwurf

Aufgabe des Implementationsentwurfs ist die Abbildung des konzeptuellen Schemas auf das logische Schema. Letzteres umfaßt zum einen das Datenbankschema, zum anderen aber auch die externen Schemata, die die spezifischen Anwendersichten realisieren. Das Datenbankschema setzt sich in $R^2D^2$ aus den benutzerdefinierten Datentypen, den benutzerdefinierten Operationen und den Relationenschemata zusammen. Demzufolge sind in diesem Entwurfsschritt die in Abbildung 4.16 dargestellten Teilaufgaben zu lösen - der DBDT-Entwurf, der Entwurf der Relationenschemata und der Entwurf der externen Schemata. Die Pfeile in Abbildung 4.16 beschreiben die Abhängigkeiten zwischen den Ein- und Ausgabeparametern der einzelnen Arbeitsschritte, die in den folgenden Unterkapiteln noch ausführlicher beschrieben werden.

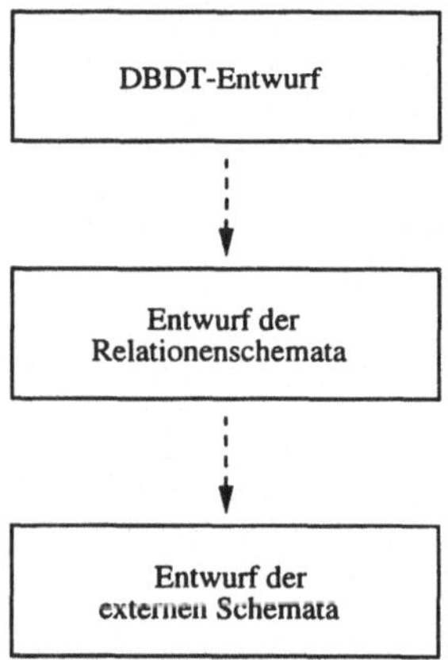


Abbildung 4.16: Aufgaben des Implementationsentwurfs

Hinsichtlich des Entwurfs und der Spezifikation der benutzerdefinierten Datentypen und Operationen sollen im folgenden kurz zwei diesbezügliche Ansätze für abstrakte Datentypen diskutiert werden. Der erste Ansatz stammt aus dem Bereich des Softwareentwurfs. Dort wird die Spezifikation eines (abstrakten) Datentyps als *formale darstellungsunabhängige Definition jeder Operation eines Datentyps* definiert [GHM78]. Das bedeutet, ein ADT wird allein über sein Verhalten, nicht jedoch seine interne Repräsentation spezifiziert. Die Beschreibung der Operationen setzt sich aus der syntaktischen Beschreibung, also dem Namen, den Ein- und den Ausgabeparametern mit ihren Wertebereichen sowie der semantischen Beschreibung zusammen.

Für den Entwurf abstrakter Datentypen im Datenbankbereich schlägt [Lük89] eine andere Vorgehensweise vor. Das Entwurfskonzept für das semantische Datenmodell DANTE, welches zur Modellierung technischer Anwendungen entwickelt wurde, sieht zwei Phasen vor. In der ersten Phase werden die als ADT zu modellierenden Objekte in der Miniwelt identifiziert und ihre Struktur wird entworfen. Anschließend erfolgt in einer zweiten Phase der Entwurf der ADT-Operationen. Die Implementierung der Datentypen erfolgt ebenfalls in DANTE. Die beiden Ansätze zeigen deutlich die unterschiedliche Gewichtung der strukturellen und verhaltensmäßigen Modellierung im Software- und Datenbankentwurf.

Der wesentliche Unterschied zwischen DANTE und $R^2D^2$ besteht darin, daß in DANTE nicht zwischen semantischem und logischem Datenmodell unterschieden wird, was u. a. zur Folge hat, daß auch der strukturelle Entwurf der Datentypen in die Phase der semantischen Modellierung fällt. Wenngleich die Modellierung der benutzerdefinierten Datentypen und Operationen in $R^2D^2$ Teil des Implementationsentwurfs ist, erscheint es sinnvoll, sie zuerst weitestgehend unabhängig von der internen Darstellung zur entwerfen. Dabei kann jedoch, anders als im Softwareentwurf, nicht vollständig auf eine strukturelle Beschreibung verzichtet werden.

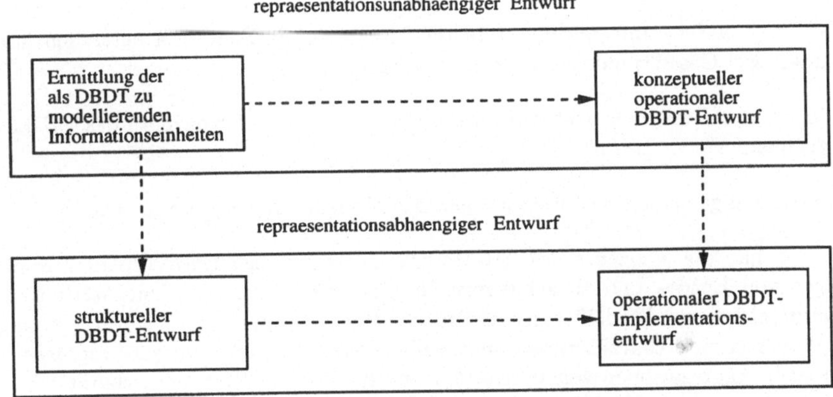


Abbildung 4.17: Phasen des DBDT-Entwurfs in $R^2D^2$

Die für $R^2D^2$ gewählte Methode besteht aus zwei Entwurfsschritten, die in Abbildung 4.17 dargestellt sind. In der ersten Stufe, die als repräsentationsunabhängiger Entwurf bezeichnet wird, werden auf der Basis des ER-Schemas die als DBDT zu modellierenden Informationseinheiten identifiziert. Ihre Struktur wird ggf. unter Verwendung des ER-Modells beschrieben. Für die so identifizierten und spezifizierten Datentypen werden die Operationen durch Angabe von Name, Ein- und Ausgabeparametertypen spezifiziert. Erst in der zweiten Phase, dem repräsentationsabhängigen Entwurf, erfolgt die Abbildung der Datentypen auf Strukturen des erweiterten $NF^2$-Modells. Zur Spezifikation der Strukturen bietet sich die Datenbeschreibungssprache (DDL) des Datenbanksystems an. Für die Operationen muß in dieser Phase entschieden werden, ob sie als Funktionen realisierbar sind, ob ihre Parameter den Anforderungen des Datenbanksystems genügen und ob sie als Ergebnis des strukturellen Entwurf noch modifiziert werden müssen. Gegebenenfalls werden zudem implementierungsbedingte Anpassungen und Erweiterungen durchgeführt. Zur Spezifikation in dieser Phase bietet sich ebenfalls die DDL an.

### 4.3.1 Ermittlung der Informationseinheiten

In dieser Entwurfsphase, deren Ein- und Ausgabeparameter in Abbildung 4.18 dargestellt sind, werden auf der Basis der ER-Modellierung die Informationseinheiten ermittelt, die später als Datenbankdatentypen realisiert werden sollen. Zudem muß entschieden werden, ob für die Informationseinheiten striktes Information Hiding erforderlich ist, d. h. ob sie als *encapsulated types* zu implementieren sind.

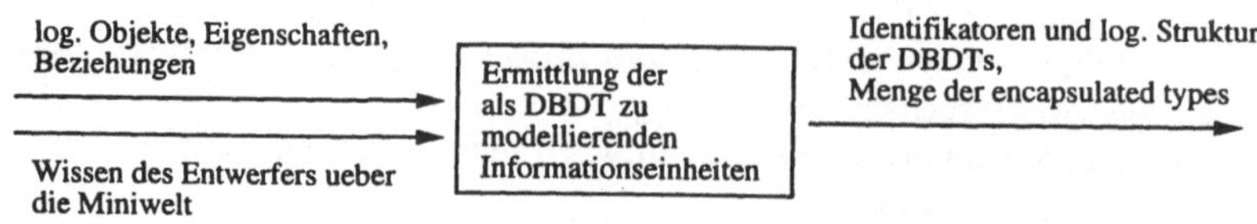


Abbildung 4.18: Ermittlung der Informationseinheiten

Die Frage, welche Informationseinheiten aus dem ER-Diagramm entstehen können, muß unter zwei Gesichtpunkten betrachtet werden:

1. In welcher Beziehung stehen Informationseinheiten und Konzepte des ER-Modells zueinander?

2. Welche allgemeinen Kriterien können der Modellierung zugrunde liegen?

Betrachtet man die Konzepte des ER-Modells, so bieten sich Entitytypen, Zusammenfassungen von Entity- und Beziehungstypen, Zusammenfassungen von Attributen und Attributdomänen zur Modellierung als Informationseinheiten an. Da Entitytypen, die durch ihre Attribute charakterisiert sind, selbst bereits logische Objekte repräsentieren, sollten keine Aggregationen von Attributen verschiedener Entitytypen erlaubt sein.

Allgemeine Kriterien, nach denen diese Informationseinheiten bestimmt werden können, sind etwa die Fragen, welche Entitytypen, Gruppen von Entity- und Beziehungstypen, Attributaggregationen oder Attributdomänen

- Einheiten der Manipulation bilden
- durch spezifisches Verhalten gekennzeichnet sind
- Konsistenzklassen bilden
- Informationsstrukturen beschreiben, für die in der Anwendungswelt bereits einheitliche Beschreibungsformen existieren

Ein weiterer Aspekt, der bei der Entscheidung, ob eine Informationseinheit als DBDT modelliert wird, berücksichtigt werden sollte, ist die Durchgängigkeit des Konzepts. So ist es oftmals, insbesondere bei Objekthierarchien, sinnvoll, eine Informationseinheit selbst dann als DBDT zu modellieren, wenn sie keine stark ausgeprägte eigene Semantik aufweist, da nur so benutzerdefinierte Operationen durchgängig zur Manipulation eingesetzt werden können.

Wie diese Kriterien bereits zeigen, ist zur Ermittlung der Informationseinheiten ggf. in Ergänzung zu dem im ER-Diagramm beschriebenen Wissen weiteres Wissen des Entwerfers über den zu modellierenden Umweltausschnitt erforderlich, welches in alle Entwurfsentscheidungen eingeht.

In einem ersten Entwurfschritt sollen im folgenden die Entitäten und Beziehungstypen daraufhin untersucht werden, inwieweit sie durch Datenbankdatentypen zu beschreiben sind. Aufgrund der besseren Übersichtlichkeit werden dazu die vier eingeführten Sichten getrennt modelliert. Diese Vorgehensweise führt im diskutierten Modellierungbeispiel zu demselben Ergebnis, das man erhält, wenn man das konsolidierte ER-Diagramm als Ausgangspunkt wählt, da bei der Konsolidierung keine Verschmelzungen und Umbenennungen durchgeführt wurden.

Betrachten wir also zuerst die Bahnsicht. Sie setzt sich aus drei Entitytypen und fünf Beziehungstypen zusammen. `PUNKT` ist der erste Entitytyp, der eine Informationseinheit mit einer ihr eigenen Semantik, nämlich der eines Interpolationspunktes, repräsentiert. Er ist vollständig durch seine Attribute charakterisiert. Die Beziehungen, an denen ein Punkt beteiligt ist, beschreiben das Verhalten einer Objektinstanz als Teil eines Bahnsegments, von dem seine Existenz abhängig ist. Sie müssen somit der Informationseinheit *segment* zugeordnet werden. Entsprechend wird eine Bahn durch den Entityp `BAHN` mit seinen Attributen und den strukturellen Beziehungstypen `Bahnsegment` und `Folgesegment` sowie durch die Beziehung `wird verfahren von` charakterisiert. Abbildung 4.19 zeigt die Strukturen der Informationseinheiten *punkt, segment* und *bahn*.

Wie das Beispiel der Bahnsicht deutlich zeigt, berücksichtigt der DBDT-Begriff, anders als der des Entitytyps, auch die Beziehungen und ggf. die durch Beziehungen repräsentierte komplexe Strukturierung einer Informationseinheit.

Als nächste Sicht sei die statische Robotersicht betrachtet. Sie repräsentiert den strukturellen Aufbau von Robotern und Endeffektoren, sowie deren Beziehung untereinander. Die kleinste Einheit, die ein Objekt mit eigener Geometrie und weiteren Eigenschaften darstellt, ist die Achse. Sie steht wiederum mit sich selbst und der kinematischen Kette in Beziehung. Diese beiden Beziehungstypen charakterisieren zusammen mit den Attributen des Entitytyps `K_KETTE_S` die kinematische Kette. Somit ergeben sich die Datentypen *achse_s* und *k_kette_s.* Wie aus Abbildung 4.20 zu ersehen ist, sind die Informationseinheiten Bestandteil sowohl der Roboter- als auch der Endeffektorbeschreibung. Roboter und Endeffektoren sind eigenständige Objekte des Weltmodells mit einer für sie spezifischen logischen und geometrischen Struktur sowie dynamischen und kinematischen Eigenschaften. Zu ihrer Beschreibung werden die Datentypen *roboter_s* und *endeffektor_s* eingeführt.

Wie bereits gezeigt wurde, entspricht einem Entitytyp der statischen Sicht genau ein solcher der dynamischen Sicht. Demzufolge bietet es sich an, entsprechende Datentypen *achsen_i, k_kette_i, endeffektor_i* und *roboter_i* zu vereinbaren. Die logische Struktur des DBDT *endeffektor_i* ist in Abbildung 4.21 dargestellt. Im Unterschied zu *endeffektor_s* sind die dynamischen Komponenten zusätzlich durch ihre Beziehung zu statischen Komponenten, deren Eigenschaften sie erben, beschrieben.

Der Roboter selbst ist nicht nur durch seine logische Struktur, sondern zudem durch die Eigenschaften, daß er Objekte greifen und Bahnen verfahren kann, charakterisiert. Objekte werden wie der Roboter und seine Komponenten durch statische und dynamische Parameter spezifiziert. In Analogie zur Modellierung einer Achse bilden die statische Beschreibung sowie die dynamische Beschreibung zusammen mit dem Beziehungstyp

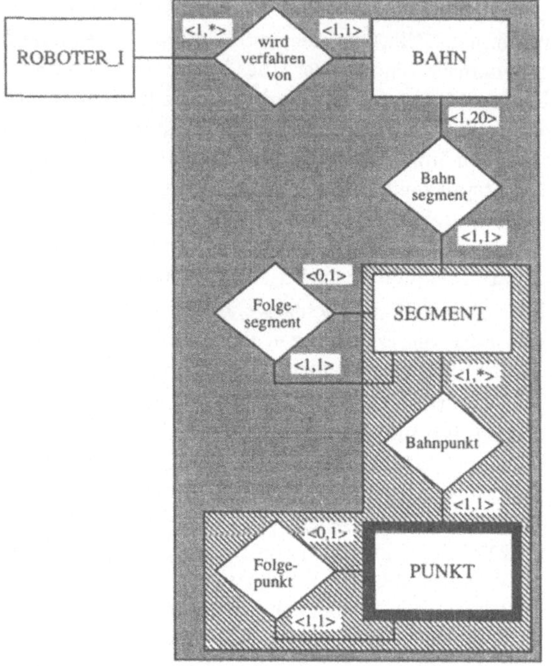


Abbildung 4.19: Logische Struktur der Informationseinheiten *punkt*, *segment* und *bahn*

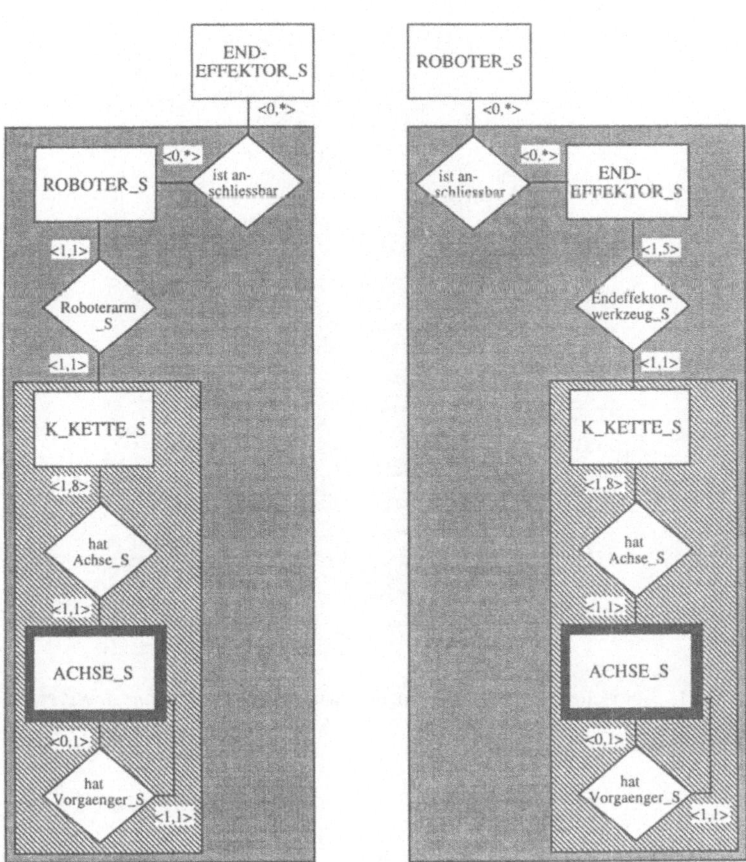


Abbildung 4.20: Logische Struktur der Informationseinheiten *achse_s, k_kette_s endeffektor_s* und *roboter_s*

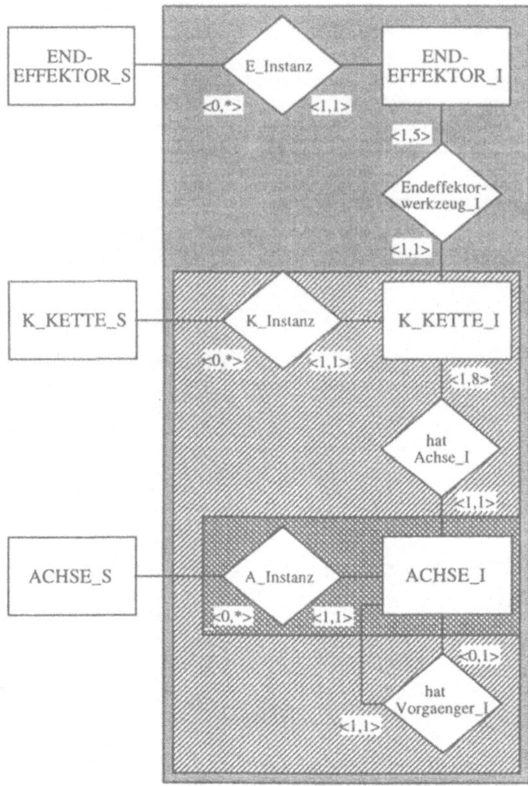


Abbildung 4.21: Logische Struktur der Informationseinheiten *achse_i, k_kette_i* und *endeffektor_i*

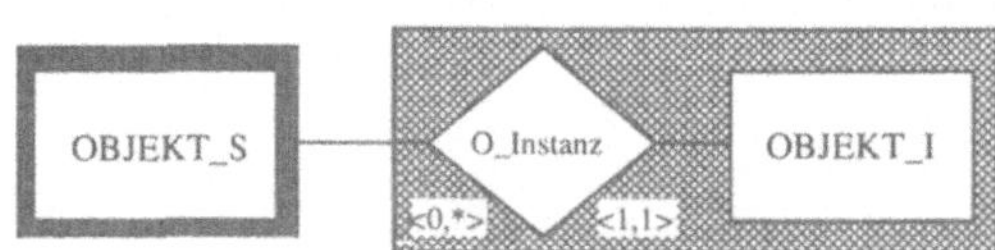


Abbildung 4.22: Logische Struktur der Informationseinheiten *objekt_s* und *objekt_i*

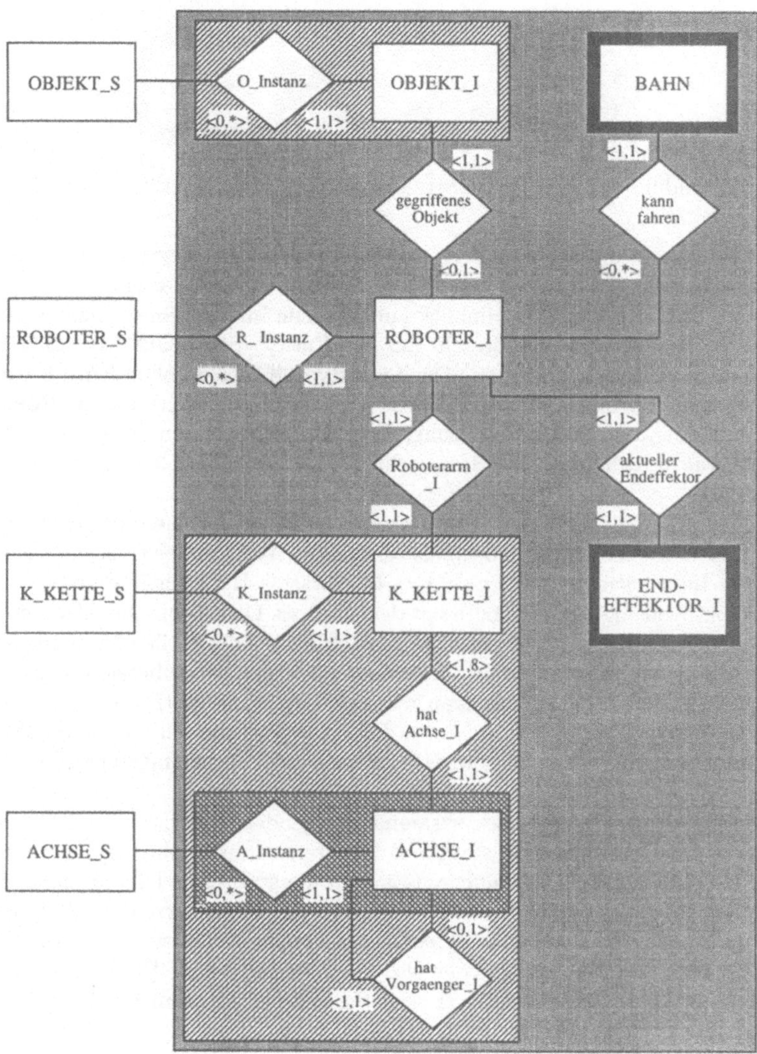


Abbildung 4.23: Logische Struktur der Informationseinheit *roboter_i*

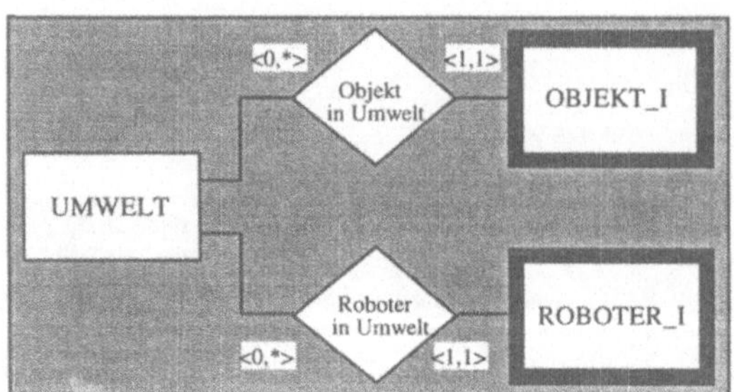


Abbildung 4.24: Logische Struktur der Informationseinheit *umwelt*

`O_Instanz` je eine Informationseinheit, was in Abbildung 4.22 graphisch dargestellt ist. Abbildung 4.23 zeigt die resultierende logische Struktur des Roboters.

Die letzte Einzelsicht, die im Hinblick auf mögliche Informationseinheiten zu betrachten ist, ist die Umweltsicht. Sie besteht aus den Entitytypen `OBJEKT_I`, `ROBOTER_I` und `UMWELT` sowie zwei Beziehungstypen. Der Entitytyp `UMWELT` ist offensichtlich eine grundlegende Informationseinheit für verschiedene Anwendungsbereiche wie die Roboterbewegungsplanung oder die Layoutgenerierung, da er den Arbeitsraum des Roboters repräsentiert. Er ist, wie in Abbildung 4.24 dargestellt, gerade durch die Elemente der Umweltsicht charakterisiert.

Abbildung 4.25 faßt die aus den Entitytypen hervorgegangenen als DBDT zu modellierenden Informationseinheiten nochmals zusammen. Wie hieraus zu entnehmen ist, wird für keine der Informationseinheiten striktes Information Hiding gefordert.

Bei der Betrachtung der Attribute mit dem Ziel, als DBDT zu modellierende Informationseinheiten zu ermitteln, muß zwischen Attributen in ihrer Rolle als Komponenten von Entitäten, die deren Eigenschaften beschreiben, und den Wertebereichen der Attribute unterschieden werden. Betrachtet man die Attribute eines Entitytyps unabhängig von ihren Wertebereichen, so können sich neue Informationseinheiten ebenso durch Aggregation von Information ergeben wie dieses für Entity- und Beziehungstypen bereits gezeigt wurde.

Eine solche Gruppe von logisch zusammenhängenden Attributen ergibt sich bei Betrachtung des ER-Diagramms der statischen Robotersicht in Abbildung 4.3. Die Attribute **`a, y, s, theta, alpha`** beschreiben zusammen die statischen DH-Parameter der Achse und stellen eine alternative Beschreibungsform zur DH-Matrix dar. Aufgrund dieser Semantik sollen sie zum Datentyp *dh_parsatz* zusammengefaßt werden. Aus der Untersuchung der anderen Entitäten ergeben sich keine weiteren als DBDT zu modellierenden Informationseinheiten. Abbildung 4.26 zeigt die logische Struktur des Datentyps, Abbildung 4.27 seine Spezifikation.

Die bisher ermittelten Informationseinheiten konnten allein aufgrund der in den ER-Diagrammen enthaltenen Strukturinformation über die zu modellierende Miniwelt und des Anwenderwissens ermittelt werden. Im letzten Schritt müssen nun noch die Wertebereiche der Attribute daraufhin untersucht werden, ob sie durch eigene Datentypen repräsentiert werden sollen.

Die primären Kandidaten, deren Wertebereiche von Interesse sind, sind die nichtatomaren strukturierten Attribute. Die Attribute mit dem Wertebereich `[1..6] of real`

| DBDT-Name | Entitypen | Beziehungstypen | DBDTs | ENC |
|---|---|---|---|---|
| *punkt* | PUNKT | – | – | – |
| *segment* | SEGMENT | Bahnpunkt<br>Folgepunkt | *punkt* | – |
| *bahn* | BAHN | Bahnsegment<br>Folgesegment<br>wird verfahren von | *segment* | – |
| *achse_s* | ACHSE_S | – | – | – |
| *k_kette_s* | K_KETTE_S | hat_Achse_S<br>hat Vorgaenger_S | *achse_s* | – |
| *roboter_s* | ROBOTER_S | Roboterarm_S<br>ist anschliessbar | *k_kette_s* | – |
| *endeffektor_s* | ENDEFFEKTOR_S | Endeffektorwerkzeug_S<br>ist anschliessbar | *k_kette_s* | – |
| *achse_i* | ACHSE_I | A_Instanz | – | – |
| *k_kette_i* | K_KETTE_I | hat_Achse_I<br>hat Vorgaenger_I<br>K_Instanz | *achse_i* | – |
| *endeffektor_i* | ENDEFFEKTOR_I | Endeffektorwerkzeug_I<br>E_Instanz | *k_kette_i* | – |
| *objekt_i* | OBJEKT_I | O_Instanz | – | – |
| *objekt_s* | OBJEKT_S | – | – | – |
| *roboter_i* | ROBOTER_I | Roboterarm_I<br>aktueller Endeffektor<br>kann fahren<br>gegriffenes Objekt<br>R_Instanz | *k_kette_i*<br>*endeffektor_i*<br>*bahn*<br>*objekt_i* | – |
| *umwelt* | UMWELT | Objekt in Umwelt<br>Roboter in Umwelt | *objekt_i*<br>*roboter_i* | – |

Abbildung 4.25: Zusammensetzung der aus den Entitytypen hervorgegangenen Datenbankdatentypen

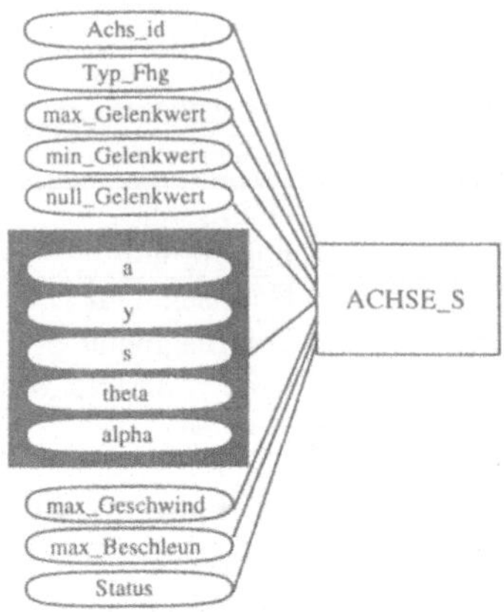


Abbildung 4.26: Logische Struktur der Informationseinheit *dh_parsatz*

| DBDT_Name | an Aggregation beteiligte Attribute | ENC |
|---|---|---|
| *DH_parsatz* | a<br>y<br>s<br>theta<br>alpha | - |

Abbildung 4.27: Spezifikation der Informationseinheit *dh_parsatz*

geben die Lage von Objekten an und werden in der Robotik durch das Frame-Konzept beschrieben. Es bietet sich daher an, für diesen Wertebereich einen eigenen Datentyp *frame* zu vereinbaren. Ein weiteres modellinhärentes Konzept stellen die DH-Matrizen dar, die in der Phase des konzeptuellen Entwurfs durch zweidimensionale Arrays repräsentiert wurden (s. Abb. 4.7). DH_Matrizen sind 4×4 Matrizen mit einer spezifischen Semantik, die operational modelliert werden kann. Somit ist auch die DH-Matrix als DBDT zu spezifizieren. Ein weiterer Datentyp, der für das vielen Robotikanwendungen zugrundeliegende mathematische Modell von Bedeutung ist, ist der Vektor der Länge 3, der, wie aus Abbildung 4.7 zu entnehmen ist, im Beispiel u. a. die Position eines Greifers beschreibt. Daher wird ein Datentyp *vektor* eingeführt.

Wie bereits in Kapitel 3.1.3 ausführlich erläutert wurde, wird ein Punkt einer Roboterbewegungsbahn durch eine Folge von Werten spezifiziert, die die Stellungen der Roboterarm- und Endeffektorachsen in diesem Punkt beschreiben. Die spezielle Semantik dieser Folgen kann operational beschrieben werden, wenn hierfür die Datentypen *achs_stellung* und *eff_stellung* vereinbart werden. Aufgrund der Tatsache, daß die Semantik der Datentypen *frame, dh_matrix, achs_stellung* und *eff_stellung* primär operational spezifiziert wird und insbesondere *dh_matrix* als Konsistenzklasse betrachtet werden kann, soll für diese Informationseinheiten Information Hiding gefordert werden.

Weitere Kandidaten für die Vereinbarung von DBDTs sind die Attribute, deren Wertebereiche durch Aufzählungstypen repräsentiert werden. Im Beispiel ist das der Typ des Freiheitsgrades einer Achse, der die Werte rotatorisch oder translatorisch annehmen kann. Da in $R^2D^2$ kein entsprechender Typkonstruktor zur Vereinbarung von Aufzählungstypen zur Verfügung steht, sondern diese über atomare Datentypen realisiert werden müssen, ist es sinnvoll, *fhg_id* als *encapsulated types* zu vereinbaren. Somit kann die Einhaltung der Restriktionen über benutzerdefinierte Operationen gewährleistet werden.

Abbildung 4.28 zeigt die aus den Attributdomänen hervorgegangenen Datenbankdatentypen mit ihrer Repräsentation aus dem konzeptuellen Entwurf und die Attribute, die durch den jeweiligen Datentyp repräsentiert werden. Um die Übersichtlichkeit zu erhöhen, wird dem Attributnamen jeweils der Entitybezeichner vorangestellt.

Aus den in Abbildung 4.25, 4.27 und 4.28 beschriebenen Informationen über die in dieser Entwurfsphase ermittelten Informationseinheiten lassen sich hierarchische Beziehungen zwischen den Datenbankdatentypen ableiten. Diese Typhierarchien sind in Abbildung 4.29 dargestellt.

Zusammenfassend läßt sich feststellen, daß die ER-Modellierung eine geeignete Grundlage zur Ermittlung der Informationseinheiten darstellt. Die Hauptprobleme, denen der Entwerfer in dieser Phase gegenübersteht, sind die Beurteilung der Semantik des Weltausschnitts, was die Entscheidung für oder gegen verkapselte Datentypen impliziert, sowie die Wahl der Granularität der Informationseinheiten. Dieses erfordert vom Entwerfer das Einbringen seines vollständigen Wissens über den zu modellierenden Umweltausschnitt.

Wenngleich es sich bei der Ermittlung der Informationseinheiten definitionsgemäß um eine repräsentationsunabhängige Modellierung handelt, ergeben sich aus den hier getroffenen Entwurfsentscheidungen grundlegende Konsequenzen für die Abbildung auf das logische Datenmodell und die Möglichkeiten zur Manipulation von Objekten. Daher ist die Kenntnis des Modells und der Abbildungsvorschriften für den Anwender in dieser Entwurfsphase von Vorteil.

| DBDT-Name | Repräsentation | Attributname | ENC |
|---|---|---|---|
| *frame* | [1..6] of real | ROBOTER_S.Basis_Bezug<br>ROBOTER_S.Armendp_Bezug<br>ROBOTER_S.Eff_Bezug<br>ENDEFFEKTOR_S.init_Eff_TCP<br>K_KETTE_S.BasisK_Bezug<br>ROBOTER_I.Basis_Frame<br>ROBOTER_I.Armendp_Frame<br>ROBOTER_I.TCP_Frame<br>ROBOTER_I.R_U_Frame<br>ENDEFFEKTOR_I.Eff_TCP_Frame<br>K_KETTE_S.Finger_Bezug<br>OBJEKT_I.O_U_Frame | + |
| *dh_matrix* | [1..4,1..4] of real | ACHSE_I.DH_Matrix<br>ACHSE_I.DH_Basis | + |
| *vektor* | [1..3] of real | ROBOTER_I.TCP_Pos | – |
| *achs_stellung* | [1..9] of real | PUNKT.achs_gelenkwerte | + |
| *eff_stellung* | [1..15] of real | PUNKT.eff_gelenkwerte | + |
| *fhg_id* | (rot,trans) | ACHSE_S.Typ_Fhg | + |

Abbildung 4.28: Spezifikation der aus den Attributdomänen hervorgegangenen DBDTs

### 4.3.2 Konzeptueller operationaler Entwurf

Nachdem die Ermittlung der als benutzerdefinierte Datentypen zu modellierenden Informationseinheiten vorläufig abgeschlossen ist, müssen im zweiten Schritt des repräsentationsunabhängigen DBDT-Entwurfs die zugehörigen Operationen festgelegt werden. Abbildung 4.30 zeigt die Ein- und Ausgabeparameter dieser Entwurfsphase.

Aufgrund der hierarchischen Beziehungen zwischen den Datenbankdatentypen bietet sich hinsichtlich des operationalen Entwurfs eine bottom-up Vorgehensweise für jeden der in Abbildung 4.29 dargestellten Bäume an.

Betrachten wir also zuerst den Baum, dessen Wurzel die Informationseinheit *endeffektor_s* bildet. Bei dem Blattknoten *frame* handelt es sich laut Abbildung 4.28 um einen aus einer Attributdomäne hervorgegangenen verkapselten DBDT, der intern durch ein Array dargestellt wird, dessen sechs Elemente vom Typ *real* sind. Aufgrund der Eigenschaft verkapselter Datentypen, die einen Zugriff ausschließlich über Operatoren gestattet, muß die Semantik, d. h. insbesondere Objektgenerierung, -zugriff und -modifikation vollständig operational beschrieben werden. Entsprechend der internen Repräsentation ergibt sich die Generierungsfunktion für den Typ *frame* als eine Abbildung

$$\texttt{gen\_frame:}\quad \texttt{real} \times \texttt{real} \times \texttt{real} \times \texttt{real} \times \texttt{real} \times \texttt{real} \rightarrow \texttt{frame}$$

Der Typ *frame* stellt einen für den Anwendungsbereich der Robotik spezifischen Datentyp dar. Seine Bedeutung wurde in Abschnitt 2.2 bereits ausführlich erläutert. Danach beschreiben die sechs Komponenten Rotationen und Translationen um die x,- y- und z-Achse eines Koordinatensystems. Zur Bestimmung dieser Werte werden die folgenden Zugriffsoperationen eingeführt:

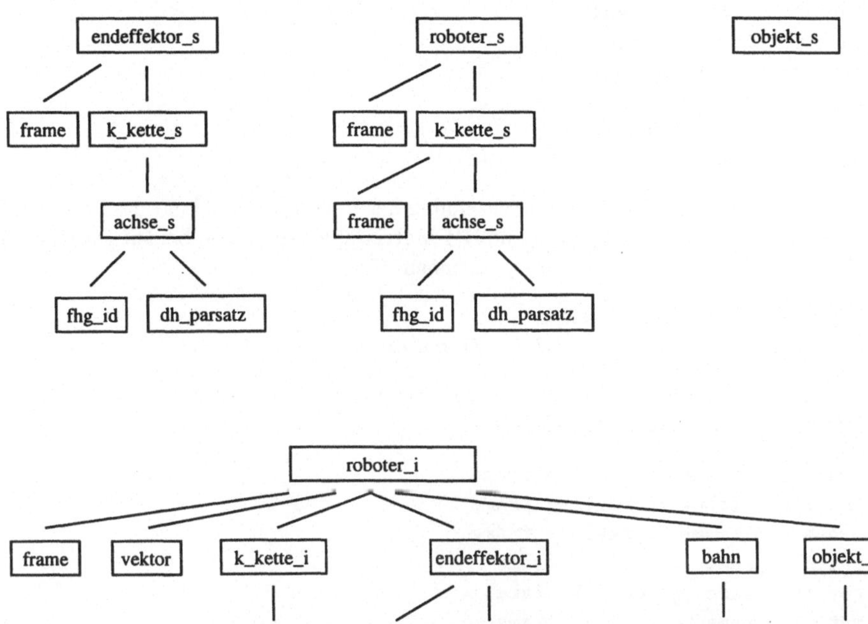


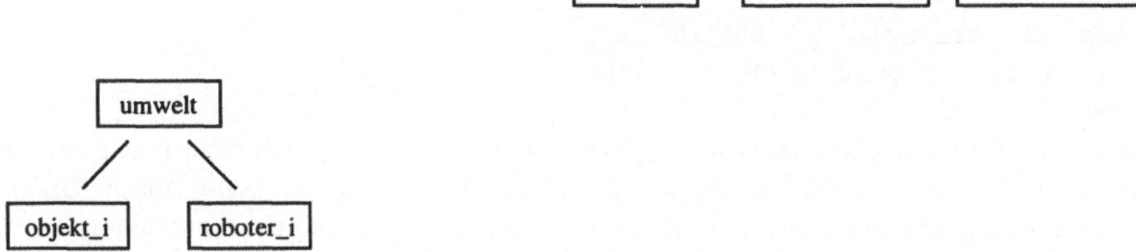


Abbildung 4.29: Hierarchische Beziehungen der Datenbankdatentypen

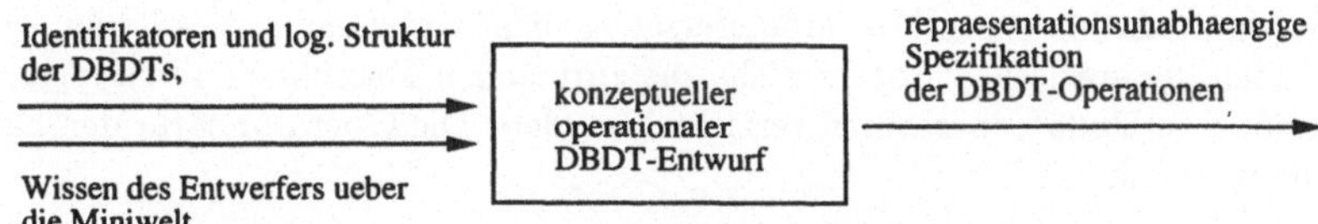


Abbildung 4.30: Konzeptueller operationaler Entwurf

```
dh_trans_x:  frame → real
dh_trans_y:  frame → real
dh_trans_z:  frame → real
dh_rot_x:  frame → real
dh_rot_y:  frame → real
dh_rot_z:  frame → real
```

Weiterhin lassen sich aus der Framebeschreibung der Vektor, der die Lage des betreffenden Objektes im Raum beschreibt, sowie die DH-Matrix ableiten. Diese beiden Darstellungstransformationen können durch die Operationen

```
pos_aus_frame:  frame → vektor
dh_matrix_frame:  frame × real → dh_matrix
```

auf dem Datentyp *frame* realisiert werden. Letztendlich sind zur Objektmodifikation folgende Updateoperationen erforderlich:

```
upd_trans_x:  frame × real → frame
upd_trans_y:  frame × real → frame
upd_trans_z:  frame × real → frame
upd_rot_x:  frame × real → frame
upd_rot_y:  frame × real → frame
upd_rot_z:  frame × real → frame
```

Der zweite Datentyp, dessen operationale Beschreibung zu entwerfen ist, ist der Typ *fhg_id*. Seine Semantik ist vollständig durch die Spezifikation als Aufzählungstyp aus Abbildung 4.28 festgelegt. Die Generierung eines Objekts von diesem Typ erfolgt durch Eingabe einer Zeichenkette. Da es sich bei *fhg_id* um einen verkapselten Datentyp handelt, muß weiterhin eine Operation spezifiziert werden, die den Vergleich zweier Identifikatoren ermöglicht. Folglich ergeben sich die Funktionen

```
gen_fhg_id:  string(5) → fhg_id
gleich_fhg_id:  fhg_id × fhg_id → bool
```

Während die Informationseinheiten *frame* und *fhg_id* aus Attributdomänen hervorgegangen sind, handelt es sich bei *dh_parsatz* um einen Datentyp, dessen logische Struktur eine Attributaggregation repräsentiert. Für diesen Datentyp sind Operationen zur Objektgenerierung und für den Zugriff auf die an der Aggregation beteiligten Attribute, die in Abbildung 4.27 aufgelistet sind, zu spezifizieren. Da *dh_parsatz* nicht als verkapselter Datentyp eingeführt wurde, ist die Spezifikation von Vergleichs- und Änderungsoperatoren nicht zwingend erforderlich. Da zudem aufgrund der Semantik der statischen Robotersicht eine Manipulation eines DH-Parametersatzes nicht vorgesehen ist, soll hier, sowie bei den folgenden der statischen Robotersicht zuzuordnenden Datenbankdatentypen, auf die Spezifikation von Updateoperatoren verzichtet werden. Die Operatoren für den Datentyp *dh_parsatz* lauten somit:

```
gen_parsatz:  real × real × real × real × real → dh_parsatz
a_wert:  dh_parsatz → real
y_wert:  dh_parsatz → real
```

```
s_wert:  dh_parsatz → real
theta_wert:  dh_parsatz → real
alpha_wert:  dh_parsatz → real
```

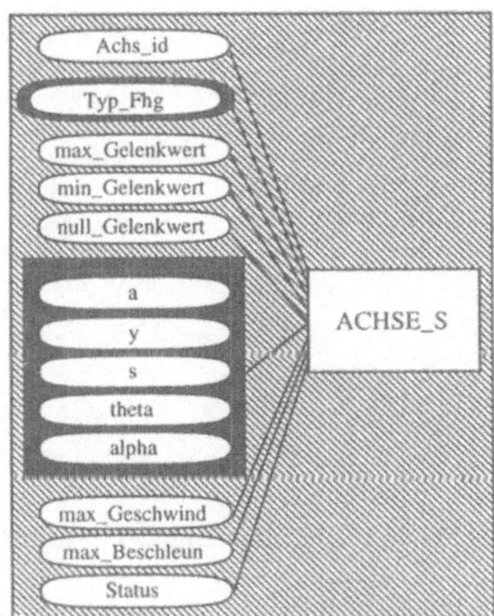


Abbildung 4.31: Logische Struktur und Eigenschaften des DBDT *achse_s*

Als nächste Informationseinheit der Typhierarchie soll der DBDT *achse_s* betrachtet werden. Wie aus Abbildung 4.25 zu entnehmen ist, entspricht diese Informationseinheit in ihrer Struktur dem Entitytyp ACHSE_S. Abbildung 4.31 zeigt ihre logische Struktur und ihre Eigenschaften. Die Eigenschaften sind gerade durch die Attribute bzw. den selbst als DBDT vereinbarten DH-Parametersatz gegeben. Daher sind folgende Operationen zu spezifizieren:

```
gen_achse_s:   string(16) × fhg_id × real × real × real
            × dh_parsatz × real × real × string(16) → achse_s
achs_id:  achse_s → string(16)
typ_fhg:  achse_s → fhg_id
max_gwert:  achse_s → real
min_gwert:  achse_s → real
null_gwert:  achse_s → real
dh_param:  achse_s → dh_parsatz
max_geschwind:  achse_s → real
max_beschleun:  achse_s → real
status:  achse_s → string(16)
```

Wie im Rahmen des konzeptuellen Entwurfs bereits erläutert wurde und wie auch aus den Typhierarchien aus Abbildung 4.29 zu ersehen ist, kann durch eine kinematische Kette entweder ein Roboterarm oder ein Werkzeug modelliert werden. Während ein Arm im betrachteten Umweltmodell aus bis zu acht Achsen bestehen kann, sind für ein Werkzeug nur maximal drei Achsen zugelassen. Wenngleich diese Rollen und Einschränkungen aus

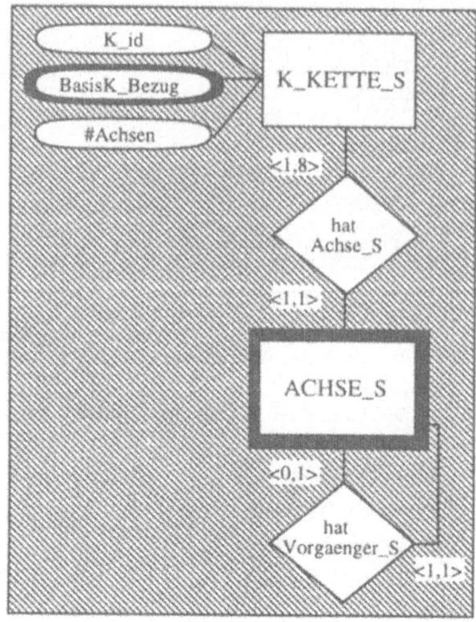


Abbildung 4.32: Logische Struktur und Eigenschaften des DBDT *k_kette_s*

dem ER-Diagramm aus Abbildung 4.32 nicht abzuleiten sind, sollten sie in die verhaltensmäßige Modellierung des Datentyps eingehen. Dieses kann geschehen, indem zwei unterschiedliche Generierungsfunktionen **gen_arm_s** und **gen_wz_s** bereitgestellt werden, die abhängig von der der kinematischen Kette zugewiesenen Rolle angewendet werden müssen. Die durch die drei Attribute gegebenen Eigenschaften der kinematischen Kette werden ebenfalls operational erfaßt, womit sich folgende Operationen ergeben.

```
gen_arm_s:    string(16) × frame × achse_s × achse_s × achse_s
              × achse_s × achse_s × achse_s × achse_s × achse_s → k_kette_s
gen_wz_s:    string(16) × frame × achse_s × achse_s × achse_s → k_kette_s
kette_s_id:  k_kette_s → string(16)
kette_s_bezug:  k_kette_bezug → frame
anz_achsen_s:  k_kette_i → integer
```

Die Beziehungstypen **hat_Achse_S** und **hat Vorgaenger_S** charakterisieren eine kinematische Kette als eine Folge von Achsen. Der Beziehungstyp **hat_Achse_S** drückt aus, daß eine kinematische Kette zu einer Menge von Achsen in Beziehung steht, die zudem, wie aus dem Beziehungstyp **hat Vorgaenger_S** hervorgeht, geordnet sind. Somit ist eine Operation zu spezifizieren, welche, unter Berücksichtigung der definierten Ordnung, als Ergebnis die Folge von Achsen zurückgibt, die zu **K_KETTE_S** in der Beziehung **hat_Achse_S** stehen. Um die Ordnung ausdrücken zu können, wird die Datenstruktur *list of* **achse_s** eingeführt, die eine Liste von Achsen repräsentiert. Die durch den Beziehungstyp **hat Vorgaenger_S** ausgedrückte Vorgänger-Nachfolger-Beziehung wird ebenfalls explizit über Operationen modelliert. Somit ergeben sich aus den Beziehungstypen die Funktionen

```
k_achsen_s:  k_kette_s → list of achse_s
get_achse_s:  k_kette_s × string(16) → achse_s
folgeachse_s:  k_kette_s × string(16) → achse_s
vorgaenger_s:  k_kette_s × string(16) → achse_s
```

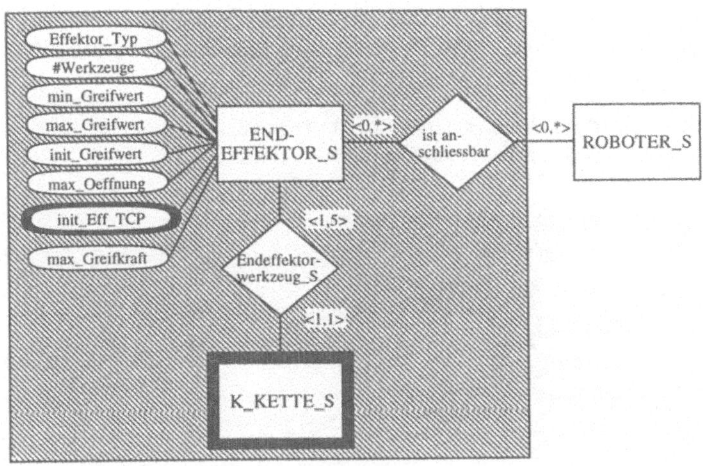


Abbildung 4.33: Logische Struktur und Eigenschaften des DBDT *endeffektor_s*

Die Wurzel der hier betrachteten Typhierarchie bildet der Datentyp *endeffektor_s*. Laut Abbildung 4.25 ist er durch zwei Beziehungstypen und, wie Abbildung 4.33 zeigt, zudem durch eine Reihe von Attributen charakterisiert. Neben der Generierungsfunktion, die nur die Attribute, nicht aber die Subobjekte als Eingabeparameter erfordert, wird wiederum für jedes Attribut eine Funktion eingeführt. Der Beziehungstyp **Endeffektorwerkzeug_S** wird durch zwei Funktionen beschrieben, die alle kinematischen Ketten zu einem Endeffektor bzw. eine durch ihr Schlüsselattribut identifizierte kinematische Kette zum Ergebnis hat. Eine dritte Funktion beschreibt die aktuelle Kardinalität dieser Beziehung.

```
gen_eff_s:   string(16) × real × real × real × real
           × frame × real → endeffektor_s
eff_s_typ:  endeffektor_s → string(16)
eff_min_gwert:  endeffektor_s → real
eff_max_gwert:  endeffektor_s → real
eff_init_gwert:  endeffektor_s → real
eff_offen:  endeffektor_s → real
eff_tcp:  endeffektor_s → frame
eff_kraft:  endeffektor_s → real
eff_wz_s:  endeffektor_s → set of k_kette_s
get_wz_s:  endeffektor_s × string(16) → k_kette_s
eff_anz_wz:  endeffektor_s → integer
```

Im Gegensatz zu allen bisher betrachteten Beziehungstypen, die in der Mehrzahl strukturelle hierarchische Beziehungen ausdrückten, handelt es sich bei dem Beziehungstyp **ist anschliessbar** um eine assoziative und optionale Beziehung, d.h. eine Beziehung zu einem Objekttyp, der selbst nicht Teil der Endeffektorbeschreibung ist. Aus der Assoziativität resultiert eine Funktion, deren Ergebnis eine Liste der Namen der Roboter ist, an die der Endeffektor anschließbar ist. Die Optionalität drückt sich in einer Funktion aus, die zu einem gegebenen Endeffektor und einem Roboteridentifikator bestimmt, ob diese zueinander in Beziehung stehen. Der Beziehungstyp **ist anschliessbar** resultiert daher in folgenden Operationsspezifikationen:

```
eff_rob_liste:  endeffektor_s → set of string(16)
eff_an_rob:  endeffektor_s × string(16) → bool
```

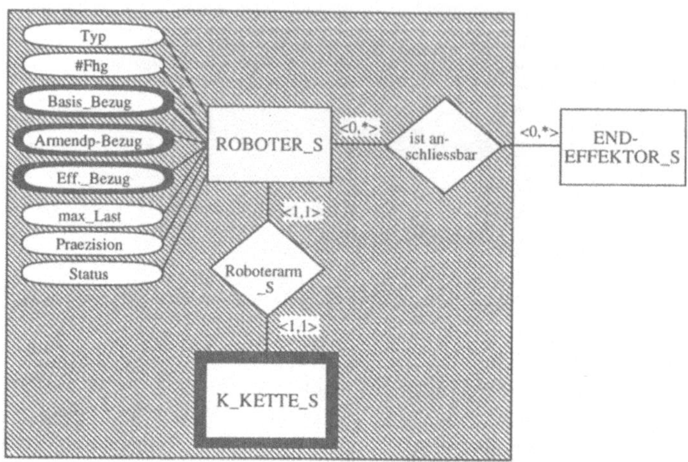


Abbildung 4.34: Logische Struktur und Eigenschaften des DBDT *roboter_s*

Während, wie Abbildung 4.29 zeigt, die Typhierarchien von *endeffektor_s* und *roboter_s* identisch sind, besteht der wesentliche Unterschied in der Struktur eines Roboters und eines Endeffektors, wie aus Abbildung 4.34 zu ersehen ist, in der Anzahl der kinematischen Ketten. Während ein Endeffektor aus mehreren Werkzeugen bestehen kann, ist in unserem Umweltmodell für den Roboter nur eine kinematische Kette, nämlich der Roboterarm, zugelassen. Daher geht, anders als beim Endeffektor, der Arm als Parameter in die Generierungsfunktion ein. Die weiteren Operationen modellieren die durch Attribute gegebenen Eigenschaften und die zwei Beziehungstypen. Da es sich bei `Roboterarm_S` um eine 1:1 Beziehung zwischen den Entitäten `ROBOTER_S` und `K_KETTE_S` handelt, kann sie alleine über die Funktion `roboter_s_arm` beschrieben werden. Der Beziehungstyp **ist anschliessbar** wird wie bereits beim Endeffektor durch zwei Operationen modelliert. Damit ergeben sich folgende Funktionsspezifikationen:

```
gen_roboter_s:   string(16) × integer × frame × frame × frame
               × real × real × string(16) × k_kette_s → roboter_s
roboter_s_typ:  roboter_s → string(16)
anz_roboterfhg:  roboter_s → integer
roboter_s_basis:  roboter_s → frame
roboter_s_armendp:  roboter_s → frame
roboter_s_eff:  roboter_s → frame
roboter_s_last:  roboter_s → real
roboter_s_genau:  roboter_s → real
```

```
roboter_s_status:  roboter_s → string(16)
roboter_s_arm:     roboter_s → k_kette_s
rob_eff_liste:     endeffektor_s → set of string(16)
efftyp_an_rob:     roboter_s × string(16) → bool
```

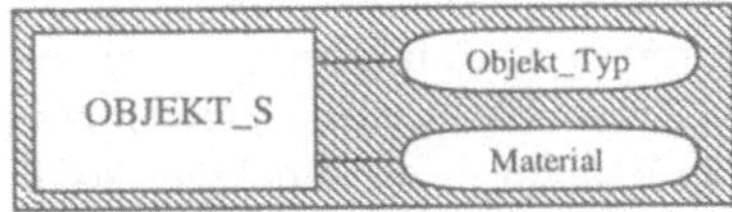


Abbildung 4.35: Struktur und Eigenschaften des DBDT *objekt_s*

Die Informationseinheit *objekt_s* bildet ein eigenständiges Objekt in dem Sinne, daß sie sich weder aus anderen Datentypen zusammensetzt noch an deren Beschreibung beteiligt ist. Abbildung 4.35 zeigt die Struktur der Informationseinheit, die gerade dem Entitytyp OBJEKT_S mit seinen zwei Attributen entspricht. Für diesen Datentyp werden wiederum eine Generierungs- und Zugriffsoperationen für Attribute spezifiziert, also

```
gen_objekt_s:  string(16) × string(16) → objekt_s
objekt_s_typ:  objekt_s → string(16)
objekt_s_material:  objekt_s → string(16)
```

Wie aus den bisher durchgeführten Spezifikationen zu ersehen ist, sind die Operationen für Datenbankdatentypen, die aus Entitäten hervorgegangen sind, vornehmlich aus den Attributen und Beziehungstypen ableitbar. Beispiele hierfür sind die Operationen zu den Informationseinheiten *objekt_s, achse_s, k_kette_s, endeffektor_s und roboter_s.* Hingegen ergeben sich die Operationen für die aus den Attributdomänen hervorgegangenen Datentypen wie beispielsweise *frame* vielfach aus den modellinhärenten Eigenschaften dieser Informationseinheiten. Ein weiteres Beispiel für einen Datentyp, dessen Semantik primär durch ein mathematisches Modell definiert ist, ist der Typ *vektor*, der einen Vektor der Länge 3 beschreibt. Erforderliche Funktionen sind somit die Erzeugung eines Vektors, der Zugriff auf seine Komponenten, Vektoraddition, -multiplikation und -betrag sowie der Vergleich zweier Vektoren auf Äquivalenz. Damit ergeben sich folgende Spezifikationen:

```
gen_vektor:  real × real × real → vektor
v_komponente:  integer → real
v_add:  vektor × vektor → vektor
v_mult:  vektor × vektor → real
v_gleich:  vektor × vektor → bool
v_betrag:  vektor → real
```

Der Datentyp *dh_matrix* kann als Spezialisierung einer 4×4-Matrix angesehen werden. Aus diesem Grund sind für ihn sowohl typische Matrixoperationen wie die Matrixmultiplikation zu spezifizieren, als auch solche, die die Interpretation der DH-Matrix liefern. Hinzu kommen die Funktionen, die zur internen Repräsentation die Matrixinterpretation liefern. Die Tatsache, daß es sich bei der DH-Matrix um eine Spezialisierung handelt, drückt sich beispielsweise in den Parametern der Funktion *dh_gen* aus, die nur die varianten Komponenten der DH-Matrix berücksichtigen. Zwei weitere Operationen liefern als Ergebnis die getrennte Beschreibung von Position und Orientierung eines Objektes. Die Orientierung eines Objektes wird durch eine 3×3-Matrix beschrieben. Diese existiert in der aktuellen Entwurfsphase noch nicht als eigener Objekttyp, da sich allein aus dem ER-Modell keine derartige Anforderung ergab. Sie wird daher hier, wie bereits die Punkt- und Segmentliste, in Pascal-ähnlicher Notation als Array spezifiziert. Obwohl es sich bei *dh_matrix* um einen *encapsulated type* handelt, sollen für ihn keine Updateoperationen spezifiziert werden, da Änderungen von Matrixwerten, die nicht aus der Anwendung von mathematischer Operationen hervorgehen, nicht sinnvoll erscheinen. Die folgenden Operationen spezifizieren nun das Verhalten von Objekten des Typs *dh_matrix* vollständig:

```
dh_gen:   real × real × real × real × real × real
        × real × real × real × real × real × real → dh_matrix
m4×4_spalte_i:  dh_matrix × integer → [1..4] of real
m4×4_zeile_i:  dh_matrix × integer → [1..4] of real
m4×4_mult:  dh_matrix × dh_matrix → dh_matrix
ortg_aus_m4×4:  dh_matrix → [1..3,1..3] of real
pos_vektor_m4×4:  dh_matrix → vektor
```

Anders als die Objekte der statischen Robotersicht sind die der dynamischen Sicht im Verlauf ihrer Verarbeitung durch Anwendungsprogramme kontinuierlichen Änderungen unterworfen. Zur Spezifikation der Änderungssemantik und Unterstützung der Gewährleistung der Konsistenz ist es sinnvoll, die vorgesehenen Änderungen operational zu modellieren.

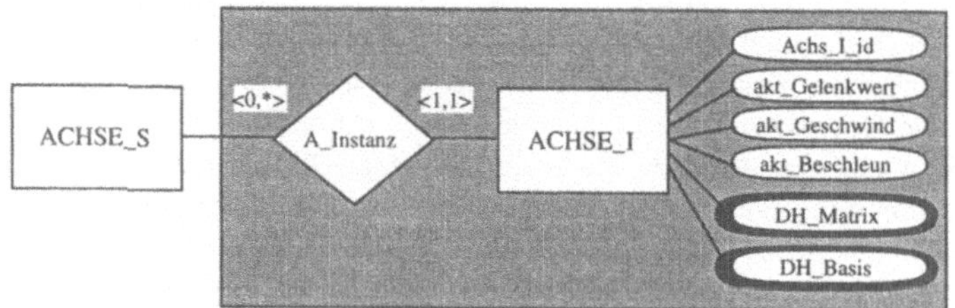


Abbildung 4.36: Struktur und Eigenschaften des DBDT *achse_i*

Abbildung 4.36 zeigt die Struktur und Eigenschaften des DBDT *achse_i*, der sich laut Abbildung 4.25 aus einem Entitytyp und einem Beziehungstyp zusammensetzt. Aus den durch Attribute modellierten Eigenschaften ergeben sich folgende Operationen:

```
gen_achse_i:   string(16) × real × real × real
             × dh_matrix × dh_matrix → achse_i
achs_i_id:  achse_i → string(16)
akt_gwert:  achse_i → real
akt_geschwind:  achse_i → real
akt_beschleun:  achse_i → real
DH_matrix:  achse_i → dh_matrix
DH_basis:  achse_i → dh_matrix
upd_achse_gwert:  achse_i × real → achse_i
upd_achse_gewert:  achse_i × real → achse_i
```

```
upd_achse_bwert:   achse_i × real → achse_i
upd_achse_matrix:  achse_i × dh_matrix → achse_i
upd_achse_basis:   achse_i × dh_matrix → achse_i
```

Der Beziehungstyp **A_Instanz** drückt, wie bereits in Abschnitt 4.2 erläutert wurde, eine Vererbungseigenschaft aus. Da weder das ER-Modell noch das $R^2D^2$-Datenmodell das Konzept der Vererbung kennen, soll diese Eigenschaft der Beziehung im folgenden vernachlässigt werden, d. h. es wird weder davon ausgegangen, daß der DBDT *achse_i* die für *achse_s* spezifizierten Operationen erbt, noch werden die Eigenschaften von *achse_s* als Operationen für *achse_i* spezifiziert. Der Beziehungstyp **A_Instanz** wird mittels der Funktion

```
a_instanz:   achse_i → achse_s
```

modelliert, die zu einer Achsinstanz der dynamischen Robotersicht das entsprechende Objekt der statischen Sicht bestimmt. Auf das Problem der Modellierung der Vererbungssemantik wird an anderer Stelle noch detaillierter eingegangen.

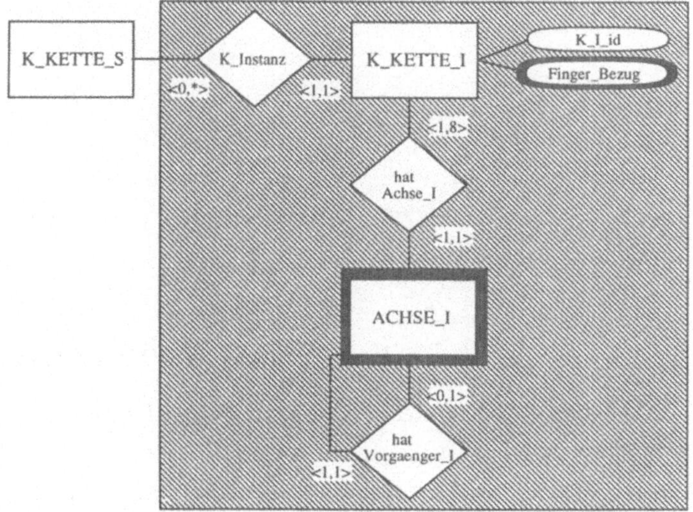


Abbildung 4.37: Struktur und Eigenschaften des DBDT *k_kette_i*

Die Objekttypen *k_kette_i* und *endeffektor_i* besitzen dieselbe Struktur wie ihre Pendants der statischen Robotersicht, d. h. aus ihren Beziehungstypen folgen analoge Operationsspezifikationen. Aufgrund der Tatsache, daß die Struktur der kinematischen Kette oder des Endeffektors immer mit der des Elements identisch sein muß, zu dem sie über **K_Instanz** bzw. **E_Instanz** in Beziehung stehen, soll es nicht erlaubt sein, die Mengen der einer kinematischen Kette oder einem Endeffektor zugeordneten Subobjekte zu verändern. Somit ergeben sich folgende Operationen für den in Abbildung 4.37 dargestellen Datentyp *k_kette_i*:

```
gen_arm_i:   string(16) × achse_i × achse_i × achse_i × achse_i
             × achse_i × achse_i × achse_i × achse_i → k_kette_i
gen_wz_i: string(16) × frame × achse_i × achse_i × achse_i
          → k_kette_i
kette_i_id: k_kette_i → string(16)
wz_i_bezug: k_kette_i → frame
anz_achsen_i: k_kette_i → integer
k_achsen_i: k_kette_i → list of achse_i
get_achse_i: k_kette_i × string(16) → achse_i
folgeachse_i: k_kette_i × string(16) → achse_i
vorgaenger_i: k_kette_i × string(16) → achse_i
k_instanz: k_kette_i → k_kette_s
upd_fbezug: k_kette_i × frame → k_kette_i
```

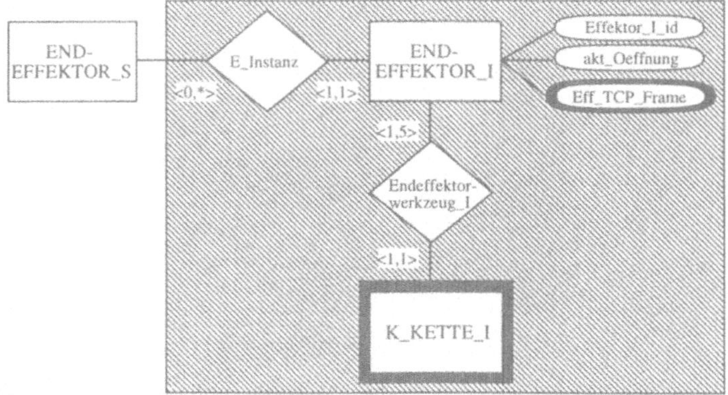


Abbildung 4.38: Struktur und Eigenschaften des DBDT *endeffektor_i*

Für den in Abbildung 4.38 dargestellten Datentyp *endeffektor_i* sind folgende Operationen zu spezifizieren:

```
gen_eff_i: string(16) × real × frame → endeffektor_i
eff_i_id: endeffektor_i → string(16)
eff_i_offen: endeffektor_i → real
eff_i_tcp: endeffektor_i → frame
eff_i_anz_wz: endeffektor_i → integer
eff_i_wz: endeffektor_i → list of k_kette_i
get_wz_i: endeffektor_i × string(16) → k_kette_i
e_instanz: endeffektor_i → endeffektor_s
upd_eff_offen: endeffektor_i × real → endeffektor_i
upd_eff_tcp: endeffektor_i × frame → endeffektor_i
```

Die bisher betrachteten Informationseinheiten des Baumes aus Abbildung 4.29, dessen Knoten die Komponenten der dynamischen Robotersicht repräsentieren, dienen zur Beschreibung der physikalischen Roboterstruktur. Es verbleiben nun noch die Teilbäume, die die logischen und physikalischen Objekte beschreiben, die dem Roboter zuzuordnen sind.

Zwei Datentypen, die zur Spezifikation eines Bahnpunktes dienen und die spezifische Konfiguration eines Roboters im betrachteten Umweltausschnitt berücksichtigen, sind die Typen *eff_stellung* und *achs_stellung*. Wie aus Abbildung 4.28 zu ersehen ist, sind sie aus Attributdomänen hervorgegangen und intern durch geordnete Wertemengen repräsentiert. Der Datentyp *eff_stellung* beschreibt die Stellwerte der Endeffektorachsen in einem Bahnpunkt. Die Tatsache, daß es sich dabei um die Achsen verschiedener Endeffektorwerkzeuge handelt, für welche eine Ordnung angenommen wird, kann durch zwei Operationen **stellung_wz** und **stellung_wzachse** ausgedrückt werden. Diese Semantik wird ebenfalls aus der Spezifikation der Generierungsfunktion deutlich, die als Eingabe die Achswerte nach Werkzeugen gruppiert erhält. Da es sich bei *eff_stellung* um einen *encapsulated type* handelt, müssen zudem noch eine Operation, die den Vergleich zweier Objekte dieses Typs zuläßt, sowie Updatefunktionen vereinbart werden. Updates sollen für eine bestimmte Achse oder ein ganzes Werkzeug zugelassen werden. Die Operationen sind im einzelnen wie folgt spezifiziert:

```
gen_effparam:   [1..3] of real × [1..3] of real × [1..3] of real × [1..3] of real
                × [1..3] of real → eff_stellung
stellung_wz:  eff_stellung × integer →[1..3] of real
stellung_wzachse:  eff_stellung × integer × integer → real
eff_abweichung:  eff_stellung × eff_stellung → [1..3,1..5] of real
upd_stellung_wz:  eff_stellung × integer × [1..3] of real → eff_stellung
upd_stellung_wzachse: eff_stellung × integer × integer × real
                      → eff_stellung
```

Der Datentyp *achs_stellung* beschreibt die Stellwerte der Achsen des Roboterarms. Die Generierungsfunktion benötigt somit eine Folge von acht Stellwerten als Eingabe. Ebenso wie für die Endeffektorachsen sollen Operationen zum Zugriff auf eine bestimmte Achse, zur Berechnung der Abweichung in zwei Punkten und zur Änderung eines Achswertes zur Verfügung gestellt werden. Somit ergeben sich die vier Operationen:

```
gen_achsparam:   real × real × real × real
               × real × real × real × real → achs_stellung
stellung_achse_i:  achs_stellung × integer → real
achs_abweichung:  achs_stellung × achs_stellung →[1..8] of real
upd_stellung_achse:  achs_stellung × integer × real → achs_stellung
```

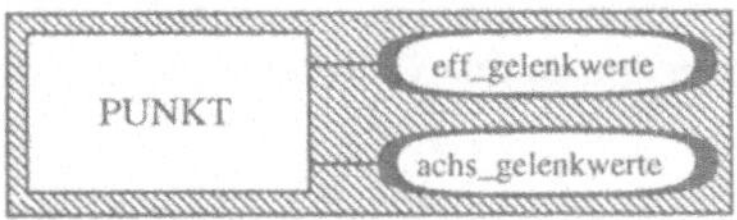


Abbildung 4.39: Struktur und Eigenschaften des DBDT *punkt*

Die Informationseinheit *punkt* mit ihren durch Attribute spezifizierten Eigenschaften ist in Abbildung 4.39 dargestellt. Als erste Operation für diesen Datentyp ist eine Generierungsfunktion zu vereinbaren. Diese Funktion soll gewährleisten, daß alle zur vollständigen Beschreibung erforderlichen Daten spezifiziert sind. Für den Datentyp *punkt* sind das gerade die Werte aller Achsenstellungen. Somit ergibt sich die Generierungsfunktion als eine Abbildung

`gen_punkt:  achs_stellung × eff_stellung → punkt`

Eigenschaften eines Punktes sind gerade die durch die Attribute beschriebenen Achsen- und Effektorstellungen, womit sich die Funktionen

`punkt_achsen:  punkt → achs_stellung`
und
`punkt_eff:  punkt → eff_stellung`

ergeben. Änderungsoperationen werden nicht spezifiziert, d. h. Punkte werden immer nur als Ganzes erzeugt oder gelöscht. Löschoperationen für einzelne Objekte werden im folgenden nie angegeben, da die benutzerdefinierten Operationen den generischen Änderungsoperatoren der Datenbank untergeordnet sind und somit eine Löschoperation in einer Anfrage nicht sinnvoll anwendbar ist.

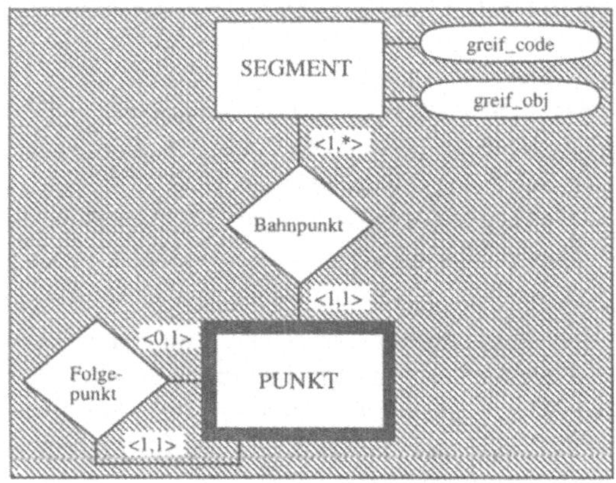


Abbildung 4.40: Struktur und Eigenschaften des DBDT *segment*

Als nächster DBDT wird der in Abbildung 4.40 dargestellte Datentyp *segment* betrachet. Anders als ein Punkt wird ein Segment nicht allein durch seine Attribute, sondern zusätzlich durch Beziehungstypen und die Objekte, zu denen es in Beziehung steht, beschrieben. Zur Generierung eines Segments soll jedoch die Spezifikation der durch die Attribute dargestellten Eigenschaften ausreichend sein. Somit ergeben sich die drei Funktionen

```
gen_segment:  string(16) × integer → segment
g_object:  segment → string(16)
g_code:  segment → integer
```

Die Beziehungstypen `Bahnpunkt` und `Folgepunkt` charakterisieren gemeinsam eine Eigenschaft des Segments, die besagt, daß dieses sich aus einer Folge von beliebig vielen Punkten zusammensetzt. Derartige Beziehungen wurden bereits für die kinematische

Kette beschrieben. Dort resultierte aus den zwei Beziehungstypen eine Funktion, die als Ergebnis eine Liste von Subobjekten liefert, nämlich gerade die, zu denen das Oberobjekt in Beziehung steht. Weiterhin ergeben sich Operationen, die die Vorgänger-Nachfolger Beziehung nachbilden. Anders als im Beispiel der kinematischen Kette, wo die Subobjekte vom Typ *achse_s* über einen Bezeichner identifizierbar waren, bilden Punkte keine eigenständigen Objekte. Demzufolge ist es nicht erforderlich, die durch den Beziehungstyp **Folgepunkt** ausgedrückte Vorgänger-Nachfolger Beziehung explizit nachzubilden. Vielmehr kann man hier die auf der Menge der Subobjekte definierte Ordnung ausnutzen und eine Operation einführen, die ein Subobjekt über die Position in der Liste identifiziert. Zudem erscheint es sinnvoll, die aktuelle Kardinalität der Beziehung funktional zu bestimmen. Damit ergeben sich folgende drei Operationen:

```
spunkte:   segment → list of punkt
anz_spunkte:   segment → integer
spunkt_i:   segment × integer → punkt
```

Die Menge der Punkte, zu denen ein Segment in Beziehung steht, ist variabel, d. h. es sind Operationen erforderlich, die das Hinzufügen, Löschen und Ändern eines Punktes in der Beziehung unterstützen. Das Hinzufügen soll auf zwei Arten möglich sein - am Ende der Liste oder an einer bestimmten Position. Somit ergeben sich folgende Spezifikationen:

```
add_spunkt:   segment × punkt → segment
insert_spunkt:   segment × integer × punkt → segment
update_spunkt:   segment × integer × punkt → segment
delete_spunkt:   segment × integer → segment
```

Der Ergebnisparamter *segment* für die Änderungsoperationen ergibt sich aus der Tatsache, daß, wie aus Abbildung 4.40 zu ersehen ist, *punkt* explizit als Teil der Informationseinheit *segment* spezifiziert wurde, d. h. eine Änderung der Punktmenge hat immer einer Änderung des Segments zur Folge.

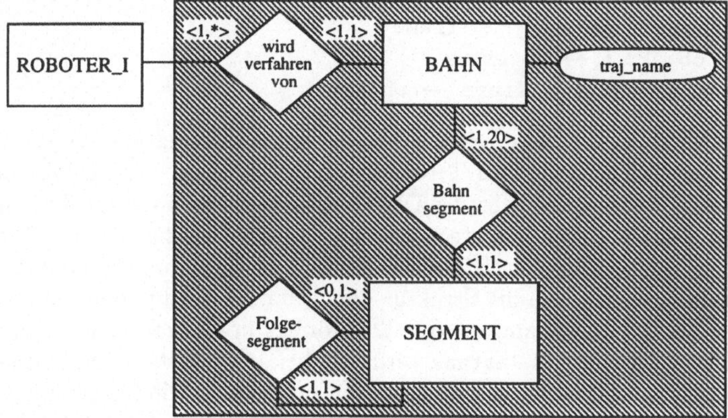


Abbildung 4.41: Struktur und Eigenschaften des DBDT *bahn*

Wie aus Abbildung 4.41 zu ersehen ist, ist der Aufbau des DBDT *bahn* fast mit dem eines Segments identisch. Daher ergeben sich analoge Funktionen für diesen Datentyp. Eine zusätzliche Beziehung, durch die eine Bahn beschrieben wird, ist die Beziehung **wird verfahren von**. Hierfür wird eine weitere Operation eingeführt, die als Ergebnis den Namen der Roboterinstanz liefert, von der die jeweilige Bahn verfahren werden kann. Die Operationen zum Typ *bahn* sind im einzelnen wie folgt spezifiziert:

```
gen_bahn: string(16) → bahn
b_name: bahn → string(16)
bsegmente: bahn → list of segment
wird_verfahren: bahn → string(16)
anz_bsegmente: bahn → integer
bsegment_i: bahn × integer → segment
add_bsegment: bahn × segment → bahn
insert_bsegment: bahn × integer × segment → bahn
update_bsegment: bahn × integer × segment → bahn
delete_bsegment: bahn × integer → segment
```

Der letzte Teilbaum der Typhierarchie mit Wurzelknoten *roboter_i*, der noch nicht betrachtet wurde, enthält den Datentyp zur Beschreibung der dynamischen Objektparameter. Der DBDT *objekt_i*, der in Abbildung 4.42 dargestellt ist, ist über seine Attribute und den Beziehungstyp O_Instanz definiert. Somit sind wiederum eine Generierungsfunktion, Operationen, die die Werte der Attribute an der operationalen Schnittstelle bereitstellen sowie eine Operation, welche den Beziehungstyp realisiert, erforderlich. Der Objektidentifikator wird bei der Generierung festgelegt und sollte aufgrund seiner Schlüsselfunktion nicht änderbar sein. Das Frame hingegen, das die Lage der Objekte in der Umwelt definiert, ist kontinuierlichen Änderungen unterworfen, das bedeutet, hierfür muß eine entsprechende Änderungsfunktion bereitgestellt werden. Damit ergeben sich folgende fünf Operationen für den Datentyp *objekt_i*:

```
gen_objekt_i: string(16) → objekt_i
objekt_i_id: objekt_i → string(16)
objekt_i_ouframe: objekt_i → frame
o_instanz: objekt_i → objekt_s
upd_ouframe: objekt_i × frame → objekt_i
```

Wie aus Abbildung 4.25 zu ersehen ist, gehen in die Informationseinheit *roboter_i* fünf Beziehungstypen und vier als DBDT vereinbarte Entitytypen ein. Abbildung 4.43 zeigt die Struktur und die Eigenschaften des DBDT *roboter_i*. Die über Attribute modellierten Eigenschaften werden durch entsprechende Operationen nachgebildet. Für alle Attribute bis auf das Identifikationsattribut werden zudem Änderungsfunktionen spezifiziert. Bei den Beziehungstypen, die die Struktur des Roboters beschreiben, handelt es sich in beiden Fällen um 1:1 Beziehungen, so daß sie direkt in Operationen umgesetzt werden können. Der Beziehungstyp R_Instanz wird, wie bei den bereits beschriebenen Objekten der dynamischen Robotersicht, in eine Funktion umgesetzt. Die Beziehung **gegriffenes Objekt** repräsentiert eine optionale Beziehung. Sie muß aufgrund der gegebenen Kardinalitäten als Funktion modelliert werden, die als Ergebnis die leere Menge oder genau das gegriffene Objekt zurückgibt. Bei **kann fahren** handelt es sich ebenfalls um eine optionale Beziehung, wobei aufgrund der Maximalkardinalität die Ergebnismenge aus beliebig

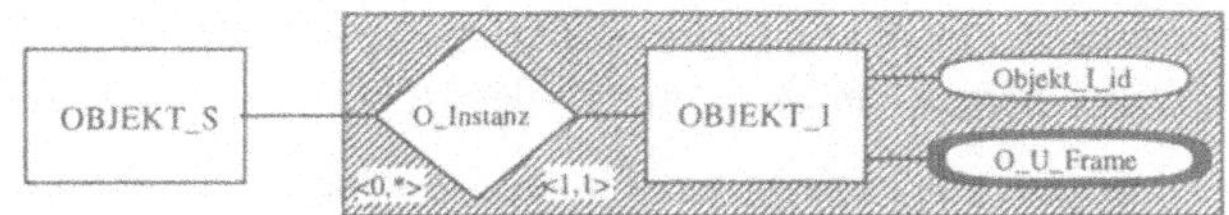


Abbildung 4.42: Struktur und Eigenschaften des DBDT *objekt_i*

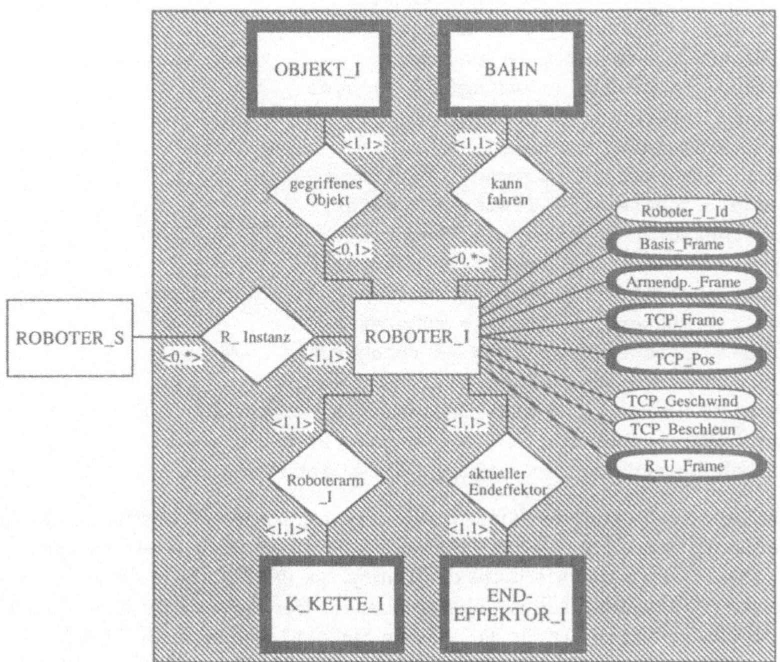


Abbildung 4.43: Struktur und Eigenschaften des DBDT *roboter_i*

vielen Bahnen bestehen kann. Die aktuelle Kardinalität der Beziehung kann wiederum durch eine Funktion ausgedrückt werden. Aufgrund der Optionalität der Beziehung **kann fahren** bietet es sich weiterhin an, eine Funktion vorzusehen, die zu einer gegebenen Bahn bestimmt, ob sie von einem Roboter verfahren werden kann. Weitere Operationen, die zu spezifizieren sind, sind der Wechsel des zugeordneten Objekts oder des Endeffektors sowie die Änderung der Menge der Bahnen, die der Roboter verfahren kann.

```
gen_roboter_i:  string(16) × frame × frame × frame × vektor
                × real × real × k_kette_i × endeffektor_i → roboter_i
roboter_i_id:  roboter_i → string(16)
roboter_i_basis:  roboter_i → frame
roboter_i_armendp:  roboter_i → frame
roboter_i_eframe:  roboter_i → frame
roboter_i_tcppos:  roboter_i → vektor
roboter_i_gewert:  roboter_i → real
roboter_i_beschl:  roboter_i → real
roboter_i_ouframe:  roboter_i → frame
roboter_i_arm:  roboter_i → k_kette_i
roboter_i_eff:  roboter_i → endeffektor_i
roboter_i_obj:  roboter_i → set of objekt_i
roboter_bahnen:  roboter_i → set of bahn
kann_fahren:  roboter_i × string(16) → bool
anz_bahnen:  roboter_i → integer
r_instanz:  roboter_i → roboter_s
upd_rbasis:  roboter_i × frame → roboter_i
upd_armendp:  roboter_i × frame → roboter_i
upd_tcp:  roboter_i × frame → roboter_i
upd_tcppos:  roboter_i × vektor → roboter_i
upd_gewert:  roboter_i × real → roboter_i
upd_beschl:  roboter_i × real → roboter_i
upd_ouframe:  roboter_i × frame → roboter_i
upd_gobj:  roboter_i × set of objekt_i → roboter_i
eff_wechsel:  roboter_i × endeffektor_i → roboter_i
einfuegen_bahn:  roboter_i × bahn → roboter_i
loeschen_bahn:  roboter_i × string(16) → roboter_i
```

Als letzte Sicht, für die der konzeptuelle Operationsentwurf durchzuführen ist, wird die Umweltsicht betrachtet, die in Abbildung 4.29 durch einen eigenen Baum repräsentiert ist. Sie ist durch die Attribute des Entitytyps `UMWELT` sowie die in einer Umwelt angeordneten Objekte und Roboter charakterisiert. Der Entwurf der Operationen erfolgt im wesentlichen analog zu der für die anderen Sichten beschriebenen Umsetzung von Attributen und Beziehungstypen. Zusätzlich werden Funktionen vereinbart, die sich aus der Semantik der Umwelt ergeben und prüfen, ob ein Objekt oder Roboter in der Umwelt existiert bzw. die Anzahl aller in einer Umwelt befindlichen Elemente bestimmt. Somit ergeben sich die folgenden Funktionen:

```
gen_umwelt:  string(16) × real × real × real → umwelt
umwelt_name:  umwelt → string(16)
```

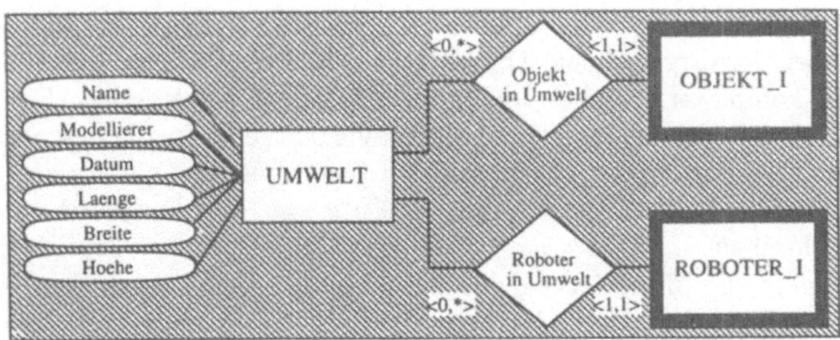


Abbildung 4.44: Struktur und Eigenschaften des DBDT *umwelt*

```
umwelt_modellierer: umwelt → string(16)
umwelt_datum: umwelt → date
umwelt_laenge: umwelt → real
umwelt_breite: umwelt → real
umwelt_hoehe: umwelt → real
umwelt_objekte: umwelt → set of objekt_i
objekt_existent: umwelt → bool
anz_u_objekte: umwelt → integer
umwelt_roboter: umwelt → set of roboter_i
roboter_existent: umwelt → bool
anz_u_roboter: umwelt → integer
anz_u_elemente: umwelt → integer
upd_u_datum: umwelt × date → umwelt
upd_u_laenge: umwelt × real → umwelt
upd_u_breite: umwelt × real → umwelt
upd_u_hoehe: umwelt × real → umwelt
upd_u_obj: umwelt × objekt_i → umwelt
upd_u_rob: umwelt × roboter_i → umwelt
einfuegen_u_obj: umwelt × objekt_i → umwelt
einfuegen_u_rob: umwelt × roboter_i → umwelt
loeschen_u_obj: umwelt × string(16) → umwelt
loeschen_u_rob: umwelt × string(16) → umwelt
```

Hiermit sind die aus dem konzeptuellen operationalen Entwurf resultierenden Operationen spezifiziert. Zusammenfassend läßt sich sagen, daß man im wesentlichen vier Arten von Operationen unterscheiden kann:

- Operationen, die modellinhärente Eigenschaften der Objekttypen beschreiben
- Operationen, die Eigenschaften beschreiben, die im ER-Diagramm durch Attribute spezifiziert sind
- Operationen, die die durch Beziehungstypen dargestellten Beziehungen zwischen Entitäten beschreiben
- Operationen, die die Änderungssemantik der Objekttypen beschreiben

Während die erste Klasse von Operationen vornehmlich gering strukturierte, oftmals aus Attributdomänen hervorgegangene Datentypen charakterisiert, ist ein erheblicher Teil des Verhaltens komplexer Objekte bereits im ER-Modell beschrieben. Eine wesentliche Rolle spielen dabei die Beziehungstypen, die auf vielfältige Weise die operationale Semantik eines Datentyps implizieren. So lassen sich hieraus u. a. Operationen ableiten, die Beziehungen zu Teilobjekten, Beziehungen zu Entitäten, Kardinalitäten und Ordnungsrelationen beschreiben.

Weiterhin zeigt die Modellierung des Anwendungsbeispiels, daß dem Entwerfer bei den Entwurfsentscheidungen zum einen ein großer Ermessensspielraum gegeben ist, zum anderen aber auch sehr gute Kenntnis der zu modellierenden Anwendung vorausgesetzt werden müssen. Dieser Ermessensspielraum ist nur bei der Spezifikation von Operationen für verkapselte Datentypen stark eingeschränkt. Hier ist vielmehr auf eine korrekte und vollständige Spezifikation zu achten.

Durch die Phasen der Identifikation der Informationseinheiten und des verhaltensmäßigen operationalen Entwurfs ist die Miniwelt soweit als möglich durch logische Objekte und deren Verhalten spezifiziert. Während im Anwendungsbeispiel das konzeptuelle Schema vollständig durch Datenbankdatentypen modelliert wurde, d. h. sämtliche Entitäten, Beziehungen und Attribute Komponenten eines DBDT darstellen, ist es auch möglich, nur eine Teilmenge der Entitäten und Beziehungen zu Informationseinheiten zusammenzufassen. Da jedoch die Modellierung mittels benutzerdefinierter Datentypen und Operationen die Modellierung von mehr Semantik, insbesondere von mehr Verhaltenssemantik von Datenbankobjekten unterstützt, sollte das Ziel des DBDT-Entwurfs eine möglichst vollständige Abbildung des ER-Diagramms auf Datenbankdatentypen sein.

### 4.3.3 Struktureller DBDT-Entwurf

Nachdem im repräsentationsunabhängigen Entwurf die Struktur und das Verhalten der Informationseinheiten spezifiziert wurden, muß in dieser Entwurfsphase die Abbildung der Datentypspezifikation auf das logische Datenmodell, also auf das $R^2D^2$-Modell, erfolgen. Hierbei handelt es sich, ähnlich wie beim Schemaentwurf im flachen relationalen Datenmodell, um eine Abbildung von Beziehungen und Entitäten sowie deren Attribute und Attributdomänen auf das Datenmodell. Daher sind in diesem Abschnitt primär die Abbildungsvorschriften zu evaluieren. Abbildung 4.45 zeigt die Ein- und Ausgabeparameter dieser Entwurfsphase.

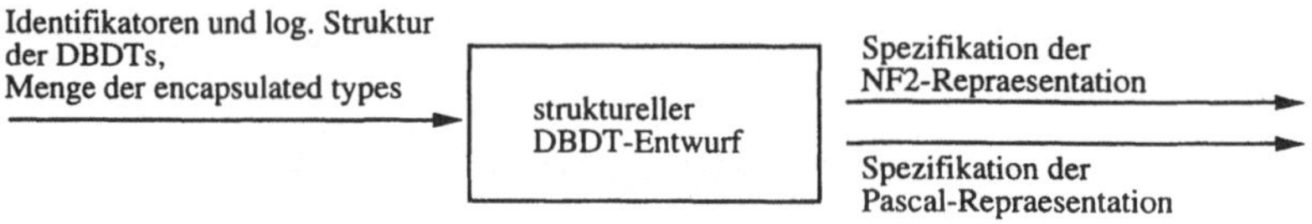


Abbildung 4.45: Struktureller DBDT-Entwurf

Betrachtet man die in der Phase des konzeptuellen Entwurfs ermittelten Informationseinheiten, so lassen sich aufgrund ihrer Zusammensetzung im wesentlichen vier Klassen unterscheiden:

- Informationseinheiten, die aus Attributdomänen hervorgegangen sind, z. B. *fhg_id,frame,vektor*
- Informationseinheiten, die durch Attributaggregationen entstanden sind, z. B. *dh_parsatz*
- Informationseinheiten, die genau einem Entitytyp entsprechen, z. B. *achse_s*
- Informationseinheiten, die sich aus einer beliebigen Anzahl von Entity- und Beziehungstypen zusammensetzen, z. B. *roboter_i*.

Abbildung 4.28 zeigt die aus den Attributdomänen hervorgegangenen Datentypen. Hier kann man weiter zwischen atomaren bzw. Aufzählungstypen, deren Elemente atomare Datentypen repräsentieren und strukturierten Attributdomänen unterscheiden. Ein Beispiel für einen durch Ausprägungen atomarer Datentypen spezifizierten Datentyp stellt *fhg_id* dar. Wie aus Abbildung 4.28 zu ersehen ist, kann der Datentyp die Werte *rot* bzw. *trans* annehmen. Da das erweiterte $NF^2$-Modell keinen Typkonstruktor bereitstellt, der zur Spezifikation eines Aufzählungstyps geeignet wäre, wird *fhg_id* intern durch den Typ seiner Elemente, d. h. durch eine Zeichenkette der maximalen Länge 5 dargestellt. Jegliche weitere Semantik ist durch die zugehörigen Operatoren spezifiziert. Die korrekte Spezifikation der $NF^2$-Struktur des Datentyps, die mit Hilfe der Datenmanipulationssprache HDBL erfolgt, lautet somit

```
DECLARE TYPE fhg_id
  string(5)
ENC END
```

Strukturierte Attributtypen, die als DBDT zu modellieren sind, sind der Vektor, das Frame und die DH-Matrix. Ein 3-elementiger Vektor kann im erweiterten $NF^2$-Modell entsprechend seiner Semantik direkt als Liste fester Länge realisiert werden. Diese Darstellungsform läßt sich auch aus seiner Spezifikation als Array in Abbildung 4.28 ableiten. Ebenfalls als Array wurde der Wertebereich des Datentyps *frame* spezifiziert. Daraus ergibt sich eine Darstellung als Liste mit genau sechs Elementen des Typs *real*. Die Semantik der einzelnen Listenelemente wird durch die Operationen repräsentiert. Alternativ hätte das Frame bereits im repräsentationsunabhängigen Entwurf als Record mit sechs Komponenten spezifiziert werden können. In diesem Fall wäre die Semantik bereits implizit durch die Attributnamen gegeben gewesen. Die Repräsentation in der $NF^2$-Darstellung könnte somit wahlweise durch ein Tupel mit sechs Attributen erfolgen. Der Datentyp *dh_matrix* wurde in Abbildung 4.28 als zweidimensionales Array spezifiziert. Die explizite Modellierung seiner zweidimensionalen Struktur mittels der Konstruktoren des Datenmodells würde zu relativ komplexen Strukturen und entsprechend komplexen DML-Anweisungen für den Zugriff auf Matrixelemente führen. Zudem wäre damit ggf. eine Sicht auf die Matrix als Zeilen- bzw. Spaltenmatrix fest vorgegeben, was z. B. für Operationen wie die Matrixmultiplikation nicht unbedingt sinnnvoll ist. Daher wird die DH-Matrix intern durch eine Liste von genau 16 Elementen repräsentiert, deren Interpretation sich aus den zugehörigen Operationen ergibt. Die drei strukturierten Attributtypen sind somit wie folgt zu deklarieren:

```
DECLARE TYPE vektor
  <3 FIX real>
END

DECLARE TYPE frame
  <6 FIX real>
ENC END

DECLARE TYPE dh_matrix
  <16 FIX real>
ENC END
```

Die als Array spezifizierten Datentypen *achs_stellung* und *eff_stellung* können im eNF$^2$-Modell ebenfalls als Listen dargestellt werden. Da diese Datentypen zudem implizit Aussagen über die Anzahl der Achsen eines Roboterarms bzw. der Werkzeuge eines Endeffektors enthalten, diese jedoch variabel ist, bietet sich eine Realisierung der Datentypen als Listen variabler Länge an. Die Spezifikation ergibt sich damit wie folgt:

```
DECLARE TYPE achs_stellung
  <8 real>
ENC END

DECLARE TYPE eff_stellung
  <15 real>
ENC END
```

Ein Datentyp, der durch Attributaggregation entstanden ist, ist *dh_parsatz* (vgl. Abb. 4.27). Ein durch Aggregation entstandener Datentyp kann im eNF$^2$-Modell durch ein Tupel repräsentiert werden, das sich aus den an der Aggregation beteiligten Attributen zusammensetzt. Die Wertebereiche der Attribute entsprechen den in der ER-Modellierung identifizierten Attributdomänen bzw. den sie repräsentierenden Datenbankdatentypen. Die NF$^2$-Struktur des DBDT läßt sich nun folgendermaßen spezifizieren:

```
DECLARE TYPE dh_parsatz
  [ a    : real,
    y    : real,
    s    : real,
    theta: real,
    alpha: real
  ]
END
```

Die dritte Klasse von Informationseinheiten, die auf das R$^2$D$^2$-Modell abgebildet werden müssen, sind diejenigen, die gerade durch einen Entitytyp beschrieben werden können. In unserem Modellierungsbeispiel finden sich, wie aus Abbildung 4.25 zu ersehen ist, drei derartige Informationseinheiten, nämlich *achse_s*, *punkt* und *objekt_i*. Ein Entitytyp kann im R$^2$D$^2$-Datenmodell durch ein Tupel repräsentiert werden, dessen Attribute und Attributdomänen entsprechend ihrer Definition im ER-Diagramm vereinbart werden müssen.

Enthält die Spezifikation eines Entitytyps eine als DBDT spezifizierte Gruppe von Attributen, so wird für dieses Aggregat ein neues Attribut eingeführt, dessen Wertebereich gerade der durch Aggregation entstandene Datentyp darstellt. So ergibt sich beispielsweise für den Datentyp *achse_s* folgende Deklarationsanweisung:

```
DECLARE TYPE achse_s
  [ achs_id           :  string(16),
    typ_fhg           :  fhg_id,
    max_gelenkwert    :  real,
    min_gelenkwert    :  real,
    null_gelenkwert   :  real,
    dh_param          :  dh_parsatz,
    max_geschwind     :  real,
    max_beschleun     :  real,
    status            :  string(16)
  ]
END
```

Wie hieraus zu ersehen ist, wurde für den DH-Parametersatz das Attribut `dh_param` mit dem Wertebereich *dh_parsatz* eingeführt. Ein weiteres Beispiel für die Verwendung eines DBDT zur Attributspezifikation stellt das Attribut `achs_id` mit der Domäne *fhg_id* dar.

Die Informationseinheiten der vierten Klasse setzen sich aus einer beliebigen Anzahl von Entity- und Beziehungstypen zusammen. Bevor auf ihre Abbildung auf das $R^2D^2$-Modell eingegangen werden kann, sollen im folgenden Kriterien für die Abbildung von Beziehungstypen erarbeitet werden.

In Abschnitt 4.2 wurden verschiedene Charakteristika der Beziehungstypen ermittelt. Beziehungstypen repräsentieren demnach im betrachteten Anwendungsbeispiel

- strukturelle hierarchische Beziehungen
- Ordnungsrelationen
- assoziative Beziehungen
- Bindungen

Bei unseren weiteren Betrachtungen wollen wir uns auf diese Klassen von Beziehungstypen beschränken und weiterhin voraussetzen, daß es sich um binäre Beziehungen der Form $B \subseteq E_1 \times E_2$ handelt, wobei $E_1, E_2$ Entitytypen sind. Die Kardinalität der Beziehung sei mit $< n, m >:< i, j >$ bezeichnet, wobei $< n, m >$ die Minimal- und Maximalkardinalität von $E_1$, $< i, j >$ die von $E_2$ darstellt.

Strukturelle hierarchische Beziehungstypen bezeichnen Beziehungen zwischen zwei Entitytypen $E_1, E_2$, in denen jeder Ausprägung von $E_1$ eine Menge von Instanzen aus $E_2$ als Unterobjekte zugeordnet ist, d. h. $E_1$ bildet das Oberobjekt zu $E_2$. Daraus folgt, daß $E_2$ immer mit der Kardinalität $<1,1>$ in die Beziehung eingeht. Die Vorschrift, nach der ein Beziehungstyp auf das $R^2D^2$-Modell abgebildet wird, hängt somit im wesentlichen von der Minimal- und Maximalkardinalität ab, mit der $E_1$ in die Beziehung eingeht. Hier lassen sich vier Fälle unterscheiden:

1. $n = m = 1$
   Zu dieser Klasse gehören im betrachteten Modellierungsbeispiel gerade die Beziehungstypen `Roboterarm_S`, `Roboterarm_I` und `aktueller Endeffektor`. `Roboterarm_I` beispielsweise ordnet in der statischen Robotersicht jedem Roboter seinen durch eine kinematische Kette repräsentierten Arm zu, `aktueller Endeffektor` seinen Endeffektor. Allgemein läßt sich diese Klasse von Beziehungstypen dadurch charakterisieren, daß jeder Instanz von $E_1$ genau eine Instanz zu $E_2$ zugeordnet ist. Aufgrund dieser 1:1 Beziehung kann die Instanz von $E_2$ durch ein Attribut zu $E_1$ abgebildet werden, das ggf. den Namen des Beziehungstyps erhält und dessen Wertebereich gerade der DBDT ist, durch den $E_2$ repräsentiert wird. Ist $E_2$ selbst nicht durch einen DBDT repräsentiert, so wird der Wertebereich des eingeführten Attributs durch ein Tupel repräsentiert, das durch Abbildung des Entitytyps auf das Datenmodell entstanden ist. Die Beziehungstypen `Roboterarm_I` und `aktueller Endeffektor` müssen somit als Attribute zu *roboter_i* eingeführt werden, wodurch sich folgende Typdeklaration ergibt:

```
DECLARE TYPE roboter_i
  [
    :
    arm_i       :  k_kette_i,
    effektor_i  :  endeffektor_i,
    :
  ]
END
```

2. $n = 0, m = 1$
   Durch die Modellierung eines Subobjektes durch ein tupelwertiges Attribut ist es nicht möglich, mittels Konzepten des $NF^2$-Modells die Minimalkardinalität 0 auszudrücken. Um eine leere Menge darstellen zu können, ist es erforderlich, auf den Mengenkonstruktor zurückzugreifen. Das bedeutet, daß eine leere oder einelementige Unterobjektmenge durch ein Attribut zum Oberobjekttyp beschrieben wird, dessen Wertebereich eine Relation mit Elementen des Unterobjekttyps ist. HDBL erlaubt die Spezifikation von festen oder variablen Obergrenzen für die zulässige Anzahl von Elementen in einer Menge. Wählt man also die Obergrenze 1, so werden die Minimal- und Maximalkardinalitäten durch die Abbildung gewährleistet.

3. $n < m \quad m \geq 1$
   Repräsentanten dieser Klasse von Beziehungstypen sind `Endeffektorwerkzeug_S`, `hat_Achse_S`, `Endeffektorwerkzeug_I` und `hat_Achse_I`. Derartige 1:n Beziehungen können auf zweierlei Art auf das $NF^2$-Modell abgebildet werden – durch ein mengen- oder ein listenwertiges Attribut zum Oberobjekttyp. Als Obergrenze für die Elementzahl in der Menge oder Liste dient die Maximalkardinalität m. Bei der Frage, ob die Unterobjekte durch eine Menge oder eine Liste repräsentiert werden sollen, handelt es sich um eine Entwurfsentscheidung. Listen bieten gegenüber Mengen die zusätzliche Möglichkeit, Objekte über ihre Position zu identifizieren. Ob hierzu eine Notwendigkeit besteht, kann gegebenenfalls unter Berücksichtigung

der spezifizierten Operationen für den Oberobjekttyp entschieden werden. Eine weiteres Entscheidungskriterium ist die Frage, ob bei der Abbildung des Entitytyps zusätzlich eine Ordnungsrelation zu berücksichtigen ist.

Der Beziehungstyp `Endeffektorwerkzeug_I` kann nun beispielsweise wie folgt als listenwertiges Attribut des DBDT *endeffektor_i* modelliert werden, wobei durch die Verwendung des Listenkonstruktors eine zusätzliche Ordnung für die Werkzeuge erzwungen wird:

```
DECLARE TYPE endeffektor_i
  [
    :
    akt_werkzeuge:   <5 k_kette_i>,
    :
  ]
END
```

Anders als beim Beziehungstyp `Endeffektorwerkzeug_I`, in dem die Modellierung als Liste als Entwurfsentscheidung zu sehen ist, ergibt sich bei `hat_Achse_I` die Liste aufgrund der Zusammenfassung mit der durch den Beziehungstyp `hat Vorgaenger_I` ausgedrückten Ordnungsrelation. Auf diese Abbildungsmethode wird bei der Beschreibung der Abbildungsvorschrift für Ordnungsrelationen nochmals eingegangen.

4. $n = m \quad n, m > 1$
   Bei dieser Klasse von Beziehungstypen handelt es sich um einen Spezialfall von 1:n Beziehungen, nämlich solche, bei denen n konstant ist, oder anders ausgedrückt, die Minimal- und Maximalkardinalität äquivalent sind. Dieses kann im erweiterten $NF^2$-Modell durch die Angabe einer festen anstelle einer variablen Obergrenze für die erlaubte Anzahl von Elementen einer Menge oder Liste gewährleistet werden.

Die zweite Klasse von Beziehungstypen, für die eine Abbildungsvorschrift gefunden werden muß, bilden die Ordnungsrelationen. Hierbei handelt es sich um Beziehungstypen der Form $B \subseteq E_1 \times E_1$. Beispiele für derartige Beziehungstypen sind etwa `hat Vorgaenger_S`, `hat_Vorgaenger_I`, `Folgesegment` und `Folgepunkt`. Sie beschreiben gerade eine Ordnung auf der Menge der Instanzen eines Entitytyps und sind daher als Liste von Elementen dieses Typs zu realisieren. Aus der Ordnungsrelation selbst ergeben sich keine Anhaltspunkte bzgl. der Kardinalität der Liste. Vielfach treten Ordnungsrelationen jedoch zusammen mit einer strukturellen, hierarchischen Beziehung auf, in die der ggf. selbst als DBDT spezifizierte Entitytyp als Subobjekt eingeht. In diesem Fall kann dieser Beziehungstyp mit dem hierarchischen Beziehungstyp zusammengefaßt werden, was zur Spezifikation als listenwertiges Attribut zum Oberobjekttyp führt. Die Länge der Liste ergibt sich dabei aus der Kardinalität der hierarchischen Beziehung. Der DBDT *k_kette_s* beispielsweise besteht, wie aus Abbildung 4.20 zu entnehmen ist, aus den Entitytypen `K_KETTE_S` und `ACHSE_S`, wobei der Entitytyp `ACHSE_S` selbst durch einen DBDT repräsentiert wird, sowie aus den Beziehungstypen `hat Achse_s` und `hat Vorgaenger_S`. Aus der Zusammenfassung der beiden Beziehungstypen ergibt sich folgende Abbildung auf ein Attribut des Datentyps *k_kette_s*:

```
DECLARE TYPE k_kette_s
  [
    :
    achsen:  <8 achse_s>,
    :
  ]
END
```

Die Klasse der assoziativen Beziehungstypen $B \subseteq E_1 \times E_2$ kann man weiter unterteilen in solche, bei denen $E_1$ und $E_2$ Bestandteil derselben als DBDT zu modellierenden Informationseinheit sind und solche, bei denen einer der beiden Entitytypen keinen Bestandteil der Informationseinheit bildet. Repräsentanten der ersten Form sind gemäß Abbildung 4.43 bzw. 4.44 die Beziehungstypen `gegriffenes Objekt`, `kann fahren`, `Objekt in Umwelt` und `Roboter in Umwelt`. Der Beziehungtyp `wird verfahren von` aus Abbildung 4.41 stellt ein Beispiel für die zweite Form dar. Generell gelten für derartige Beziehungstypen dieselben Abbildungsvorschriften wie für strukturelle hierarchische Beziehungen. Bestehen zwischen zwei Entitäten jedoch mehrere solcher Beziehungen, so muß nicht unbedingt jeder Beziehungstyp explizit auf ein Attribut abgebildet werden. Vielmehr muß untersucht werden, ob die Beziehungstypen aufgrund der Semantik der Beziehungen zusammengefaßt werden können, wie dies etwa im Fall der Beziehungstypen `kann fahren` und `wird verfahren von` geschehen kann.

Für Beziehungstypen mit Kardinalität $< n,m >:< i,j >$, bei denen $E_2$ nicht Bestandteil der als DBDT zu modellierenden Informationseinheit ist, erfolgt die Abbildung durch ein relationenwertiges Attribut, dessen Tupel die Schlüssel der Instanzen von $E_2$ repräsentieren, die mit $E_1$ in Beziehung stehen. Hier sind zwei Fälle zu unterscheiden:

1. $j = 1$
   In diesem Fall wird für den Entitytyp $E_1$ ein relationenwertiges Attribut eingeführt, dessen Instanzen die Schlüssel von $E_2$ sind.

2. $j > 1$
   Da es sich in diesem Fall um eine echte n:m Beziehung handelt, wird sowohl für $E_1$ als auch für $E_2$ ein zusätzliches Attribut eingeführt. In unserem Modellierungsbeispiel tritt dieser Fall für die Beziehung `ist anschliessbar` ein, wobei hier zudem der Beziehungstyp in die Spezifikation beider als DBDT zu modellierenden Entitytypen, nämlich `ROBOTER_S` und `ENDEFFEKTOR_S` eingeht. Somit wird die Spezifikation der Datenbankdatentypen *endeffektor_s* und *roboter_s* wie folgt um ein relationenwertiges Attribut erweitert:

```
DECLARE TYPE endeffektor_s
  [
    :
    an_roboter:  {[roboter_typ:  string(16)]},
    :
  ]
END
```

```
DECLARE TYPE roboter_s
  [
    :
    effektor_an:  {[effektor_typ:  string(16)]},
    :
  ]
END
```

Als letzte Klasse von Beziehungstypen sollen die Bindungstypen betrachtet werden. Beispiele für diesen Beziehungstyp stellen **R_Instanz**, **E_Instanz**, **K_Instanz** und **A_Instanz** dar. Die n:1 Beziehung $B \subseteq E_1 \times E_2$ kann realisiert werden, indem $E_1$ als zusätzliches Attribut das Schlüsselattribut von $E_2$ erhält.

Nachdem festgelegt ist, wie die Abbildung der Beziehungstypen auf das $R^2D^2$-Modell erfolgen kann, kann auch die Abbildung der Informationseinheiten, die sich aus einer beliebigen Anzahl von Entity- und Beziehungstypen zusammensetzen, beschrieben werden. Derartige Informationseinheiten werden nun abgebildet, indem Entitytypen, wie bereits dargestellt, als Tupel mit den entsprechenden Attributen modelliert werden und Beziehungen entsprechend der oben angeführten Spezifikation durch zusätzliche Attribute beschrieben werden. Für die in Abbildung 4.43 dargestellte Informationseinheit *roboter_i* mit ihren je fünf Beziehungs- und Entitytypen ergibt sich dann folgende Modellierung durch Konzepte des logischen Datenmodells:

```
DECLARE TYPE roboter_i
  [ roboter_i_id  :  string(16),
    typ           :  string(16),
    basis_frame   :  frame,
    armendp_frame :  frame,
    tcp_frame     :  frame,
    tcp_pos       :  vektor,
    tcp_geschwind :  real,
    tcp_beschleun :  real,
    r_u_frame     :  frame,
    g_objekt      :  string(16),
    arm_i         :  k_kette_i,
    effektor_i    :  endeffektor_i,
    bahnen        :  {bahn}
  ]
END
```

In einzelnen Fällen wird durch die Abbildung der Beziehungstypen auf Attribute eines Entitytyps Information eingeführt, die dazu führt, daß die durch bereits vorhandene Attribute repräsentierte Information redundant wird. Ein Beispiel hierfür ist das Attribut **#Achsen**, dessen Wert die aktuelle Anzahl der Achsen einer kinematischen Kette angibt. Da die Achsen nun direkt als Subobjekte in *k_kette* enthalten sind, ist diese Information über Standardfunktionen der DML bzw. benutzerdefinierte Operationen einfach aus der aktuellen Länge der die Achsen anhaltenden Liste ableitbar. Somit sollten das Attribut

**#Achsen** sowie das Attribut **#Werkzeuge** zum Datentyp *endeffektor_s* bei der Abbildung vernachlässigt werden. Die vollständige Deklaration aller Datenbankdatentypen kann Anhang A entnommen werden.

Bisher wurde nur beschrieben, wie die Abbildung der Informationseinheiten auf das $R^2D^2$-Modell erfolgen kann. Ein weiterer Ausgabeparameter des strukturellen DBDT-Entwurfs ist laut Abbildung 4.2 die interne Pascalrepräsentation der Datentypen. Wie in Kapitel 3.1.3 erläutert wurde, gibt es für Mengen, Listen und Zeichenketten in AIM-P zwei mögliche Darstellungsformen – die *dense-* und die *standard*-Darstellung. Diese beiden Repräsentationsformen unterscheiden sich im wesentlichen in ihren Speicherallokationsmechanismen, was zu unterschiedlicher Effizienz und unterschiedlicher Handhabbarkeit führt. Während die *dense*-Darstellung für den Anwender leicht verständlich und auch einfach manipulierbar ist, jedoch ggf. hohen Speicherplatzbedarf verursacht, zeichnet sich die *standard*-Darstellung durch eine effiziente Speicherallokation aus, die aber andererseits eine weniger natürliche Abbildung der Konzepte des erweiterten $NF^2$-Modells in Pascal zur Folge hat. Die Frage, welche der beiden Darstellungen verwendet werden soll, ist letztendlich eine Entscheidung des Entwerfers. Außer den Auswirkungen auf Effizienz und einfache Programmierbarkeit für die Manipulation der Objekte im Datenbankkern muß dabei auch berücksichtigt werden, daß, insbesondere für ingenieurwissenschaftliche Anwendungen, die Manipulation der Objekte in den meisten Fällen in Anwendungsprogrammen erfolgt. Somit wirken sich Entscheidungen hinsichtlich der Pascalrepräsentation der Objekte auch auf die Transferzeiten und den Speicherplatzbedarf des Anwendungsprogramms und somit ggf. auch auf dessen Laufzeit aus. Die Mehrzahl der im folgenden aufgeführten Kriterien kann daher nur eine Entscheidungshilfe für den Entwickler darstellen.

Als erster Punkt soll die Abbildung von Zeichenketten diskutiert werden. Zeichenketten können, ebenso wie Listen und Mengen, einen Datentyp vollständig repräsentieren oder als Wertebereiche der Attribute eines Datentyps vorkommen. Für kurze Zeichenketten sowie im allgemeinen für solche, deren Instanzen voraussichtlich nur geringe Abweichungen von der vorgegebenen Maximallänge aufweisen, sollte generell die *dense*-Darstellung verwendet werden, da in diesen Fällen der Overhead an allokiertem Speicherplatz vertretbar ist und sich eine äquivalente datenbankinterne und Pascal-Darstellung der Zeichenketten ergibt.

Ein Beispiel für einen intern durch eine Zeichenkette der Länge 5 repräsentierten Datentyp stellt der DBDT *fhg_id* dar. Gemäß der genannten Kriterien wird für ihn die kompakte Darstellung spezifiziert. In HDBL bildet die Spezifikation der Pascaldarstellung einen Bestandteil der Typdeklaration, womit sich für den Datentyp *fhg_id* die folgende, nun vollständige Deklarationsanweisung ergibt:

```
DECLARE TYPE fhg_id
  string(8)
ENC

PASCAL REPRESENTATION:
fhg_id:  DENSE
END
```

Erfolgt für eine Zeichenkette keine Längenangabe, dann wird die systeminterne Grenze von 64K angenommen. Somit sollte für diesen Fall i. a. die per Default erzeugte *standard*-Darstellung gewählt werden.

Bezüglich der Pascalrepräsentation von Listen fester Länge kann festgestellt werden, daß der Speicherplatzbedarf bei beiden Darstellungsformen identisch ist. Aufgrund ihrer besseren Handhabbarkeit empfiehlt sich daher die Verwendung der *dense*-Darstellung für Listen fester Länge. Beispiele für Typdeklarationen, in denen die Abbildung derart spezifiziert wird, sind etwa die der Datenbankdatentypen *vektor*, *frame* und *dh_matrix*. Die jeweiligen Deklarationsanweisungen können Anhang A entnommen werden.

Für die Abbildung von Listen und Mengen unbestimmter Länge gelten dieselben Randbedingungen und Forderungen wie für Zeichenketten. So wird beispielsweise für das Attribut `punkte` des Datentyps *segment*, das die Liste der Punkte eines Segments repräsentiert, die *standard*-Darstellung erzeugt.

Bei der Auswahl der Repräsentationsform für Mengen und Listen variabler Länge mit vorgegebener Maximalkardinalität sind im wesentlichen zwei Kriterien zu berücksichtigen – die zu erwartenden Abweichungen von der Maximalkardinalität und die Komplexität der Mengen-/Listenelemente. Hierzu sollen zwei Beispiele betrachtet werden. Als erstes ist das Attribut `achsen` des DBDT *k_kette_s*, das durch eine Liste von maximal acht Objekten des Typs *achse_s* repräsentiert wird, zu nennen. Die Elemente der Liste stellen offensichtlich selbst komplexe Objekte dar. Da kinematische Ketten in unserem Beispiel sowohl zur Modellierung von Roboterarmen als auch von Endeffektoren verwendet werden, ist abzusehen, daß sich die aktuelle Kardinalität der Liste zwischen 1 und 8 bewegen wird. Aus diesen beiden Gründen bietet sich die *standard*-Darstellung an. Der DBDT *k_kette_s* ist somit durch folgende Deklarationsanweisung vollständig spezifiziert.

```
DECLARE TYPE k_kette_s
  [ k_id          :  string(16),
    basisk_bezug  :  frame,
    achsen        :  <8 achse_s>
  ]

PASCAL REPRESENTATION:
k_kette_s.k_id:  DENSE
END
```

Das zweite Beispiel stellt das Attribut `werkzeuge` des Datentyps *endeffektor_s* dar, das als Liste von maximal fünf kinematischen Ketten realisiert wurde. Ebenso wie im vorhergehenden Beispiel kann die aktuelle Länge zwischen 1 und der Maximalkardinalität schwanken. Betrachtet man jedoch die interne Repräsentation des Subobjekttyps *k_kette_s*, so ist leicht zu sehen, daß der für ein nicht existierendes Objekt in der *dense*-Darstellung allokierte Speicherplatz sehr gering ist. Daher kann für die Liste die kompakte Darstellung gewählt werden womit sich folgende Deklarationsanweisung ergibt:

```
DECLARE TYPE endeffektor_s
  [ effektor_typ  :  string(16),
    min_greifwert :  real,
    max_greifwert :  real,
    init_greifwert:  real,
    max_oeffnung  :  real,
```

```
    init_eff_tcp  :  frame,
    max_greifkraft:  real,
    werkzeuge     :  <5 k_kette_s>,
    an_roboter:
      { [ roboter_typ:  string(16) ] }
  ]

PASCAL REPRESENTATION:
endeffektor_s.effektor_typ           :  DENSE,
endeffektor_s.werkzeuge              :  DENSE,
endeffektor_s.an_roboter$.roboter_typ :  DENSE
END
```

Das aus dem Beziehungstyp `ist_anschliessbar` hervorgegangene Attribut `an_roboter` stellt ein weiteres Beispiel für die Abbildung beliebig großer Mengen dar.

Wie gezeigt wurde, umfaßt der strukturelle DBDT-Entwurf im wesentlichen zwei Aufgabenbereiche – die Abbildung der auf der Basis des ER-Modells beschriebenen Informationseinheiten auf das $R^2D^2$-Datenmodell und den Entwurf der Pascalrepräsentation der Datentypen. Ähnlich wie bei der Abbildung des ER-Diagramms auf das flache relationale Modell lassen sich für die Abbildung auf Datentypen im $R^2D^2$-Modell verschiedene Abbildungsvorschriften entwickeln. Jedoch kann die Abbildung nicht vollkommen automatisch erfolgen, da zum einen durch die geschachtelten Strukturen mehr Freiheitsgrade gegeben sind, zum anderen durch die verhaltensmäßige Modellierung mehr Möglichkeiten zur Ableitung ursprünglich durch Attributwerte dargestellter Daten bestehen. Somit sind in dieser Phase Entwurfsentscheidungen zu treffen, die sowohl die Kenntnis des Datenmodells als auch ggf. des Ergebnisses des konzeptuellen operationalen Entwurfs voraussetzen. Bezüglich der Objektrepräsentation bildet die Pascaldarstellung die eigentliche Schnittstelle zwischen Datenbank und Programmierschnittstelle. Demzufolge wirken sich die in dieser Entwurfsphase getroffenen Entscheidungen erheblich auf die Programmierung von Datenbankanwendungen aus. Daher besteht das Hauptproblem des Entwerfers hier in der Beurteilung der Auswirkungen seiner Entwurfsentscheidungen.

### 4.3.4 Operationaler DBDT-Implementationsentwurf

Im zweiten Schritt des repräsentationsabhängigen Entwurfs muß des Ergebnis des konzeptuellen operationalen Entwurfs unter Berücksichtigung der Restriktionen des logischen Datenmodells bzw. seiner Implementierung repräsentationsabhängig beschrieben werden. Dazu sind insbesondere die Parameter der DBDT-Operationen detailliert zu spezifizieren. Wie Abbildung 4.46 zeigt, bildet neben der repräsentationsabhängigen Darstellung der Operationen auch das Ergebnis des strukturellen Entwurfs einen Eingabeparameter dieses Entwurfsschrittes. Weiterhin können aus dem operationalen Implementationsentwurf neue Typ- und Operationsdefinitionen resultieren.

Die grundlegenden Entwurfsentscheidungen, die in dieser Phase zu treffen sind, werden im folgenden anhand einiger Beispiele erläutert. Dazu sei als erstes die Spezifikation der Operationen zum Datentyp *punkt* betrachtet. Diese besteht, wie in Abschnitt 4.3.2 bereits ausgeführt wurde, aus den drei Operationen

```
gen_punkt:  achs_stellung × eff_stellung → punkt
```

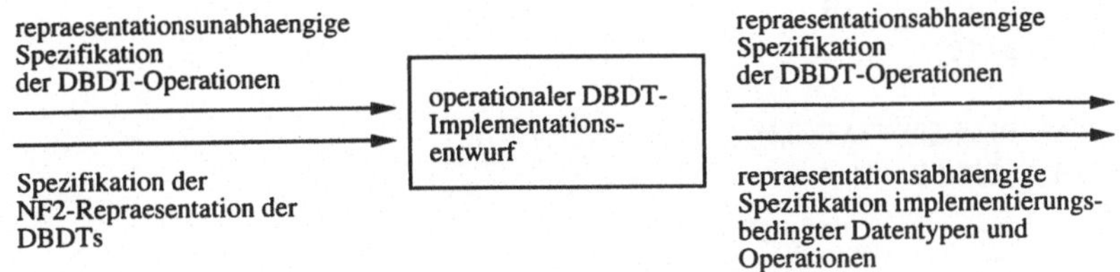


Abbildung 4.46: Operationaler DBDT-Implementationsentwurf

```
punkt_achsen:  punkt → achs_stellung
punkt_eff:  punkt → eff_stellung
```

Die erste Entscheidung, die zu treffen ist, ist die, ob die Operationen, wie vom Datenbanksystem gefordert, sinnvoll als Funktionen realisiert werden können. Da es sich bei den Operationen um eine Generierungsfunktion und Zugriffe auf Attribute handelt, ist diese Bedingung erfüllt. Als nächstes ist zu überprüfen, ob die Domänen aller spezifizierten Parameter atomare oder benutzerdefinierte Datentypen darstellen. Im Beispiel treten nur die benutzerdefinierten Datentypen *punkt*, *achs_stellung* und *eff_stellung* als Parameter auf, so daß auch diese Bedingung erfüllt ist. Somit können die drei DBDT-Operationen nun wie folgt unter Verwendung der DDL beschrieben werden:

```
DECLARE FUNCTION gen_punkt(as:achs_stellung,es:eff_stellung):punkt
DECLARE FUNCTION punkt_achsen(p:punkt):achs_stellung
DECLARE FUNCTION punkt_eff(p:punkt):eff_stellung
```

Als zweites Beispiel sollen die Operationen zum Datentyp *segment* betrachtet werden. Anders als bei der Spezifikation zum Datentyp *punkt* wurden hier im Rahmen des konzeptuellen operationalen Entwurfs sowohl Beziehungstypen als auch Änderungsoperationen berücksichtigt, woraus sich folgender Satz von Operationen ergab:

```
gen_segment:  string(16) × integer → segment
g_object:  segment → string(16)
g_code:  segment → integer
spunkte:  segment → list of punkt
anz_spunkte:  segment → integer
spunkt_i:  segment × integer → punkt
add_spunkt:  segment × punkt → segment
insert_spunkt:  segment × integer × punkt → segment
update_spunkt:  segment × integer × punkt → segment
delete_spunkt:  segment × integer → segment
```

Ein Eingabeparameter der Operation **gen_segment** ist der Name des gegriffenen Objektes, dessen Wertebereich eine Zeichenkette mit der maximalen Länge 16 ist. Zeichenketten werden in AIM-P nicht als atomare Datentypen sondern als Listen des atomaren Datentyps *char* behandelt. Aufgrund der Restriktion, daß die Parameter einer Funktion atomar oder benutzerdefiniert sein müssen, ist es daher erforderlich, einen weiteren Datentyp einzuführen, der intern durch einen String der Länge 16 repräsentiert wird. Dieser Datentyp kann wie folgt deklariert werden:

```
DECLARE TYPE str16
  string(16)

PASCAL REPRESENTATION:
str16:  DENSE
END
```

Die Operation spunkte realisiert die Beziehungstypen Bahnpunkt und Folgepunkt, die einem Segment die Folge von Punkten zuordnen, aus denen es besteht. Der Ergebnisparameter *list of* punkt bezeichnet somit eine Datenstruktur, die eine Liste von Punkten repräsentiert, jedoch selbst noch nicht als DBDT existiert. Für derart spezifizierte Wertebereiche muß überprüft werden, ob sie in geeigneter Weise im erweiterten NF$^2$-Modell nachgebildet werden können. Offensichtlich ist dieses für die Liste von Punkten möglich, da das Datenmodell einen Listenkonstruktor bereitstellt. Daher kann der erforderliche Datentyp wie folgt vereinbart werden:

```
DECLARE TYPE punkt_liste
  <punkt>
END
```

Die Frage nach dem Sinn der Implementierung einer Operation in Form einer Funktion läßt sich für sämtliche Änderungsoperationen stellen. Wenngleich beispielsweise die Operation insert_spunkt nur geringe Änderungen des Segments bewirkt, erfordert ihre Realisierung als Funktion die Erzeugung eines vollständig neuen Segments. Dennoch erscheint ihre Realisierung als Datenbankfunktion vertretbar und unter dem Gesichtspunkt einer weitestgehend vollständigen Nachbildung des Objektverhaltens in der Datenbank sogar notwendig.

Ein anderes Kriterium bzgl. der Entscheidung, ob eine im repräsentationsunabhängigen Entwurf spezifizierte Operation als Datenbankfunktion realisiert werden soll, ist ihre sinnvolle Anwendbarkeit als Teil einer DML-Anweisung. Der Begriff der sinnvollen Anwendbarkeit soll anhand des folgenden Beispiels erläutert werden. Die DH-Matrix ist ein Spezialfall einer 4×4-Matrix und damit durch eine Vielzahl mathematischer Grundoperationen für Matrizen charakterisierbar. Im Modellierungsbeispiel wurde etwa die Matrixmultiplikation

```
m4×4_mult:  dh_matrix × dh_matrix → dh_matrix
```

spezifiziert. Hierbei handelt es sich um eine sehr komplexe Funktion, die als Selektionsbedingung einer Anfrage wenig geeignet ist. Es ist zu erwarten, daß eine derartige Operation i. a. Bestandteil einer im Anwendungsprogramm durchgeführten Manipulation ist.

Obwohl die Matrixmultiplikation nur sehr bedingt in der Datenbank ausführbar ist, soll der konzeptuelle Entwurf für unser Beispiel nicht durch den Implementationsentwurf revidiert werden. Der Grund hierfür liegt in einem weiteren Entscheidungskriterium. Wie in Kapitel 3 erläutert wurde, ist eine wesentliche Idee des R$^2$D$^2$-Datenbanksystems die Bereitstellung homogener Schnittstellen, wodurch impliziert wird, daß ein annähernd identischer Satz von Operationen zur Datenmanipulation an allen Schnittstellen verfügbar sein sollte. Unter diesem Gesichtspunkt muß ein möglichst großer Operationssatz bereits im Schemaentwurf berücksichtigt werden.

Die Semantik der Datentypen *achs_stellung* und *eff_stellung* wurde in der Phase des repräsentationsunabhängigen DBDT-Entwurfs primär durch die Operationen zum jeweiligen Datentyp ausgedrückt. Für *eff_stellung* beispielsweise ergaben sich daraus folgende Operatorspezifikationen:

gen_effparam: *[1..3] of* real × *[1..3] of* real × *[1..3] of* real × *[1..3] of* real
× *[1..3] of* real → eff_stellung
stellung_wz: eff_stellung × integer →*[1..3] of* real
stellung_wzachse: eff_stellung × integer × integer → real
eff_abweichung: eff_stellung × eff_stellung → *[1..3,1..5] of* real
upd_stellung_wz: eff_stellung × integer × *[1..3] of* real → eff_stellung
upd_ stellung_wzachse: eff_stellung × integer × integer × real
→ eff_stellung

Wie hieraus zu ersehen ist, erfordert eine derartige Modellierung ggf. eine Vielzahl weiterer Datenstrukturen, die die Wertebereiche der Ein- und Ausgabeparameter repräsentieren. Im vorliegenden Beispiel können sie wie folgt als Datenbankdatentypen auf das $eNF^2$-Modell abgebildet werden:

```
DECLARE TYPE reallist3
  <3 real>

PASCAL REPRESENTATION:
reallist3:  DENSE
END

DECLARE TYPE reallist15
  <15 real>

PASCAL REPRESENTATION:
reallist15:  DENSE
END
```

Damit ist es nun möglich, die benutzerdefinierten Operationen wie folgt unter Verwendung der DDL zu spezifizieren:

```
DECLARE FUNCTION gen_effparam(wz1:reallist3,wz2:reallist3,
                        wz3:reallist3,anz:integer):eff_stellung
DECLARE FUNCTION stellung_wz(s:eff_stellung,i:integer):reallist3
DECLARE FUNCTION stellung_wzachse(e:eff_stellung,i:integer,j:integer)
                                :real
DECLARE FUNCTION eff_abweichung(e1:eff_stellung,e2:eff_stellung)
                              :reallist15
DECLARE FUNCTION anz_effwz(a:eff_stellung):integer
DECLARE FUNCTION upd_stellung_wz(e:eff_stellung,i:integer,
                              wz:reallist3):eff_stellung
DECLARE FUNCTION upd_stellung_wzachse(e:eff_stellung,i:integer,
                                   j:integer,w:real):reallist3
```

Die extensive Verwendung der Datentypen *reallist3* und *reallist15* als Ein- und / oder Ausgabeparameter wirft die Frage auf, ob bzw. in welchem Maß Operationen für die aus dieser Entwurfsphase entstandenen Datentypen spezifiziert werden müssen. Für Datentypen, die ausschließlich als Eingabeparameter verwendet werden, sind keine Operationen erforderlich, soweit es sich nicht um *encapsulated types* handelt. Es bietet sich daher an, die in dieser Phase entstandenen Datenbankdatentypen nicht als verkapselte Datentypen zu realisieren, es sei denn, eine bestimmte Semantik soll erzwungen werden. Die Entscheidung, ob bzw. welche Operationen für diese Klasse von Datentypen spezifiziert werden sollen, liegt also im Ermessen des Entwerfers.

Für Datentypen, die Ausgabeparameter von Funktionen bilden, ist die Spezifikation von Operationen genau dann erforderlich, wenn eine Weiterverarbeitung des Funktionsergebnisses ermöglicht werden soll. Hierbei ist zu beachten, daß es sich bei Funktionsergebnissen um Information handelt, die nicht mit Mitteln der DML sondern nur durch verschachtelte Funktionsaufrufe verarbeitet werden kann. Beispielsweise ist es nicht möglich, die aktuelle Länge der variabel langen Liste zu bestimmen, die das Ergebnis eines Funktionsaufrufes von `eff_abweichung` darstellt. Um diese zu bestimmen, müßte bei der Anfragenformulierung auf das Funktionsergebnis eine weitere entsprechende Funktion angewendet werden.

In unserem Beispiel sollen nun drei Funktionen für *reallist3* und zwei für *reallist15* spezifiziert werden. Bei den Funktionen für *reallist3* handelt es sich um eine Generierungsfunktion mit den drei Werten der Listenelemente als Eingabeparameter, eine Funktion für den Zugriff auf ein bestimmtes Listenelement sowie eine Funktion, die die aktuelle Länge der Liste bestimmt. Für *reallist15* sollen nur die Auswahl eine Listenelements und die Bestimmung der Listenlänge unterstützt werden. Damit ergeben sich folgende Funktionsdeklarationen:

```
DECLARE FUNCTION gen_reallist3(w1:real,w2:real,w3:real):reallist3
DECLARE FUNCTION laenge_reallist3(l:reallist3):integer
DECLARE FUNCTION elem_reallist3(l:reallist3,elem:integer):real
DECLARE FUNCTION laenge_reallist15(l:reallist15):integer
DECLARE FUNCTION elem_reallist15(l:reallist3,elem:integer):real
```

Bei den bisher diskutierten Entwurfsentscheidungen wurde das Ergebnis des strukturellen Entwurfs, das laut Abbildung 4.46 einen Eingabeparameter für den operationalen DBDT-Implementationsentwurf darstellt, nur bei der Überprüfung auf die Existenz erforderlicher Datentypen berücksichtigt. Aus der Abbildung der Entity- und Beziehungstypen auf das eNF$^2$-Modell ergeben sich jedoch ggf. zusätzliche Informationen, deren Bereitstellung über Operationen zwar zur vollständigen Abbildung der Miniwelt nicht zwingend erforderlich, jedoch zur Datenmanipulation oftmals hilfreich ist. Durch die Abbildung der Achsen einer kinematischen Kette auf eine Liste ergibt sich beispielsweise die Möglichkeit, eine bestimmte Achse nicht nur über ihren Identifikator, sondern auch über die Position in der Liste zu identifizieren. Weiterhin kann die Position einer Achse direkt bestimmt werden, womit der Anwender zusätzliche Möglichkeiten gewinnt, Informationen über die im ER-Diagramm für Achsen spezifizierte Ordnungsrelation abzuleiten. Entsprechendes gilt für die Werkzeuge eines Endeffektors, womit sich folgende zusätzliche Operationen für die Datentypen *achse_s* bzw. *endeffektor_s* ergeben:

```
DECLARE FUNCTION pget_achse_s(k:k_kette_s,pos:integer):achse_s
```

```
DECLARE FUNCTION pos_achse_s(k:k_kette_s,id:str16):integer
DECLARE FUNCTION pget_wz_s(e:endeffektor_s,pos:integer):k_kette_s
DECLARE FUNCTION pos_wz_s(e:endeffektor_s,id:str16):integer
```

Im Rahmen des konzeptuellen Operationsentwurfs wurden keine Änderungsfunktionen für die statische Robotersicht eingeführt, da sich die modellspezifischen Eigenschaften eines Roboters i. a. nicht ändern. Die einzig mögliche wesentliche Änderung betrifft die durch den Beziehungstyp `ist anschliessbar` ausgedrückte Beziehung. Mit der Erweiterung der Datenbasis um neue Endeffektoren oder Roboter verändern sich ggf. auch diese Zuordnungen. Der Beziehungstyp `ist anschliessbar` wurde in der Phase des strukturellen Entwurfs durch mengenwertige Attribute zu den Datentypen *roboter_s* bzw. *endeffektor_s* modelliert. Für diese Mengen sollen daher die Änderungsoperationen

```
DECLARE FUNCTION einfuegen_eff_rob(e:endeffektor_s,id:str16)
                                   :endeffektor_s
DECLARE FUNCTION loeschen_eff_rob(e:endeffektor_s,id:str16)
                                  :endeffektor_s
DECLARE FUNCTION einfuegen_rob_eff(r:roboter_s,e:str16):roboter_s
DECLARE FUNCTION loeschen_rob_eff(r:roboter_s,e:str16):roboter_s
```

eingeführt werden.

Das Ergebnis des strukturellen DBDT-Entwurfs kann nicht nur zu neuen Operationen aufgrund zusätzlicher Information, sondern auch zu einer Modifikation von Operationsspezifikationen führen. Für den Datentyp *achse_i* wurde im konzeptuellen operationalen Entwurfbeispielsweise der Beziehungstyp `A_Instanz` wie folgt spezifiziert:

```
a_instanz:  achse_i → achse_s
```

Im Rahmen des strukturellen Entwurfs wurde dieser Beziehungstyp jedoch durch ein den Schlüssel von *achse_s* repräsentierendes Attribut zu *achse_i* realisiert. Das hat zur Folge, daß die statische Achsbeschreibung nicht direkt aus der dynamischen Achsbeschreibung ableitbar ist, sondern nur ein Verweis auf dieselbe möglich ist. Somit muß die Operation `a_instanz` derart modifiziert werden, daß sie nicht die ganze Achse, sondern das die Beziehung realisierende Attribut `a_s_id` als Ergebnis liefert, womit sich folgende Vereinbarung ergibt:

```
DECLARE FUNCTION a_instanz(a:achse_i):str16
```

Die in diesem Abschnitt dargestellten Funktions- und Typvereinbarungen stellen keine vollständige Spezifikation dar, sondern dienten primär der Motivation der Entwurfsentscheidungen, die in der Phase des operationalen DBDT-Implementationsentwurfs zu treffen sind. Für eine vollständige Spezifikation des Entwurfsergebnisses sei auf Anhang A verwiesen.

Zusammenfassend kann man feststellen, daß dieser Entwurfsschritt im wesentlichen folgende Aufgabe umfaßt:

- Überprüfung der Operationen auf Eignung zur Implementierung
- Überprüfung der Parameter auf Erfüllung der vorgegebenen Restriktion, ggf.

  - Vereinbarung neuer Datentypen
  - Überprüfung auf Anforderungen bzgl. der Operationen für neue Datentypen und Vereinbarung der Operationen

- Überprüfung des Ergebnisses des strukturellen Entwurfs auf Auswirkungen hinsichtlich des operationalen Entwurfs, ggf. Vereinbarung weiterer Operationen

Mit dem operationalen Implementationsentwurf ist der Entwurf der Datenbankdatentypen abgeschlossen. Zur vollständigen Durchführung des Implementationsentwurfs in $R^2D^2$ sind im Anschluß hieran die Relationenschemata sowie die externen Schemata zu entwerfen.

### 4.3.5 Entwurf der Relationenschemata

In der Phase des Relationenschemaentwurfs werden auf der Basis der Ergebnisse der semantischen Modellierung und des strukturellen DBDT-Entwurfs die $NF^2$-Relationen für die persistenten Objekte entworfen. Die Eingabeparameter dieser Entwurfsphase bilden die aus dem semantischen Entwurf resultierenden Entity- und Beziehungstypen sowie die Datenbankdatentypen mit ihrer internen $NF^2$-Repräsentation. Abbildung 4.47 zeigt die Ein- und Ausgabeparameter dieser Entwurfsphase.

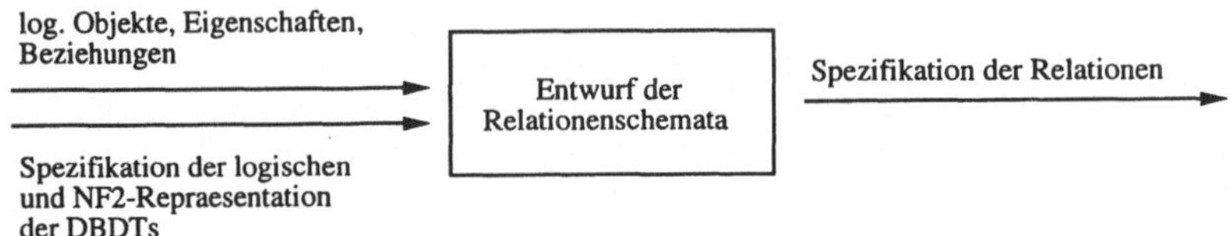


Abbildung 4.47: Entwurf der Relationenschemata

Abbildung 4.48 stellt nochmals den Zusammenhang zwischen dem ER-Diagramm, das die Miniwelt repräsentiert, und den in der Phase des konzeptuellen DBDT-Entwurfs identifizierten benutzerdefinierten Datentypen her. Wie hieraus zu ersehen ist, gehen sämtliche Entity- und Beziehungstypen des ER-Diagramms in die Spezifikation mindestens eines DBDT ein. Zudem lassen sich vier voneinander unabhängige durch Datenbankdatentypen repräsentierte Entitäten / Entitygruppen identifizieren. Diese gehen deutlicher aus Abbildung 4.49 hervor, in der die Datentypen auf dem jeweils höchsten Abstraktionsniveau dargestellt sind. Die Informationseinheiten *roboter_s*, *endeffektor_s* und *umwelt* repräsentieren Zusammenfassungen von Entitytypen und Beziehungstypen des ER-Diagramms, *objekt_s* gerade genau einen Entityp.

Wie aus Abbildung 4.49 zu erkennen ist, kann das ER-Diagramm nun auf vier Objekttypen reduziert werden, zwischen denen keine weiteren Beziehungen bestehen, welche nicht als Teil der Objekttypen modelliert wurden. Aus dieser Unabhängigkeit und der Tatsache, daß sich Instanzen benutzerdefinierter Datentypen nicht über verschiedene Relationen der Datenbasis erstrecken dürfen, folgt die Definition genau eines Relationenschemas pro Datentyp. Da die Datentypen *objekt_s*, *roboter_s*, *endeffektor_s* und *umwelt* intern durch Tupel repräsentiert werden, muß je eine Relation für die statischen Objektparameter, Roboterparameter, Effektorparameter und die Umwelten wie folgt vereinbart werden:

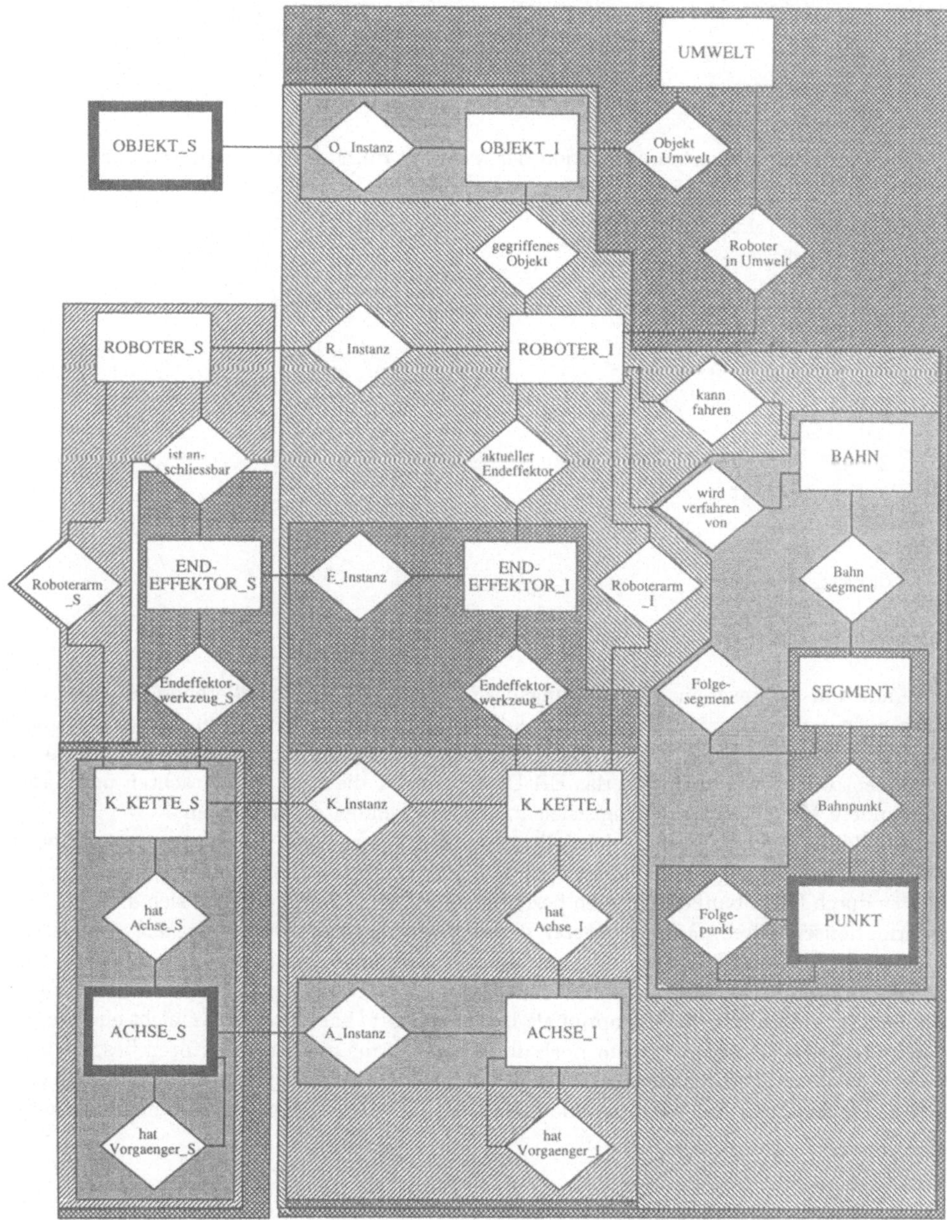


Abbildung 4.48: Darstellung des Zusammenhangs zwischen ER-Diagramm und Datenbankdatentypen

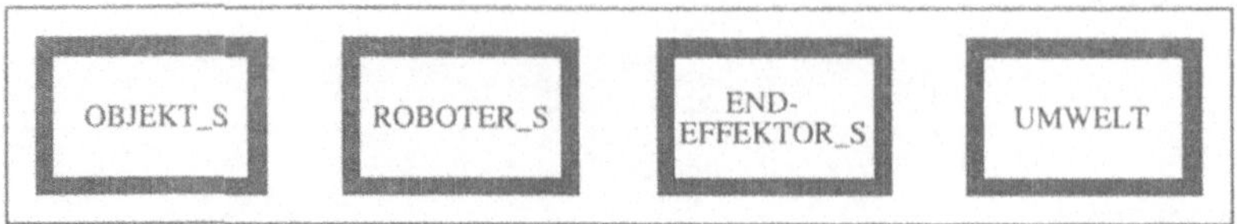


Abbildung 4.49: Repräsentation der Miniwelt durch Datenbankdatentypen

```
CREATE objekte
  { objekt_s }
END

CREATE roboter
  { roboter_s }
END

CREATE effektoren
  { endeffektor_s }
END

CREATE umwelten
  { umwelt }
END
```

Anders als in unserem Modellierungsbeispiel wird die zu modellierende Miniwelt oftmals nicht vollständig durch Datenbankdatentypen beschrieben. Um Vorschriften zur Abbildung von ER-Diagrammen und Datenbankdatentypen auf Relationenschemata zu gewinnen, wollen wie nochmals das ER-Diagramm für die Umwelt betrachten und dabei eine andere Modellierung der logischen Informationseinheiten annehmen.

Abbildung 4.50 zeigt diese Modellierung. Den getroffenen Entwurfsentscheidungen liegt die Annahme zugrunde, daß nur physikalische Objekte der Umwelt mit ihren Komponenten durch Datenbankdatentypen beschrieben werden. Damit ergeben sich die logischen Informationseinheiten *objekt_s*, *roboter_s*, *endeffektor_s*, *roboter_i* und *objekt_i*. Die Datenbankdatentypen *objekt_s* und *objekt_i* sind identisch mit den zuvor beschriebenen. Die Informationseinheiten *roboter_s* und *endeffektor_s* unterscheiden sich von der bisherigen Modellierung dadurch, daß die optionale Beziehung `ist anschliessbar` nicht einbezogen wird. Der DBDT *roboter_i* ist nur noch durch seine Arme und Endeffektoren beschrieben, jedoch nicht mehr durch die ihm zugeordneten Umweltobjekte und Bewegungsbahnen. Damit ergeben sich die wie folgt modifizierten $NF^2$-Strukturen der Datenbankdatentypen:

```
DECLARE TYPE roboter_s
  [ typ          :  string(16),
    #fhg         :  integer,
    basis_bezug  :  frame,
    armendp_bezug : frame,
    eff_bezug    :  frame,
```

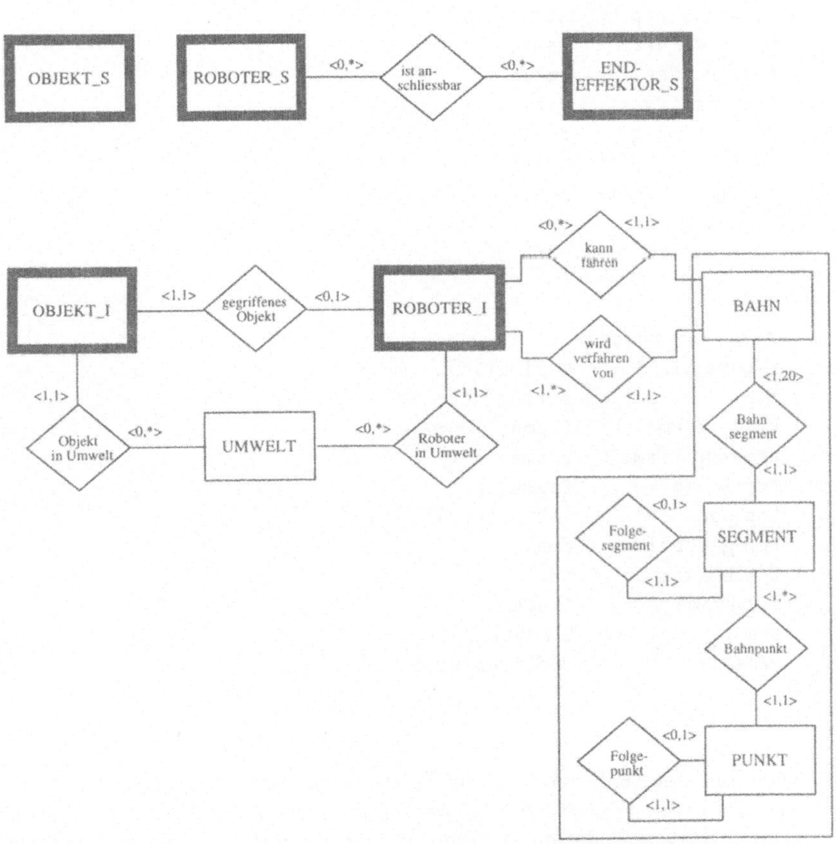


Abbildung 4.50: Alternative Modellierung der Umwelt

```
     max_last       :  real,
     praezision     :  real,
     status         :  string(16),
     arm_s          :  k_kette_s
   ]
 END

 DECLARE TYPE endeffektor_s
   [ effektor_typ  :  string(16),
     min_greifwert :  real,
     max_greifwert :  real,
     init_greifwert:  real,
     max_oeffnung  :  real,
     init_eff_tcp  :  frame,
     max_greifkraft:  real,
     werkzeuge     :  <5 k_kette_s>
   ]
 END

 DECLARE TYPE roboter_i
   [ roboter_i_id  :  string(16),
     typ           :  string(16),
     basis_frame   :  frame,
     armendp_frame :  frame,
     tcp_frame     :  frame,
     tcp_pos       :  vektor,
     tcp_geschwind :  real,
     tcp_beschleun :  real,
     r_u_frame     :  frame,
     arm_i         :  k_kette_i,
     effektor_i    :  endeffektor_i
   ]
 END
```

Die Abbildung des ER-Diagramms auf Relationenschemata kann nun wie folgt durchgeführt werden: In einem ersten Schritt werden die nicht in die Definition eines DBDT eingegangenen Entitytypen daraufhin untersucht, ob sie an einer hierarchischen Beziehung beteiligt sind. Wird ein derartiger Entitytyp gefunden, so wird zuerst der hierarchische Pfad bis zur Wurzel zurückverfolgt und diese markiert. Anschließend werden alle Nachfolger entlang des hierarchischen Pfades bestimmt sowie alle Ordnungsrelationen, an denen die Entitypen beteiligt sind. Die so ermittelten Entity- und Beziehungstypen können zu einem komplexen Entitytyp zusammengefaßt werden. Im Beispiel bildet gerade die Bahn mit ihren Segmenten und Punkten sowie den darauf definierten Ordnungsrelationen einen solchen komplexen Entitytyp, was in Abbildung 4.50 durch die unschraffierte Umrahmung angedeutet ist.

In einem zweiten Schritt wird jeder komplexe Entitytyp auf eine Relation abgebildet. Die Abbildung der Attributdomänen sowie aller Komponenten des komplexen Entitytyps erfolgt nach den in Kapitel 4.3.3 angegebenen Abbildungsvorschriften. Ebenso wie die komplexen Entitytypen werden alle weitere Entitytypen, sowie die durch Datenbankdatentypen repräsentierten Entitytypen auf Relationen abgebildet. Damit ergeben sich die wie folgt vereinbarten Relationenschemata:

```
CREATE objekte_statisch
  { objekt_s }
END

CREATE objekte_dynamisch
  { objekt_i }
END

CREATE roboter_statisch
  { roboter_s }
END

CREATE roboter_dynamisch
  { roboter_i }
END

CREATE effektoren_statisch
  { endeffektor_s }
END

CREATE umwelt_relation
  {[ name        :  string(16),
     modellierer :  string(16),
     datum       :  date,
     laenge      :  real,
     breite      :  real,
     hoehe       :  real
   ]}
END

CREATE bahnen
  {[traj_name:  string(16),
    segmente:  <20 [greif_obj:  string(16),
                    greif_code:  integer,
                    punkte:  <[achs_gelenkwerte:  achs_stellung,
                               eff_gelenkwerte:  eff_stellung
                             ]>
                   ]>
  ]}
END
```

Im letzten Schritt sind die Beziehungstypen auf das Datenmodell abzubilden. Dabei müssen im wesentlichen vier Fälle unterschieden werden:

1. Beziehungen zwischen Komponenten zweier komplexer Entitytypen oder zwischen einer Komponente eines komplexen Entitytyps und einem einfachen Entitytyp
2. Beziehungen zwischen einer Komponente eines komplexen Entitytyps oder einem einfachen Entitytyp und einem durch einen DBDT repräsentierten Entitytyp
3. Beziehungen zwischen zwei durch Datenbankdatentypen repräsentierten Entitytypen und
4. Beziehungen zwischen einfachen Entitytypen

Unter dem Begriff einfache Entitytypen sollen dabei die Entitytypen verstanden werden, die weder die Komponente eines komplexen Entitytyps bilden noch durch einen DBDT repräsentiert werden. Im folgenden werden die Abbildungvorschriften für diese vier Fälle erläutert. Dazu müssen jeweils vier Klassen von Beziehungstypen betrachtet werden – 1:1 Beziehungen, n:1 Beziehungen (Bindungen), 1:n Beziehungen und n:m Beziehungen.

1. $B \subseteq E_1 \times E_2$, $E_1, E_2$ sind Komponenten eines komplexen Entitytyps
   (a) $E_1, E_2$ repräsentieren Subobjekttypen
      - $B$ ist 1:1 Beziehung

        Anders als im flachen relationalen Datenmodell ist in diesem Fall keine Zusammenfassung der aus den Entitytypen resultierenden Relationen möglich, da die Beziehungen zu den Oberobjekten nicht berücksichtigt werden können. Daher wird ein derartiger Beziehungstyp beschrieben, indem $E_1$ um ein Attribut erweitert wird, das den Schlüssel von $E_2$ repräsentiert (Fremdschlüssel).
      - $B$ ist n:1 Beziehung

        Bindungen können in diesem Fall ebenso wie 1:1 Beziehungen nicht zu einer Zusammenfassung von Relationen führen. Auch sie werden durch Hinzufügen eines Attributes zu $E_1$ modelliert. Dabei muß jedoch zwischen zwei Fällen unterschieden werden. Geht $E_2$ mit Minimalkardinalität 1 ein, so erfolgt die Abbildung durch ein Attribut des entsprechendes Typs. Bei Minimalkardinalität 0 wird der mögliche Nullwert berücksichtigt, indem der Fremdschlüssel als Menge mit maximal einem Tupel, dessen Attribut das Schlüsselattribut von $E_2$ ist, modelliert wird. (Die Modellierung als Menge ist nur dann erforderlich, wenn, wie in HDBL, Nullwerte nicht explizit spezifiziert werden können.)
      - $B$ ist 1:n Beziehung

        Eine 1:n Beziehung kann im $NF^2$-Modell prinzipiell beschrieben werden, indem einer Instanz des Entitytyps $E_1$ die Menge der Schlüssel der Instanzen von $E_2$, mit denen sie in Beziehung steht, zugeordnet wird. Dieses ist möglich, indem die aus $E_1$ resultierende (Sub-)Relation um ein mengenwertiges Attribut erweitert wird, dessen Tupel die Schlüssel repräsentieren.
      - $B$ ist n:m Beziehung

        In diesem Fall kann sich der Entwerfer zwischen zwei Lösungsansätzen entscheiden. Entweder spezifiziert er wie bei der Abbildung ins flache relationale Datenmodell eine eigene Relation für den Beziehungstyp, oder er spaltet die Beziehung in zwei 1:n Beziehungen auf und modelliert sie wie oben angegeben als Attribute beider Entitytypen.

(b) $E_1$ repräsentiert die Wurzel eines komplexen Entitytyps und $E_2$ repräsentiert ebenfalls eine solche oder aber einen einfachen Entitytyp

Dieser Fall unterscheidet sich nur bei der Abbildung der 1:1 Beziehungen vom vorhergehenden. Sind $E_1$ und $E_2$ keine Subtypen, so ist bei 1:1 Beziehungen wie im flachen relationalen Modell eine Zusammenfassung der aus $E_1$ und $E_2$ resultierenden Relationen möglich. Dieses kann durch Aggregation der Attribute erfolgen.

2. $B \subseteq E_1 \times E_2$, ein Entitytyp wird durch einen DBDT repräsentiert, einer durch einen einfachen oder eine Komponente eines komplexen Entitytyps

Das grundlegende Problem bei dieser Konstellation stellt der DBDT dar. Datenbankdatentypen sind in dieser Entwurfsphase nicht mehr veränderbar, das heißt, ist ein Entitytyp vollständig durch einen DBDT beschrieben, so ist eine Erweiterung des entsprechenden Entitytyps um ein Attribut nicht mehr ohne weiteres möglich.

(a) $E_2$ ist durch einen DBDT repräsentiert

- $B$ ist 1:1 Beziehung

  Da eine Zusammenfassung nicht sinnvoll ist, wird $E_1$ um das Schlüsselattribut von $E_2$ erweitert.

- $B$ ist n:1 Beziehung

  Die Abbildung erfolgt in diesem Fall analog zu Fall 1a, d. h. durch Hinzufügen eines Attributes zu $E_1$.
  Ein Beispiel für einen derartigen Beziehungstyp stellt `wird verfahren von` dar. Somit muß die Relation, die den komplexen Entitytyp `BAHN` repräsentiert, um ein Attribut erweitert werden, dessen Wert den Identifikator des Roboters, der die Bahn verfährt, enthält. Die Beziehungstypen `Objekt in Umwelt` und `Roboter in Umwelt` sind weitere Beispiele für diesen Fall. Jedoch müssen hier im Unterschied zu `wird verfahren von` aufgrund der Minimalkardinalität 0 mengenwertige Attribute zum Entitytyp `UMWELT` eingeführt werden.

- $B$ ist 1:n Beziehung

  Die Abbildung erfolgt wie im Fall 1a.

- $B$ ist n:m Beziehung

  In dem Fall, daß Datenbankdatentypen an der Beziehung beteiligt sind, müssen n:m Beziehungen wie im flachen relationalen Modell auf eine Relation mit den Schlüsselattributen der beteiligten Entitytypen abgebildet werden.

(b) $E_1$ ist durch einen DBDT repräsentiert

- $B$ ist 1:1 Beziehung

  In Analogie zu Fall 2a wird $E_2$ um das Schlüsselattribut von $E_1$ erweitert.

- $B$ ist n:1 Beziehung

  Die Abbildung erfolgt analog zu Fall 1a, wobei jetzt jedoch $E_2$ um ein mengenwertiges Attribut für den Schlüssel von $E_1$ erweitert wird.

- $B$ ist 1:n Beziehung

  Da der den Entitytyp $E_1$ repräsentierende DBDT nicht verändert werden soll, ist die Abbildung dieses Beziehungstyps auf eine eigene Relation erforderlich.
  Im Beispiel ist somit eine Relation für den Beziehungstyp **kann fahren** einzuführen, deren erstes Attribut den Roboteridentifikator beschreibt und deren zweites Attribut die zugeordnete Menge von verfahrbaren Bahnen repräsentiert.

- $B$ ist n:m Beziehung

  Die Abbildung erfolgt wie im Fall 2a.

3. $B \subseteq E_1 \times E_2$, $E_1, E_2$ sind durch Datenbankdatentypen repräsentiert.

   Da das Entwurfskonzept für Datenbankdatentypen die Beziehungstypen explizit berücksichtigt, ist zu erwarten, daß dieser Fall nur selten auftritt. Dennoch ist er bei der Abbildung auf das Schema zu berücksichtigen. Wie für den Fall 2 bereits ausgeführt wurde, ist in der Phase des Schemaentwurfs keine Änderung der DBDT-Spezifikation erlaubt. Daher sind Zusammenfassungen von Relationen oder Abbildungen von Beziehungen auf Attribute eines einen DBDT repräsentierenden Entitytyps nicht möglich. Demzufolge muß für eine Beziehung, an der zwei Datenbankdatentypen beteiligt sind, generell eine Relation eingeführt werden, deren Tupel als Attribut die Schlüsselattribute der beteiligten Entitytypen erhalten.

   In unserer Beispielmodellierung treten zwei Fälle von Beziehungstypen zwischen durch Datenbankdatentypen repräsentierten Entitytypen auf, nämlich die Beziehungstypen **ist anschliessbar** und **gegriffenes Objekt**, womit sich also zwei weitere Relationen ergeben.

4. $B \subseteq E_1 \times E_2$, $E_1, E_2$ sind einfache Entitytypen

   (a) $B$ ist 1:1 Beziehung

   Die Abbildung kann wie im flachen relationalen Modell durch Zusammenfassung der aus den Entitytypen hervorgegangenen Relationen erfolgen.

   (b) $B$ ist n:1 Beziehung

   Hier können ebenfalls die Regeln für die Abbildung auf das flache relationale Modell angewendet werden, was wie im Fall der 1:1 Beziehung zu einer Zusammenfassung zu einer Relation führt.

   (c) $B$ ist 1:n Beziehung

   Die Abbildung erfolgt wie im Fall 1a.

   (d) $B$ ist n:m Beziehung

   Die Abbildung erfolgt wie im Fall 1a

Unter Berücksichtigung der Abbildungsvorschriften ergeben sich nun die folgenden modifizierten bzw. zusätzlichen Relationenschemata:

```
CREATE umwelt_relation
  {[ name        :  string(16),
     modellierer :  string(16),
     datum       :  date,
     laenge      :  real,
     breite      :  real,
     hoehe       :  real,
     objekte     :  {[o_id:  string(16)]},
     roboter     :  {[r_id:  string(16)]}
  ]}
END

CREATE bahnen
  {[traj_name:  string(16),
    segmente:  <20 [greif_obj:  string(16),
                    greif_code:  integer,
                    punkte:  <[achs_gelenkwerte: achs_stellung,
                               eff_gelenkwerte:  eff_stellung
                              ]>
                   ]>,
    wird_verfahren_von:  string(16)
  ]}
END

CREATE kann_fahren
  {[roboter :  string(16),
    bahnen  :  {[bahn_id:  string(16)]}
  ]}
END

CREATE roboteri_objekti
  {[roboter :  string(16),
    objekt  :  string(16)
  ]}
END

CREATE anschliessbar
  {[roboter :  string(16),
    effektor:  string(16)
  ]}
END
```

Wie das Beispiel zeigt, ergibt sich bei einer geringeren Inanspruchnahme der Möglichkeit der Modellierung komplexer Objekte mittels benutzerdefinierter Datentypen eine deutlich höhere Anzahl von Relationen. Hierfür gibt es verschiedene Ursachen. Zum einen schränken die vordefinierten logischen Informationseinheiten die Freiheitsgrade beim Entwurf der Relationenschemata ein. Das zeigt sich besonders dort, wo Beziehungstypen nicht als Teil der Datenbankdatentypen modelliert wurden. Dadurch können bei redundanter ER-Modellierung auch Verschiebungen auftreten. Beispielsweise wurde in der ursprünglichen Modellierung der Beziehungsstyp **wird verfahren von** nicht explizit abgebildet, da die entsprechende Information aus dem den Beziehungstyp **kann fahren** repräsentierenden Attribut des DBDT *roboter_i* abgeleitet werden kann. In der oben beschriebenen Modellierung bietet es sich jedoch an, die Beziehung **wird verfahren von** explizit zu modellieren und ggf. die Relation **kann_fahren** zu streichen. Zum anderen berücksichtigen die beschriebenen Abbildungsvorschriften nur komplexe Objektstrukturen, die direkt aus der Semantik des ER-Diagramms ableitbar sind, also gerade die hierarchischen Strukturen. Implizit beschriebene Abhängigkeiten, wie etwa die Existenzabhängigkeiten zwischen der Umwelt und den dynamischen Roboter- bzw. Objektbeschreibungen, können nicht berücksichtigt werden.

Die in diesem Abschnitt aufgezeigte Methode zum Entwurf von Relationenschemata in $R^2D^2$ hat zum Ziel, komplexe Objekte der Miniwelt möglichst natürlich auf Strukturen des erweiterten $NF^2$-Modells abzubilden. Demzufolge sind die beschriebenen Abbildungsvorschriften so gewählt, daß in erster Linie die Möglichkeiten, die das Datenmodell bietet, berücksichtigt werden, wodurch der Aspekt der Vermeidung von Anomalien bei der Datenverarbeitung in den Hintergrund tritt.

Ein anderer Ansatz zum Entwurf von $NF^2$-Relationen wird in [OY87, RK87] verfolgt, wo Algorithmen zur Erzeugung von Relationen in einer Normalform für $NF^2$-Relationen, der NNF (nested normal form) vorgeschlagen werden. Die Algorithmen basieren auf der Zerlegung eines universellen Relationenschemas bezüglich funktionaler, mehrwertiger und eingebetteter mehrwertiger Abhängigkeiten. Dieser Ansatz ist für das $R^2D^2$-Datenmodell nur sehr bedingt geeeignet, da nicht gewährleistet ist, daß komplexe Objekte bzw. die als DBDT modellierten Informationseinheiten als Einheiten erhalten bleiben. Es wäre jedoch zu überprüfen, ob eine Kombination der Entwurfsmethoden bis zu einem gewissen Grad zu einer Verbesserung des Entwurfsergebnisses beitragen kann. Ein anderes Problem beim Einsatz von Normalisierungsalgorithmen stellt die Formulierung der Abhängigkeiten dar. Soll der Entwurf der Datentypen und Relationenschemata primär auch von einem Benutzerkreis durchgeführt werden, bei dem es sich nicht um Datenbankexperten handelt, stellt sich das ER-Diagramm als das geeignetere, da einfachere, Konzept dar.

Die Probleme, denen sich der Anwender beim Entwurf der Relationenschemata gegenüber sieht, ähneln in vielem denen des strukturellen DBDT-Entwurfs, da es sich in beiden Fällen um Abbildungen des ER-Modells auf das $R^2D^2$-Datenmodell handelt. Wie jedoch anhand der Abbildungsvorschriften aufgezeigt wurde, ergeben sich zum Teil größere, zum Teil aber auch geringere Freiheitsgrade bei den Entwurfsentscheidungen. Insbesondere hat es sich aber gezeigt, daß durch die Beschreibung komplexer Objekte mittels Datenbankdatentypen der Schemaentwurf ggf. sehr stark vereinfacht wird, da ein Teil des strukturellen Entwurfs schon in die Phase des strukturellen DBDT-Entwurfs vorverlegt wird.

### 4.3.6 Entwurf externer Schemata

Im klassischen Datenbankentwurf gilt, daß die Sichtweise jeder Anwendung auf die Datenbasis durch ein externes Schema beschrieben wird, während der Aufbau der Gesamtdatenbasis durch das Datenbankschema dokumentiert wird [MDL87]. Ein externes Schema für das relationale Datenmodell setzt sich aus den für den Benutzer bzw. die Benutzergruppe freigegebenen Basisrelationen und den virtuellen Relationen (Sichten) zusammen und stellt ein individuelles Fenster auf die Datenbasis dar. Es bietet zum einen die Möglichkeit, Ausschnitte aus einer Datenbasis zu bilden, zum anderen kann man durch sie der logischen Struktur der Datenbasis andere Strukturen aufprägen [LK91].

Die Erweiterung des Schemabegriffs aus Kapitel 4.1 für das voll objektorientierte $R^2D^2$-Datenmodell führt zu der Frage, wie externe Schemata in einem objektorientierten Datenmodell definiert werden können. Insbesondere gilt es zu untersuchen, ob ein Ausschnitt der Datenbasis allein über virtuelle Relationen beschrieben werden kann.

Wir wollen dieser Frage im folgenden anhand einer Anwendersicht nachgehen, die bereits in Kapitel 2.2 vorgestellt wurde. Dort wurde hinsichtlich der Roboter und Endeffektoren nicht explizit zwischen dynamischen und statischen Parametern unterschieden, sondern die in den ER-Diagrammen dargestellte Sichtweise repräsentiert die vollständige Objektbeschreibung zum Zeitpunkt $t_i$. Der Zusammenhang zwischen dynamischen und statischen Parametern der Umweltkomponenten wurde im Rahmen der Modellierung in Abschnitt 4.2 durch die Beziehungstypen `R_Instanz`, `E_Instanz`, `K_Instanz`, `A_Instanz` und `O_Instanz` mit der ihnen zugeschriebenen Vererbungssemantik dargestellt, die jedoch nicht auf das $R^2D^2$-Datenmodell abgebildet werden kann.

Eine andere Möglichkeit, diesen Zusammenhang zu erfassen, ist die Aggregation der entsprechenden Entitäten. Abbildung 4.51 stellt diese Sicht unter Berücksichtigung der Entitäten des konzeptuellen Schemas aus Kapitel 4.2 dar. Die Beschreibung der Aggregation der Entitäten stützt sich auf die Notation und Interpretation des erweiterten ER-Modells CERM (**C**omplex Object **E**ntity **R**elationship **M**odel) [DGL86]. Das ER-Diagramm ist wie folgt zu interpretieren: die Objektklassen für die statischen und dynamischen Parameter werden jeweils zu einer Klasse aggregiert. Die Beziehungen zwischen den Roboterkomponenten, die zuvor sowohl für den dynamischen als auch für den statischen Teil existierten, können nun ebenfalls zu Beziehungen zwischen den Gesamtobjekten zusammengefaßt werden. Zu beachten ist, daß CERM sowohl Beziehungen zwischen beliebigen Objektklassen als auch Beziehungen zwischen Aggregationen von Objektklassen erlaubt.

Ein erster Ansatz zur Beschreibung einer Anwendersicht in $R^2D^2$ besteht analog zum flachen relationalen Modell in der Definition einer virtuellen Relation auf der Basis des Datenbankschemas. Wir wollen im folgenden eine solche für den in Abbildung 4.52 dargestellten Ausschnitt der Aggregationssicht definieren. Abbildung 4.53 zeigt die Struktur der Basisrelationen **`effektoren`** und **`umwelten`**, aus denen die virtuelle Relation **`effektorsicht`** abgeleitet werden kann. Die Struktur, die dieser Relation aufgeprägt werden soll, ist in Abbildung 4.54 schematisch dargestellt.

Die Definition der virtuellen Relation **`effektorsicht`** erfolgt wie im Relationenmodell durch die Angabe eines in der DML gültigen Select-Auswahlausdrucks. Das bedeutet, neben Operatoren der erweiterten relationalen Algebra können auch die benutzerdefinierten Operatoren des Datenbasisschemas zur Spezifikation einer virtuellen Relation verwendet werden. Damit läßt sich nun die virtuelle Relation **`effektorsicht`**, welche die Sicht auf Endeffektoren zum Zeitpunkt $t_i$, d. h. die Instanzen mit allen ihren Eigenschaften beschreibt, wie folgt spezifizieren:

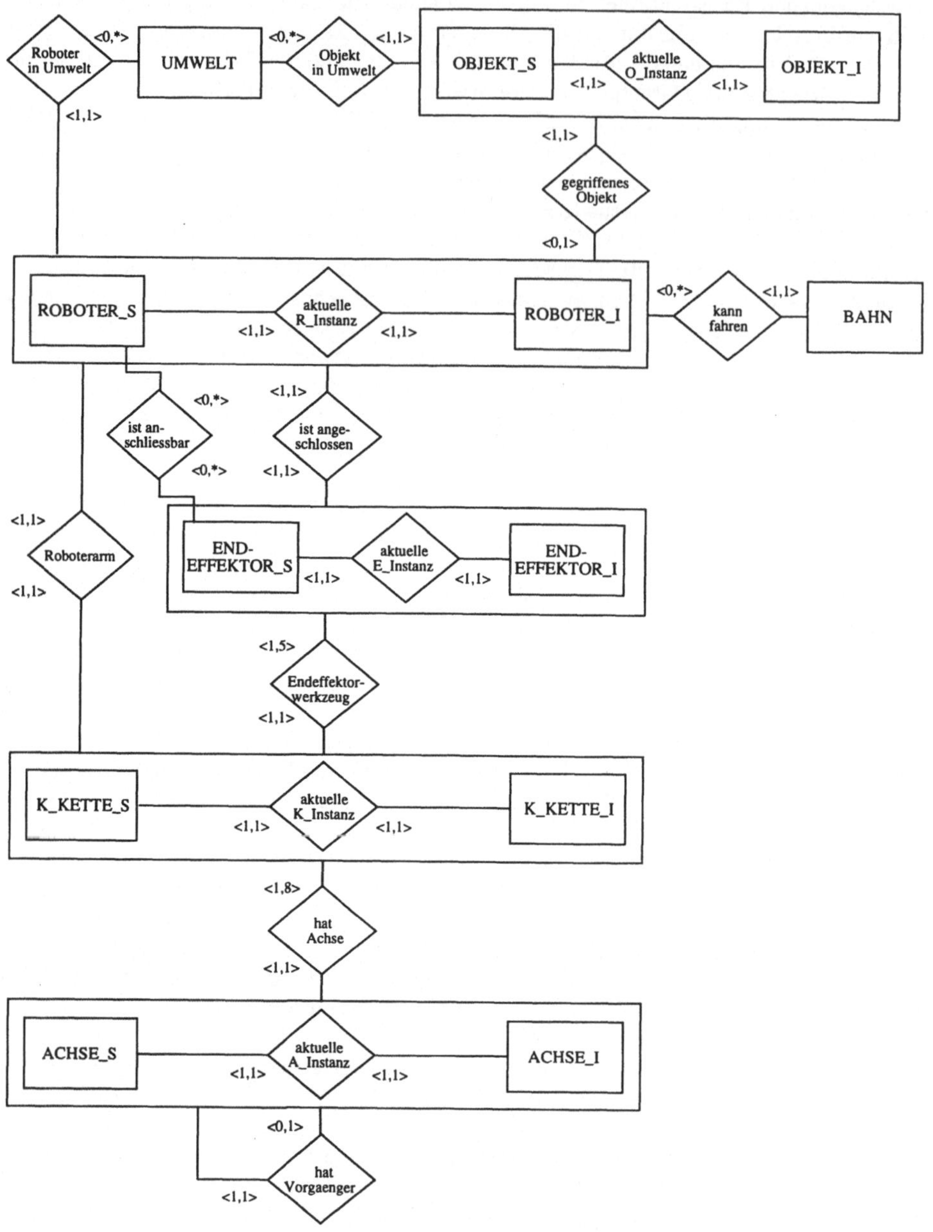


Abbildung 4.51: Aggregationssicht

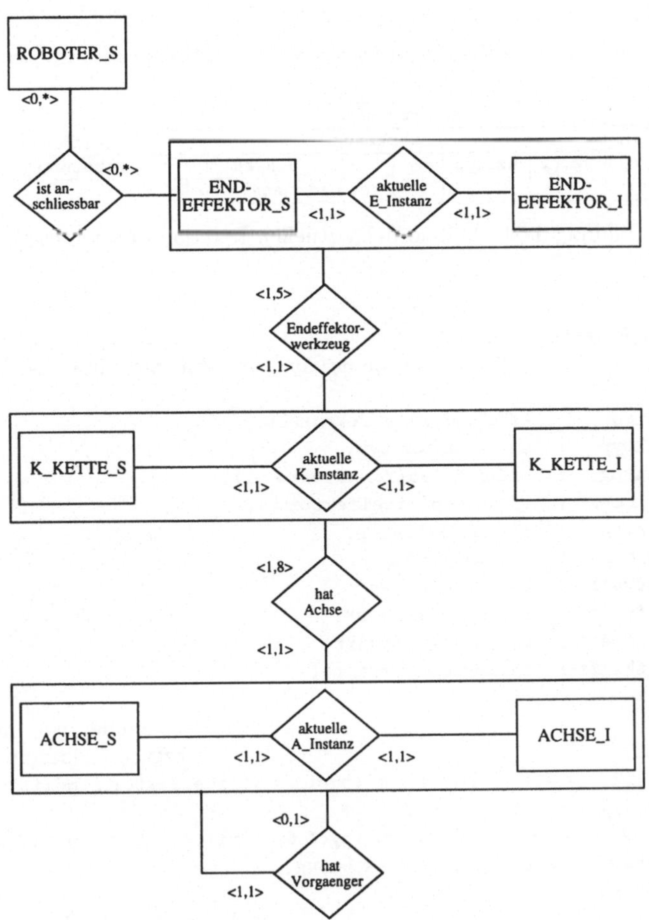


Abbildung 4.52: Endeffektorsicht

| effektoren | | | | | | | |
|---|---|---|---|---|---|---|---|
| effektor_typ | ... | werkzeuge | | | | | an_roboter |
| | | k_id | ... | achsen | | | roboter_typ |
| | | | | achs_id | ... | status | |

| umwelten | | | | | | | | |
|---|---|---|---|---|---|---|---|---|
| ... | roboter_i | | | | | | | |
| | ... | effektor_i | | | | | | |
| | | effektor_i_id | ... | akt_werkzeuge | | | | |
| | | | | k_i_id | ... | achse_i | | |
| | | | | | | achs_i_id | ... | DH_basis |

Abbildung 4.53: Aufbau der Basisrelationen **effektoren** und **umwelten**

| effektorsicht | | | | | | | | |
|---|---|---|---|---|---|---|---|---|
| effektor_id | ... | werkzeuge | | | | | | an_roboter |
| | | wz_id | wz_typ | ... | achsen | | | roboter_typ |
| | | | | | achs_id | achs_typ | ... | |

Abbildung 4.54: Aufbau der virtuellen Relation **effektorsicht**

```
DEFINE VIEW effektorsicht AS
                          /* Aggregation der dyn. und stat. Sicht bzgl. des Endeffektors */
SELECT
  [effektor_id    :  eff_i_id(ri.effektor_i),
   effektor_typ   :  es.effektor_typ,
   akt_oeffnung   :  eff_i_offen(ri.effektor_i),
   eff_tcp_frame  :  eff_i_tcp(ri.effektor_i),
   max_oeffnung   :  es.max_oeffnung,
   init_eff_tcp   :  es.init_eff_tcp,
   min_greifwert  :  es.min_greifwert,
   max_greifwert  :  es.max_greifwert,
   init_greifwert :  es.init_greifwert,
   max_greifkraft :  es.max_greifkraft,
   werkzeuge:
                                          /* Aggregation der dyn. und stat. Sicht
     (SELECT                                      bzgl. der kinematischen Kette */
       [wz_id          :  kette_i_id(pget_wz_i(ri.effektor_i,position(ks))),
        wz_typ         :  ks.k_id,
        finger_bezug   :  wz_i_bezug(pget_wz_i(ri.effektor_i,position(ks))),
        basis_k_bezug  :  ks.basis_k_bezug,
        achsen:
                                          /* Aggregation der dyn. und stat. Sicht
         (SELECT                                               bzgl. der Achsen */
           [achs_id          :  achse_i_id(pget_achse_i
                                              (pget_wz_i(ri.effektor_i,
                                                          position(ks))),
                                              position(as)),
            achs_typ         :  as.achs_id,
            typ_fhg          :  as.typ_fhg,
```

```
        akt_gelenkwert    :  akt_gwert(pget_achse_i
                                       (pget_wz_i(ri.effektor_i,
                                                  position(ks))),
                                       position(as)),
        max_gelenkwert    :  as.max_gelenkwert,
        min_gelenkwert    :  as.min_gelenkwert,
        null_gelenkwert   :  as.null_gelenkwert,
        akt_geschwind     :  akt_geschwind(pget_achse_i
                                           (pget_wz_i(ri.effektor_i,
                                                      position(ks))),
                                           position(as)),
        akt_beschleun     :  akt_beschleun(pget_achse_i
                                           (pget_wz_i(ri.effektor_i,
                                                      position(ks))),
                                           position(as)),
        max_geschwind     :  as.max_geschwind,
        max_beschleun     :  as.max_beschleun,
        DH_matrix         :  DH_matrix(pget_achse_i
                                       (pget_wz_i(ri.effektor_i,
                                                  position(ks))),
                                       position(as)),
        DH_basis          :  DH_matrix(pget_achse_i
                                       (pget_wz_i(ri.effektor_i,
                                                  position(ks))),
                                       position(as)),
        dh_param          :  as.dh_param,
        status            :  as.status
       ]
      FROM as IN ks.achsen
      WHERE as.achs_id = a_instanz(pget_achse_i
                                   (pget_wz_i(ri.effektor_i,
                                              position(ks))),
                                   position(as))
    )                                          /* Ende Achsenaggregation */
  ]
 FROM ks IN es.werkzeuge
 WHERE ks.k_id = k_instanz(pget_wz_i(ri.effektor_i,position(ks)))
     ),                                    /* Ende Aggregation kin. Ketten */
   an_roboter     :  es.an_roboter
  ]
 FROM es IN effektoren,
      ri IN u.roboter,
      u  IN umwelten
 WHERE e_instanz(ri.effektor_i) = es.effektor_typ
```

Die so spezifizierte virtuelle Relation beschreibt nachweislich den gewünschten Ausschnitt der Datenbasis in der in Abbildung 4.54 dargestellten Struktur. Jedoch wird hierfür ein hoher Preis bezahlt, der bei näherer Betrachtung der folgenden durch die `DEFINE VIEW`-Anweisung implizit festgelegten Deklaration der Relation `effektorsicht` deutlich wird.

```
CREATE effektorsicht
  {[effektor_id     :  string(16),
    effektor_typ    :  string(16),
    akt_oeffnung    :  real,
    eff_tcp_frame   :  frame,
    max_oeffnung    :  real,
    init_eff_tcp    :  frame,
    min_greifwert   :  real,
    max_greifwert   :  real,
    init_greifwert  :  real,
    max_greifkraft  :  real,
    werkzeuge:
      {[wz_id          :  string(16),
        wz_typ         :  string(16),
        finger_bezug   :  frame,
        basis_k_bezug  :  frame,
        achsen:
          {[achs_id          :  string(16),
            achs_typ         :  string(16),
            typ_fhg          :  fhg_id,
            akt_gelenkwert   :  real,
            max_gelenkwert   :  real,
            min_gelenkwert   :  real,
            null_gelenkwert  :  real,
            akt_geschwind    :  real,
            akt_beschleun    :  real,
            max_geschwind    :  real,
            max_beschleun    :  real,
            DH_matrix        :  dh_matrix,
            DH_basis         :  dh_matrix,
            dh_param         :  dh_parsatz,
            status           :  string(16)
          ]}
      ]},
    an_roboter:
      {[roboter_typ:  string(16)]}
  ]}
END
```

Während die Achsen, kinematischen Ketten und Effektoren im Datenbankschema durch Datenbankdatentypen als logische Informationseinheiten repräsentiert werden, bilden sie in der virtuellen Relation keine eigenständigen Informationseinheiten sondern werden allein strukturell nachgebildet. Somit ist es auch nicht möglich, auf die entsprechenden Instanzen des generierten Datenbasisausschnitts über benutzerdefinierte Operationen zuzugreifen. Das bedeutet, in der Anwendersicht geht die Objektorientierung fast vollständig verloren.

Zur Beschreibung einer objektorientierten Anwendersicht ist das Konzept der virtuellen Relationen also offensichtlich nicht ausreichend. Es ist vielmehr notwendig, als Basis für die implizite Deklaration der virtuellen Relation, die logischen Informationseinheiten, durch die die Anwendersicht beschrieben werden kann, zu identifizieren. Diese müssen wiederum als Datenbankdatentypen mitsamt ihrer Struktur und ihren Operationen vereinbart werden. Das bedeutet, für den Entwurf einer Anwendersicht sind die verschiedenen Phasen des DBDT-Entwurfs zu durchlaufen.

Abbildung 4.55 zeigt die Informationseinheiten der Endeffektorsicht, die gerade den Aggregationsklassen aus Abbildung 4.52 entsprechen, d. h. es ergeben sich hieraus die Datenbankdatentypen *achse*, *kkette* und *endeffektor*. Als Operationen für diese logischen Informationseinheiten sollen nur Zugriffsoperationen vereinbart werden. Die Ursache hierfür ist darin zu sehen, daß die Datenbankdatentypen als Sicht dienen sollen, und sich somit das aus relationalen Datenbanksystemen bekannte Problem der Sichtenänderung ergibt. Dieses Problem soll hier nicht ausführlicher diskutiert werden. An dieser Stelle sei nur darauf hingewiesen, daß es mit der Einführung benutzerdefinierter Operationen komplexer wird als im relationalen Datenmodell, da bei Updates auf Sichten nun die Änderungssemantik der Operationen bekannt sein muß (vgl. auch Kapitel 3.2.3). Der konzeptuelle operationale Entwurf führt somit auf folgende Operationen:

```
a_id:  achse → str16
a_typ:  achse → str16
a_typ_fhg:  achse → fhg_id
a_gwert:  achse → real
a_max_gwert:  achse → real
a_min_gwert:  achse → real
a_null_gwert:  achse → real
a_geschwind:  achse → real
a_beschleun:  achse → real
a_max_geschwind:  achse → real
a_max_beschleun:  achse → real
a_DH_matrix:  achse → dh_matrix
a_DH_basis:  achse → dh_matrix
a_dh_param:  achse → dh_parsatz
a_status:  achse → str16

wz_id:  kkette → str16
wz_typ:  kkette → str16
k_finger_bezug:  kkette → frame
k_basis_bezug:  kkette → frame
folgeachse:  kkette × str16 → achse
vorgaenger:  kkette × str16 → achse
anz_achsen:  kkette → integer
k_achsen:  kkette → list of achse
get_achse:  kkette × str16 → achse
pget_achse:  kkette × integer → achse
pos_achse:  kkette × str16 → integer
```

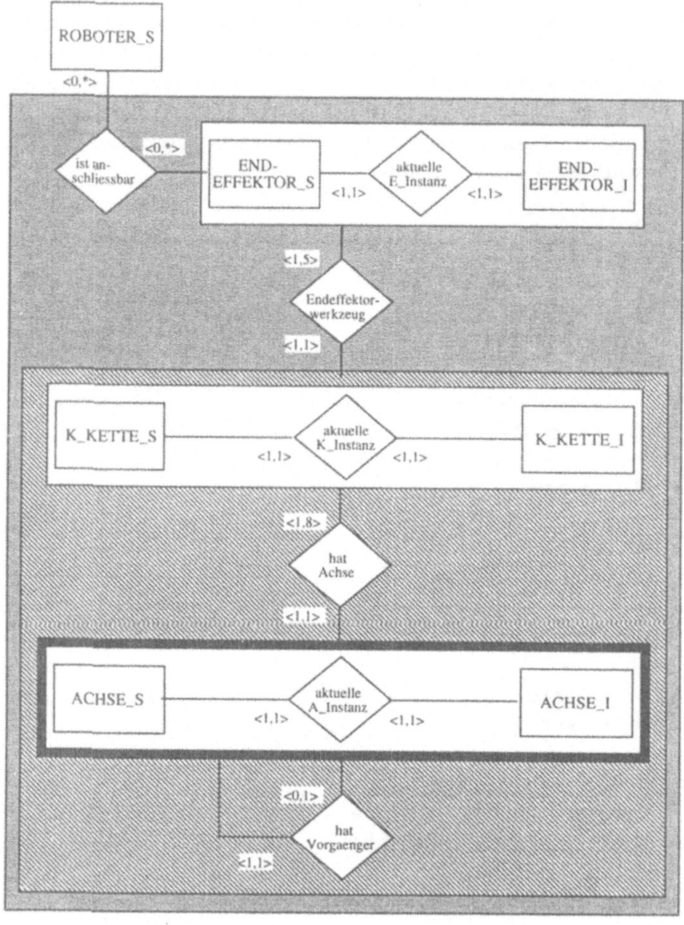


Abbildung 4.55: Logische Struktur der Informationseinheiten *achse*, *kkette* und *endeffektor*

```
e_id:  endeffektor → str16
eff_s_typ:  endeffektor → str16
e_offen:  endeffektor → real
e_tcp:  endeffektor → frame
e_max_offen:  endeffektor → real
e_init_tcp:  endeffektor → frame
e_min_gwert:  endeffektor → real
e_max_gwert:  endeffektor → real
e_init_gwert:  endeffektor → real
e_kraft:  endeffektor → real
get_wz:  endeffektor × str16 → kkette
eff_wz:  endeffektor → list of kkette
pget_wz:  endeffektor × integer → kkette
pos_wz:  endeffektor × str16 → integer
e_rob_liste:  endeffektor → str16_set
e_an_rob:  endeffektor × str16 → bool
e_anz_wz:  endeffektor → integer
```

Die Abbildung der Informationseinheiten auf $NF^2$-Strukturen kann nach den in Kapitel 4.3.3 dargelegten Kriterien erfolgen. Zur Definition der Datentypen bestehen nun jedoch verschiedene Alternativen. Die erste Alternative ergibt sich analog zur Spezifikation virtueller Relationen, indem man einen neuen Datentyp auf der Basis einer bestehenden Strukturdefinition spezifiziert. Eine derartige Möglichkeit zur Vereinbarung von Datentypen ist in [LKD+88] beschrieben. Mit Hilfe des DERIVE TYPE-Statements ist es möglich, Datentypen aus der Definition einer Relation abzuleiten. Die Syntax dieser Anweisung ähnelt der einer SELECT-Anweisung. Der Datentyp *achse*, der sich als Aggregation verschiedener Attribute der Datentypen *achse_s* und *achse_i* darstellt, kann etwa wie folgt vereinbart werden:

```
DERIVE TYPE achse AS
   [ achs_id          :  ai.achs_i_id,
     achs_typ         :  as.achs_id,
     typ_fhg          :  as.typ_fhg,
     akt_gelenkwert   :  ai.akt_gelenkwert,
     max_gelenkwert   :  as.max_gelenkwert,
     min_gelenkwert   :  as.min_gelenkwert,
     null_gelenkwert  :  as.null_gelenkwert,
     akt_geschwind    :  ai.akt_geschwind,
     akt_beschleun    :  ai.akt_beschleun,
     max_geschwind    :  as.max_geschwind,
     max_beschleun    :  as.max_beschleun,
     DH_matrix        :  ai.DH_matrix,
     DH_basis         :  ai.DH_basis,
     dh_param         :  as.dh_param,
     status           :  as.status
   ]
```

```
FROM as IN ks.achsen,
     ks IN es.werkzeuge,
     es IN effektoren,
     ai IN ki.achsen_i,
     ki IN ei.akt_werkzeuge,
     ei IN ri.effektor_i,
     ri IN u.roboter,
     u  IN umwelten
```

Der Vorteil dieses Ansatzes ist darin zu sehen, daß er zum einen sehr flexibel ist, zum anderen keine explizite Spezifikation der Pascaldarstellung eines Datentyps erfordert, da diese aus der Spezifikation der Basisrelation abgeleitet werden kann. Damit ist zugleich die Typkompatibilität zwischen der Definition des Datenbankschemas und der Anwendersicht gewährleistet. Ein gravierender Nachteil dieses Ansatzes zeigt sich jedoch, wenn man nun versucht, den Datentyp *kkette* auf dieselbe Art abzuleiten. Ebenso wie im Beispiel der eingangs erläuterten `DEFINE VIEW`-Anweisung ist es zwar möglich, die Struktur des Datentyps mittels der `DERIVE TYPE`-Anweisung festzulegen, jedoch kann dabei nicht von der Information Gebrauch gemacht werden, daß die Struktur der Objekte der Subrelation `achsen` äquivalent ist zu der des zuvor abgeleiteten Typs *achse* und demzufolge durch diesen beschrieben werden kann. Die Ursache des Problems ist darin zu sehen, daß zur Ableitung der Datentypen nur die Basisrelationen mit den ihnen als Attributdomänen zugeordneten Datentypen zur Verfügung stehen und die Spezifikation allein über die Attribute der Basisrelationen erfolgt. Zur Lösung des Problems wäre es notwendig, Datentypen nicht nur aus bestehenden Strukturen ableiten zu können, sondern umgekehrt bestehenden Strukturen nachträglich Typinformation mitzugeben.

Für die Sichtendefinition bedeutet das, daß das Konzept der abgeleiteten Datentypen nur sehr beschränkt anwendbar ist, nämlich genau dann, wenn die neu einzuführenden Datentypen nicht aufeinander aufbauen, d. h. wenn die logischen Informationseinheiten der Sicht, die nicht Bestandteil des Basisschemas sind, keine Typhierachie repräsentieren. Ein weiteres Problem bei der Ableitung von Datentypspezifikationen aus der Struktur der Basisrelationen besteht darin, daß die Einführung zusätzlicher Attribute ebenfalls nicht möglich ist. Die beiden aufgezeigten Probleme dieses Ansatzes lassen sich auch dann nicht lösen, wenn man der Typdefinition anstelle der Relationen die Datentypen des Schemas zugrunde legt, da auch hierbei die Äquivalenz zwischen bestehenden Datenstrukturen bzw. Typen und abgeleiteten Datentypen, anders als etwa bei der Sichtendefinition in relationalen Systemen, nicht permanent, sondern nur zum Deklarationszeitpunkt bekannt ist.

Daher kann auf eine explizite strukturelle Definition der Informationseinheiten der Anwendersicht, die den dritten Lösungsansatz darstellt, nicht verzichtet werden. Die Informationseinheiten *kkette* und *endeffektor* müssen somit wie folgt vereinbart werden:

```
DECLARE TYPE kkette
  [ wz_id          :  string(16),
    wz_typ         :  string(16),
    finger_bezug   :  frame,
    basisk_bezug   :  frame,
    achsen         :  <8 achse> ]
```

```
PASCAL REPRESENTATION:
kkette.wz_id :  DENSE,
kkette.wz_typ:  DENSE
END

DECLARE TYPE endeffektor
  [ effektor_id    :  string(16),
    effektor_typ   :  string(16),
    akt_oeffnung   :  real,
    eff_tcp_frame  :  frame,
    max_oeffnung   :  real,
    init_eff_tcp   :  frame,
    min_greifwert  :  real,
    max_greifwert  :  real,
    init_greifwert :  real,
    max_greifkraft :  real,
    werkzeuge      :  <5 kkette >,
    an_roboter:
       { [ roboter_typ:  string(16) ] }
  ]
PASCAL REPRESENTATION:
endeffektor.effektor_id                :  DENSE,
endeffektor.effektor_typ               :  DENSE,
endeffektor.werkzeuge                  :  DENSE,
endeffektor.an_roboter$.roboter_typ :  DENSE
END
```

Das Ergebnis des operationalen Implementationsentwurfs kann Anhang A.3 entnommen werden.

Nachdem somit die Anwendersicht durch Datenbankdatentypen und Operationen strukturell und verhaltensmäßig beschrieben ist, bleibt noch die Abbildung der Basisrelationen auf den durch die Anwendersicht bereitzustellenden Ausschnitt des Datenbasis zu beschreiben.

Entsprechend der zweistufigen Vorgehensweise bei der Spezifikation eines Datenbasisschemas, nämlich dem DBDT-Entwurf und dem Relationenentwurf, die in der Objektorientierung begründet ist, muß auch die Abbildung zwischen Schema und Anwendersicht in zwei Stufen erfolgen. Zum einen muß die Abbildung auf der Typebene beschrieben werden, das heißt, für jeden Datentyp der Anwendersicht muß festgelegt werden, wie seine Instanzen aus Instanzen von Objekttypen des Datenbankschemas hervorgehen, zum anderen muß die virtuelle Relation definiert werden.

Die Abbildung von Objekten kann operational beschrieben werden. Hierzu wird für jeden Datentyp der Anwendersicht eine Generierungsfunktion spezifiziert, die eine Instanz dieses Typs aus Objektinstanzen des Schemas sowie optional weiteren Daten erzeugt. Somit sind für die Endeffektorsicht mindestens die drei Generierungsfunktionen

```
DECLARE FUNCTION gen_achse(as:achse_s,ai:achse_i):achse
DECLARE FUNCTION gen_kkette(ks:k_kette_s,ki:k_kette_i):kkette
```

```
DECLARE FUNCTION gen_endeffektor(es:endeffektor_s,ei:endeffektor_i)
                                              :endeffektor
```

zu spezifizieren, die je eine Instanz der statischen und dynamischen Sicht zu einem Objekt der Endeffektorsicht aggregieren. Die Implementierung dieser Funktionen ist in Anhang A.5 ausführlich dargestellt.

Die Abbildung der Basisrelationen auf eine virtuelle Relation kann nun durch einen SELECT-Ausdruck beschrieben werden, der sich auf die Generierungsfunktionen abstützt. Damit ergibt sich folgende Definition der virtuellen Relation `effektorsicht`:

```
DEFINE VIEW effektorsicht AS
  SELECT gen_endeffektor(es,ri.effektor_i)
  FROM es IN effektoren,
       ri IN u.roboter,
       u  IN umwelten
  WHERE e_instanz(ri.effektor_i) = es.effektor_typ
```

Der Typ der Objekte der Relation wird in diesem Fall offensichtlich durch den Ergebnisparametertyp der Funktion `gen_endeffektor` bestimmt. Die zur impliziten Deklaration äquivalente CREATE-Anweisung ist die Anweisung

```
CREATE effektorsicht
  { endeffektor }
END
```

Wie das Beispiel der Endeffektorsicht gezeigt hat, reichen im $R^2D^2$-Datenmodell virtuelle Relationen nicht zur Spezifikation einer Anwendersicht aus, da in einem objektorientierten Modell Sichten sowohl auf der Ebene der Objekte als ggf. auch auf der Ebene der Relationen beschrieben werden können. Wir wollen daher den im relationalen Datenmodell mit dem Begriff der virtuellen Relation gleichgestellten Begriff der Sicht wie folgt neu definieren:

Eine Sicht wird im $R^2D^2$-Datenmodell durch eine virtuelle Relation, eine Menge benutzerdefinierter Datentypen und eine Menge benutzerdefinierter Operationen repräsentiert. Die Menge der Datenbankdatentypen und Operationen zu einer Sicht setzt sich aus der Teilmenge der Datenbankdatentypen und Operationen des Datenbankschemas zusammen, die die virtuelle Relation implizit beschreiben, sowie aus einer Menge anwendungsspezifischer Datenbankdatentypen und Operationen, die die logischen Informationseinheiten der Anwendersicht beschreiben. Die Abbildung des Datenbankschemas auf die Sicht wird durch eine virtuelle Relation sowie eine Menge von Funktionen zur Transformation von Objekten des Datenbankschemas in Objekte der Sicht spezifiziert.

Der Begriff des externen Schemas kann nun analog zum Relationenmodell unter Berücksichtigung des erweiterten Schemabegriffs in $R^2D^2$ folgendermaßen definiert werden: Ein externes Schema setzt sich aus den für den Benutzer bzw. die Benutzergruppe freigegebenen Basisrelationen mitsamt den zugehörigen benutzerdefinierten Datentypen und Operationen sowie den Sichten zusammen.

Die Definition externer Schemata impliziert offensichtlich die Möglichkeit der Vergabe verschiedener Zugriffsrechte für die unterschiedlichen Benutzergruppen. Diese erfolgt im flachen relationalen Modell ebenso wie in der hier angeführten Definition nur auf der

Ebene der Relationen. In $R^2D^2$ erhebt sich sofort die Frage, ob es zur Spezifikation externer Schemata sinnvoll ist, Rechte ebenfalls für Operationen zu vergeben und somit deren Anwendung durch bestimmte Benutzer einschränken.

Betrachten wir hierzu folgendes Beispiel: Ziel der Definition einer Anwendersicht sei die Bereitstellung der Informationen über die physikalischen Komponenten der dynamischen Roboterbeschreibung, d. h. der Roboter ohne die zugeordneten Bahnen und Objekte. Operational kann diese Sichtweise modelliert werden, indem eine Menge der in Abschnitt 4.3.2 für den Datentyp *bahn* entworfenen Operationen entsprechend eingeschränkt wird. Das heißt, dem Benutzer muß der Zugriff auf die Relation `umwelten` mittels der Operationen `roboter_i_obj`, `roboter_bahnen`, `kann_fahren`, `anz_bahnen` und `upd_gobj` untersagt werden.

Auf diese Art kann also eine Anwendersicht durch Einschränkung bzw. ggf. auch Erweiterung der operationalen Spezifikation modelliert werden, ohne daß die Definition einer virtuellen Relation erforderlich ist. Da $R^2D^2$ jedoch Information Hiding nur im Fall verkapselter Datentypen unterstützt, ist diese Methode der Sichtenspezifikation nur unter Modellierungsgesichtspunkten geeignet, nicht jedoch unter dem Gesichtspunkt der Zugriffskontrolle, der bei der Definition von Sichten vielfach eine bedeutende Rolle spielt.

Die Ermittlung der Daten, die im externen Schema verschiedenen Anwendergruppen zur Verfügung gestellt werden müssen, erfolgt i. a. primär auf der Basis der im konzeptuellen Datenbankentwurf entwickelten Einzelsichten. Da Anwender spezifischer Sichten vielfach auch Anwendungsprogramme sind, können sich durch diese weitere Anforderungen an Sichten ergeben. In $R^2D^2$ können Anwendungsprogramme nicht nur wie üblich die Daten, sondern ebenfalls die Datenbankdatentypen und Operationen verwenden, wodurch sich insbesondere spezifische Anforderungen an die verhaltensmäßige Modellierung von Sichten ergeben. Daraus folgt, daß neben den im konzeptuellen Entwurf ermittelten Einzelsichten auch, soweit bekannt, die Anforderungen spezieller Anwendungen beim Sichtenentwurf zu berücksichtigen sind. Die Ein- und Ausgabeparameter dieser Entwurfsphase stellen sich somit wie folgt dar:

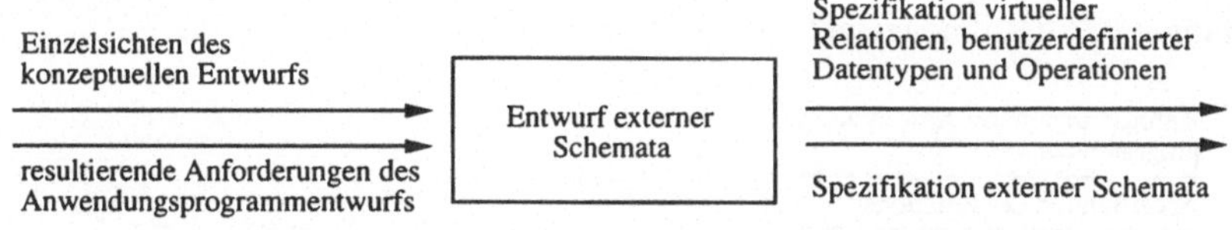


Abbildung 4.56: Entwurf externer Schemata

Zusammenfassend kann man feststellen, daß sich das $R^2D^2$-Modell orthogonal um Konzepte zum Entwurf von Sichten und externen Schemata erweitern läßt. Jedoch ist ein Sichtenentwurf auf der Basis benutzerdefinierter Datentypen und Operationen mit einem erheblichen Aufwand bzgl. der Definition neuer Typen und Operationen verbunden. Die enge Verzahnung von Datenbank- und Anwendungsprogrammentwurf erfordert vom Entwerfer zudem weitreichende Kenntnisse der Anforderungen der absehbaren Datenbankanwendungen.

## 4.4 Implementierung der Schemata

Die Implementierung des Datenbankschemas und der externen Schemata setzt sich aus zwei Aufgabenbereichen zusammen – der Deklaration von Datentypen, Operationen und (virtuellen) Relationen und der Implementierung und Migration der benutzerdefinierten Operationen.

Die Deklaration erfolgt unter Verwendung der DDL des Datenbanksystems, in AIM-P also in HDBL. Erfolgt die Spezifikation wie im Rahmen der hier durchgeführten Modellierung im Implementationsentwurf bereits unter Verwendung der DDL, so ergeben sich für den Anwender keine Probleme hinsichtlich der Formulierung der Anweisungen. Das einzige Problem kann hier in der Bestimmung der korrekten Reihenfolge der Deklaration von Typen und Operationen liegen, da jeweils nur dem System bekannte Typen und Operationen verwendet werden dürfen.

Anders als die Deklaration der Funktionen wird ihre Implementierung nicht vom Datenbanksystem unterstützt. Sie erfolgt losgelöst vom Datenbanksystem unter Verwendung von Systemwerkzeugen wie Editor und Compiler in der Programmiersprache Pascal. Jedoch unterscheidet sich die Programmierung von Datenbankfunktionen in zwei wesentlichen Merkmalen von der üblichen Pascalprogrammierung. Zum einen wird die Pascaldarstellung der zu manipulierenden Objekte durch die Definition der Datenbankdatentypen festgelegt und ist nicht an die besonderen Erfordernisse der Anwendung anpaßbar, zum anderen sind zur Speicherallokation systemspezifische Methoden anzuwenden. Somit sieht sich der Entwickler in dieser Phase im wesentlichen zwei Problemen gegenüber – der Ermittlung der benötigten Informationen über die der Implementierung zugrundeliegenden Spezifikationen sowie der korrekten Anwendung der datenbankspezifischen Konzepte.

Die Migration der Funktionen in den Datenbankkern erfolgt mittels von AIM-P bereitgestellter Werkzeuge. Das Problem dieses Konzepts besteht weniger in der Ausführung der erforderlichen Anweisungen als vielmehr darin, daß der Datenbankkern bei der Migration explizit um den Funktionscode erweitert, also recompiliert wird. Daher kommt der Gewährleistung der Korrektheit der Funktionsimplementierung eine besondere Bedeutung zu.

Die Ein- und Ausgabeparameter der Schema- und Sichtenimplementierung sind in Abbildung 4.57 zusammengefaßt.

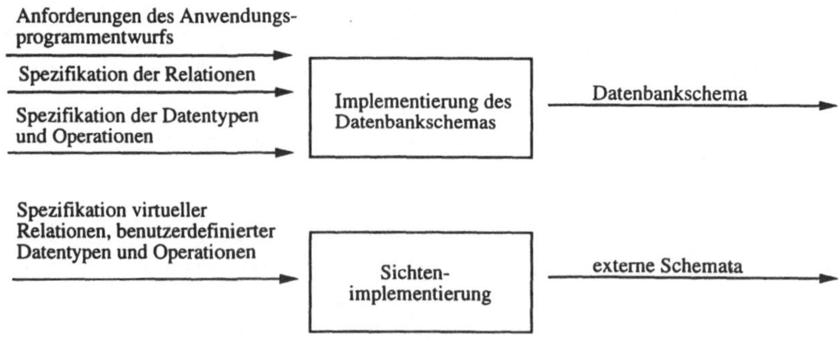


Abbildung 4.57: Implementierung von Datenbankschema und Sichten

## 4.5 Zusammenfassung

Bei dem in diesem Kapitel vorgestellten Konzept zur Modellierung von Datenbankanwendungen in $R^2D^2$ handelt es sich im wesentlichen um eine Erweiterung des auf den drei Abstraktionsebenen konzeptueller Entwurf, Implementationsentwurf and physischer Entwurf basierenden Datenbankentwurfsmodells um Methoden zum Entwurf von benutzerdefinierten Datentypen und Operationen. Hierzu wurde die Phase des Implementationsentwurfs um zwei Teilschritte erweitert – den repräsentationsunabhängigen und den repräsentationsabhängigen DBDT-Entwurf. Während der Implementationsentwurf für das relationale Datenmodell primär die Abbildung auf Datenstrukturen, d. h. auf Tupel und Relationen beinhaltet, sind im $R^2D^2$-Modell in der Phase des repräsentationsunabhängigen Entwurfs weitreichende konzeptuelle Entwurfsentscheidungen zu treffen, die jedoch auch Auswirkungen auf die Abbildung auf $NF^2$-Strukturen haben. Eine weitere Besonderheit des Implementationsentwurfs in $R^2D^2$ ist die Tatsache, daß für Datenbankdatentypen nicht nur eine Abbildung auf $NF^2$-Strukturen erforderlich ist, sondern ebenfalls auf Datenstrukturen einer Programmiersprache. Die hier getroffenen Entwurfsentscheidungen wirken sich also auch auf die Datenbankprogrammierung aus. Für den Anwender ergibt sich damit im wesentlichen das Problem, daß er auch in der Phase des Implementationsentwurfs eine Vielzahl von Entwurfsentscheidungen zu treffen hat, die die Kenntnis der Anforderungen und die der Auswirkungen voraussetzt.

Die Implementierung des Datenbankschemas bzw. des externen Schemas erfordert in $R^2D^2$ nicht nur die Deklaration sondern zusätzlich die Implementierung in einer höheren Programmiersprache sowie die Migration der Funktionen. Da diese beiden Aufgaben nicht vom Datenbanksystem unterstützt werden, ist ein besonderes Maß an Unterstützung durch die Bereitstellung von Informationen über das Datenbankschema erforderlich.

Ein letztes Problemfeld im Rahmen des Entwurfs stellen Spezifikationen dar, welche die Ein- und Ausgaben der verschiedenen Entwurfsschritte bilden, die in Abbildung 4.58 nochmals zusammengefaßt sind. Hier ist zu untersuchen, wie die ggf. doch erhebliche Menge an vom Entwerfer zu spezifizierender und zu verarbeitender Information dargestellt bzw. wie weitergehende Unterstützung gegeben werden kann.

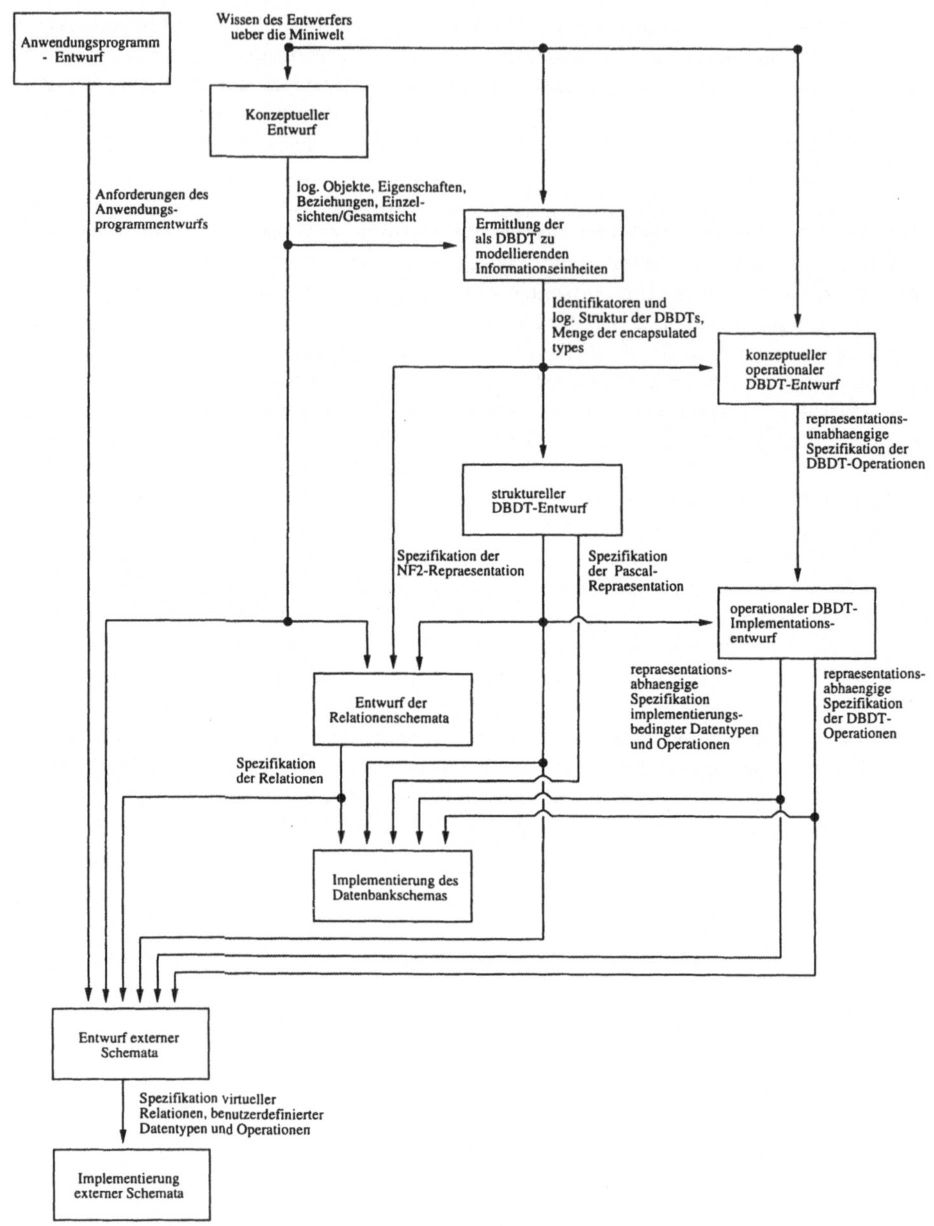


Abbildung 4.58: Phasen der Datenmodellierung in $R^2D^2$

Kapitel 5

# Entwurf objektorientierter Datenbankschemata

Im vorangegangenen Kapitel wurde entlang eines komplexen Modellierungsbeispiels ein Konzept für den Datenbankentwurf auf der Basis des $R^2D^2$-Datenmodells entwickelt. In diesem Kapitel werden die Entwurfsschritte und Entwurfskriterien zu einem modellunabhängigen Leitfaden für den Entwurf voll objektorientierter Datenbankschemata zusammengefaßt.

## 5.1 Das Gesamtmodell

Das Entwurfsmodell, das dem Leitfaden für den Entwurf objektorientierter Datenbankschemata zugrunde liegt, lehnt sich eng an klassische Datenbankentwurfskonzepte an. Ebenso wie diese, sieht das vorliegende Modell im wesentlichen die vier Entwurfsphasen vor:

- die Informationsbedarfsanalyse
- den konzeptuellen Entwurf
- den Implementationsentwurf
- den physischen Entwurf

Der grundlegende Unterschied zu klassischen Entwurfsmethoden besteht in der Berücksichtigung der Konzepte objektorientierter Datenmodelle, die insbesondere eine Erweiterung des konzeptuellen und des Implementationsentwurfs erfordern. Betrachten wir daher nochmals die hier zugrunde gelegte Definition des Begriffs der Objektorientierung. Nach [Dit86, Dit88] ist ein Datenmodell *strukturell objektorientiert*, wenn es die Möglichkeit bietet, komplex strukturierte Entitäten als Objekte darzustellen und über generische Operatoren zu manipulieren. Es ist *verhaltensmäßig objektorientiert*, wenn es die Definition typspezifischer Operationen für einfache Datentypen wie atomare Datentypen oder Recordtypen unterstützt. Für die *volle Objektorientierung* ist zusätzlich zur strukturellen und verhaltensmäßigen Objektorientierung gefordert, daß Operationen nicht nur für einfache, sondern auch für komplexe Objekttypen des strukturell objektorientierten Modells definiert werden können.

Legt man dem Entwurfskonzept diese Definition zugrunde, so folgt daraus, daß der konzeptuelle Entwurf die Möglichkeit bieten muß, komplexe Objekte und deren Verhalten zu spezifizieren und der Implementationsentwurf die Abbildung auf ein konkretes objektorientiertes Datenmodell unterstützen muß. Zusätzlich zur Ermittlung eines objektorientierten Datenbasisschemas muß das Entwurfskonzept die Bestimmung objektorientierter

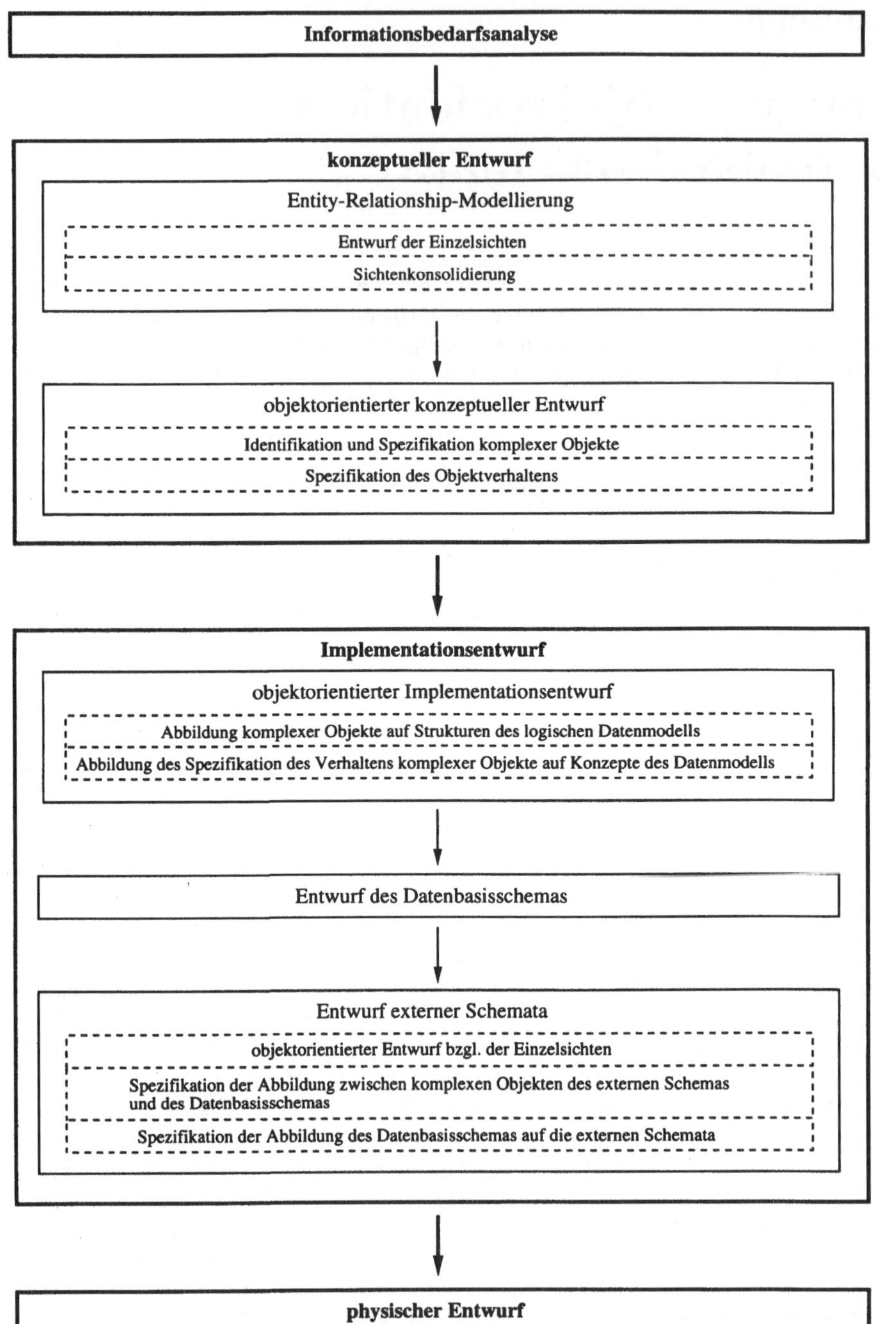


Abbildung 5.1: Phasen des Entwurfs objektorientierter Datenbankschemata

externer Schemata berücksichtigen. Abbildung 5.1 gibt eine Übersicht über die verschiedenen Phasen des objektorientierten Datenbankentwurfs, die in den folgenden Abschnitten ausführlicher erläutert werden.

## 5.2 Informationsbedarfsanalyse

Ziel der Informationsbedarfsanalyse ist es, die Anforderungen an den Informationsgehalt und die Verarbeitung der zu entwerfenden Datenbasis zu ermitteln. Die hierzu eingesetzten Methoden sind vollständig unabhängig vom Datenmodell, das einer späteren Realisierung zugrunde gelegt wird, und sollen daher an dieser Stelle nicht diskutiert werden. Verschiedene Verfahren zur Ermittlung der Anforderungsprofile werden in [MDL87, TF82] aufgezeigt.

Im Hinblick auf die Entwicklung ingenieurwissenschaftlicher Anwendungen ist anzumerken, daß im Vergleich zu traditionellen Datenbankanwendungen komplexere Sachverhalte zu untersuchen sind. So erfolgt insbesondere die Verarbeitung der persistenten Daten i. a. nicht Online als Folge verschiedener Einzelaktionen, sondern es handelt sich hierbei oftmals um ein vielschichtiges Anwendungsprogramm. Hierdurch wird die Informationsbedarfsanalyse zum Teil erheblich erschwert.

## 5.3 Konzeptueller Datenbankentwurf

Im traditionellen Datenbankentwurf werden in der Phase des konzeptuellen Entwurfs die Einzelsichten der verschiedenen Anwendergruppen unter Verwendung eines semantischen Datenmodells beschrieben und konsolidiert. Das Ergebnis bildet somit die Spezifikation aller Objekttypen mit ihren Beziehungen und Eigenschaften, deren Instanzen in der Datenbasis gespeichert werden sollen. Die in dieser Phase durchgeführte Modellierung ist in der Regel vollständig unabhängig vom logischen Datenmodell. Die im folgenden beschriebene Methodik setzt ebenfalls kein konkretes logisches Datenmodell voraus, geht jedoch von der Abbildung auf ein voll objektorientiertes Datenmodell aus.

Der konzeptuelle Entwurf kann nun, wie in Abbildung 5.1 dargestellt, im wesentlichen in zwei Teilschritten erfolgen – der semantischen Modellierung auf der Basis der Entity-Relationship-Modells und dem objektorientierten konzeptuellen Entwurf. Beide Entwurfsschritte werden in den zwei folgenden Abschnitten näher erläutert.

### 5.3.1 Entity-Relationship-Modellierung

Die Entity-Relationship-Modellierung für den Entwurf objektorientierter Datenbasisschemata erfolgt analog zum traditionellen konzeptuellen Entwurf. Aufgrund der Prämisse, daß eine spätere Abbildung auf ein objektorientiertes Datenmodell durchgeführt wird, können jedoch zwei zusätzliche Annahmen gemacht werden:

1. Die Wertebereiche der Attribute sind nicht zwingend atomar.

2. Die Spezifikation von Schlüsselattributen ist nicht zwingend erforderlich.

Der semantische Entwurf jeder Einzelsicht mittels des Entity-Relationship-Modells erfolgt nun in fünf Teilschritten:

- Bestimmung der Entitytypen
- Bestimmung der Attribute und ihrer Wertebereiche
- Identifikation von Primärschlüsseln für Entitytypen (optional)
- Bestimmung der Beziehungstypen
- Identifikation weiterer semantischer Information, die durch Beziehungstypen impliziert wird

Bei der im letzten Punkt genannten weiteren semantischen Information kann es sich beispielsweise um die detaillierte Spezifikation von Kardinalitäten oder weiterer Charakteristika wie Optionalität oder Hierarchien handeln.

Die Frage, welche Information über die Miniwelt durch welches Konzept des ER-Modells am besten dargestellt werden kann, ist nur schwer zu beantworten. Als mögliche Entscheidungskriterien gibt [TF82] eine weitestgehend natürliche und redundanzfreie Modellierung an. Da es sich hierbei jedoch um kein spezifisches Problem des objektorientierten Entwurfs handelt, wird auf eine ausführliche Diskussion des Problems an dieser Stelle verzichtet.

Der zweite Schritt der semantischen Modellierung besteht in der Konsolidierung der verschiedenen Einzelsichten. Hinsichtlich der möglichen Konsolidierungstechniken sei auf die diesbezügliche Literatur, beispielsweise [TF82] verwiesen.

Das Ergebnis der Entity-Relationship-Modellierung bilden die ER-Diagramme und weitere Spezifikationen semantischer Informationen der Einzelsichten sowie das konsolidierte ER-Diagramm. Das konsolidierte ER-Diagramm stellt zusammen mit der zugehörigen Zuatzinformation zugleich die Eingabe für die zweite Phase des konzeptuellen Entwurfs, den objektorientierten konzeptuellen Entwurf, dar.

### 5.3.2 Objektorientierter konzeptueller Entwurf

Ziel dieses Entwurfsschritts sind die Identifikation und Spezifikation logischer Informationseinheiten, die durch Objekttypen repräsentiert werden sollen, sowie die operationale Spezifikation des Objektverhaltens.

Ebenso wie bei der vorangegangenen Modellierung der Diskurswelt mittels einfach strukturierter Entitytypen ist zuerst die Frage nach den Entwurfskriterien für Objekttypen zu kären. Einen ersten Ansatzpunkt stellt hier wiederum das Ergebnis der Informationsbedarfsanalyse dar. Dieses kann unter anderem Aufschluß darüber geben, welche Informationseinheiten

- Einheiten der Manipulation bilden,
- durch spezifisches Verhalten gekennzeichnet sind oder
- Konsistenzklassen bilden.

Insbesondere in technischen Anwendungen ist weiterhin die Frage von Interesse, ob für bestimmte Informationsstrukturen in der jeweiligen Anwendungswelt bereits einheitliche

Beschreibungsformen existieren (Beispiel: Modelle zur graphischen Repräsentation geometrischer Körper). Um genauere Entwurfskriterien und eine Entwurfsmethode für komplexe Objekttypen auf der Basis der ER-Modellierung zu entwickeln ist es erforderlich, einige Vereinbarungen bzgl. des Implementationsmodells zu treffen.

Eine wesentliche Annahme, die in der Phase des objektorientierten konzeptuellen Entwurfs im Hinblick auf das logische Datenmodell, auf das die komplexen Objekte abgebildet werden, gemacht wird, ist das Fehlen von Beziehungstypen. Diese Annahme hat zur Folge, daß die Eigenschaften der im konzeptuellen Entwurf spezifizierten Objekte im Implementationsentwurf vollständig mittels der generischen Typkonstruktoren des logischen Datenmodells bzw. operational realisiert werden müssen. Eine weitere Prämisse besagt, daß das logische Datenmodell ausreichend mächtig sein muß, um einerseits alle Konzepte des ER-Datenmodells in geeigneter Weise zu repräsentieren, andererseits eine 1:1 Abbildung der im objektorientierten konzeptuellen Entwurf ermittelten Objekttypen zu gewährleisten. Eine letzte Annahme, die getroffen werden soll ist die, daß die Objektorientierung ein Basiskonzept des logischen Datenmodells oder aber eine orthogonale Erweiterung des zugrunde liegenden Modells darstellt. Daraus folgt, daß komplexe und atomare Objekttypen in gleicher Weise verwendet werden können, also komplexe Objekttypen sich einerseits aus anderen einmal definierten Objekttypen zusammensetzen können, andererseits aber auch einfach strukturierte Informationseinheiten typisiert werden können.

### Identifikation und Spezifikation der Objekttypen

Im Rahmen dieser Entwurfsphase werden aus dem konsolidierten ER-Diagramm die Objekttypen ermittelt, die im logischen Datenmodell als strukturelle Einheit realisiert und als solche operational beschrieben werden sollen. Einen ersten Ansatzpunkt hierzu stellen die Entitäten selbst dar, die per Definition Objekte der Anwendungswelt beschreiben. Ebenso können Attribute, die die Eigenschaften der Entitytypen beschreiben, logische Informationseinheiten mit typspezifischem Verhalten repräsentieren. Letztendlich können komplexe Objekttypen durch die Zusammenfassung von Entity- und Beziehungstypen dargestellt werden.

Für eine systematische Methode zur Ermittlung der Objekttypen bietet sich eine bottom-up Vorgehensweise von einfach strukturierten Objekten hin zu komplexen Objekttypen an. Im ersten Schritt sind demzufolge die Attributdomänen daraufhin zu untersuchen, ob sie einem oder mehreren der oben genannten vier Entwurfskriterien genügen und somit als eigenständige Informationseinheiten anzusehen und zu modellieren sind. Ein derartiger Objekttyp wird durch seinen Namen und seine interne Repräsentation spezifiziert.

Attribute beschreiben Eigenschaften eines Entitytyps. Vielfach lassen sie sich zu einer Konsistenzklasse oder einer Klasse mit gemeinsamen, im ER-Modell nicht ausdrückbaren Charakteristika zusammenfassen. Derartige Klassenbildungen werden im zweiten Schritt des objektorientierten konzeptuellen Entwurfs berücksichtigt, indem Objekttypen als Aggregation verschiedener Attribute eines Entitytyps vereinbart werden können. Ein Aggregationsobjekt wird wiederum durch einen Identifikator sowie die Angabe des Entity- und der Attributnamen spezifiziert. Eine Aggregation von Attributen verschiedener Entitytypen ist nicht zulässig, da Entitytypen per Definition logische Objekte darstellen, deren Aufsplittung in dieser Entwurfsphase nicht sinnvoll erscheint.

Im dritten Entwurfsschritt sind alle Entitytypen daraufhin zu untersuchen, ob sie im objektorientierten Datenmodell zwingend als logische Einheiten realisiert werden sollen. Das wichtigste Entscheidungskriterium ist hier die Frage, ob die Attribute eines Entitytyps zur vollständigen Charakterisierung eines Objekttyps ausreichend sind, oder ob ein solcher sich erst in Kombination mit den Beziehungstypen und ggf. den hierüber zugeordneten Entitytypen ergibt. Ein aus einem Entitytyp hervorgegangener Objekttyp kann durch den Namen des Objekttyps und falls davon abweichend den Namen des Entitytyps beschrieben werden.

Der vierte und letzte Entwurfsschritt beinhaltet die Spezifikation komplexer Objekttypen, die sich aus Beziehungs- und Entitytypen zusammensetzen. Hinsichtlich der Möglichkeiten, einen derartigen komplexen Objekttyp zu spezifizieren, lassen sich zwei Fälle unterscheiden:

1. Der komplexe Objekttyp setzt sich aus genau einem Entitytyp oder komplexem Objekttyp und einer beliebigen Anzahl von Beziehungstypen zusammen.

2. Der komplexe Objekttyp setzt sich aus einer beliebigen Anzahl von Entity- oder komplexen Objekttypen und Beziehungstypen zusammen.

Im ersten Fall kann die Spezifikation des Objektyps durch die Angabe eines Identifikators und der Namen der Entity- bzw. Objekttypen sowie der Beziehungstypen, aus denen er sich zusammensetzt, erfolgen. Hinsichtlich der Beziehungstypen ist zu beachten, daß sie an weiteren Objekttypspezifikationen beteiligt sein können. Im zweiten Fall kann die Spezifikation analog erfolgen. Bei der Konkatenation von Entity- und Beziehungstypen ist jedoch zusätzlich folgende Randbedingung zu beachten: ist $B$ eine Beziehungstyp $B \subseteq E_1 \times E_2$, und gehen sowohl $E_1$ als auch $E_2$ direkt oder indirekt, d. h. als Bestandteil eines weiteren komplexen Objekttyps in die Objekttypspezifikation ein, dann muß auch $B$ Bestandteil des betreffenden Objekttyps sein.

Durch die sequentielle Anwendung dieser vier Entwurfsschritte ist es möglich, ausgehend von den oben genannten Entwurfskriterien und dem konsolidierten ER-Diagramm alle aus der Semantik der Diskurswelt resultierenden komplexen Objekttypen bottom-up unter Berücksichtigung der in den vorangegangenen Teilschritten ermittelten Objekttypen zu spezifizieren.

### Spezifikation des Objektverhaltens

Die zweite Phase des objektorientierten konzeptuellen Entwurfs stellt die Spezifikation des Objektverhaltens, d. h. der Entwurf typspezifischer Operationen für die zuvor ermittelten Objekttypen, dar. Typspezifische Operationen beschreiben zum einen Eigenschaften eines Objekttyps, zum anderen deren Änderungssemantik. In dem hier vorgeschlagenen Entwurfsmodell wird ein Teil der Objekttypeigenschaften bereits im ER-Diagramm beschrieben. Somit stellt diese zusammen mit der Spezifikation der Objekttypen einen ersten Ansatzpunkt zur Ermittlung der typspezifischen Operationen dar. Jedoch lassen sich nicht alle Eigenschaften eines Objekttyps durch Attribut- oder Beziehungstypen des ER-Diagramms beschreiben. Hierzu gehören etwa Eigenschaften, die Objekttypen aufgrund des der Anwendung zugrunde gelegten funktionalen Modells besitzen, sowie die Änderungssemantik von Objekttypen. Es bietet sich somit an, den Entwurf der typspezifischen Operationen zu einem Objekttyp in folgende drei Teilschritte zu zerlegen:

1. Operationale Spezifikation der in der Phase der ER-Modellierung und Objektidentifikation ermittelten Objekteigenschaften

   Die Eigenschaften eines Objekttyps werden durch die Eigenschaften der Attribute, Attributgruppen, Entitytypen und Beziehungstypen repräsentiert, aus denen sich ein komplexes Objekt zusammensetzt. Somit ergeben sich in diesem Entwurfsschritt primär Operationen, die den Zugriff auf Objektkomponenten realisieren und den logischen Aufbau eines Objekts operational beschreiben. Weiterhin sind die Eigenschaften von Beziehungstypen wie Minimal- und Maximalkardinalitäten, Optionalität, Hierarchiebildung oder Vererbung beim Operationenentwurf zu berücksichtigen.

2. Operationale Spezifikation der Änderungssemantik bzgl. der unter Punkt 1 spezifizierten Objekteigenschaften

   Die Spezifikation von Objekttypen auf der Basis des konsolidierten ER-Diagramms beschreibt die logische Struktur von Objekttypen, nicht jedoch die Semantik von Zustandsänderungen ihrer Instanzen. Diese muß in dieser Phase explizit operational beschrieben werden. Dabei handelt es sich im wesentlichen um Operationen zur Generierung einer Objektinstanz, zum Ändern einzelner Attributwerte sowie zum Einfügen, Ändern und Löschen von Subobjekten.

3. Operationale Spezifikation modellinhärenter Eigenschaften

   Unter dem Begriff der modellinhärenten Objekteigenschaften soll die Semantik von Objekten zusammengefaßt werden, die im Entwurf auf der Basis des ER-Modells nicht durch Strukturierungskonzepte der Beziehungstypen und deren Eigenschaften erfaßt werden. Hierzu gehören u. a. Vergleichsoperationen, arithmetische Operationen sowie weitere Operationen, die das der jeweiligen Anwendung zugrunde liegende funktionale Modell realisieren.

Ziel dieser Entwurfsphase ist die vollständige operationale Beschreibung der Objektsemantik. Das bedeutet, daß der objektorientierte konzeptuelle Entwurf insofern Redundanzen beinhaltet, als Objekteigenschaften sowohl strukturell als auch operational beschrieben werden und modellinhärente Eigenschaften und Änderungsoperationen, die das logische Datenmodell ggf. in Form von built-in Funktionen und generischen Operatoren bereitstellt, spezifiziert werden müssen. Diese Redundanzen sind jedoch unvermeidbar, wenn in dieser Entwurfsphase keine Annahmen bzgl. des Implementationsmodell getroffen werden sollen.

## 5.4 Implementationsentwurf

Diese Entwurfsphase hat die Abbildung des Ergebnisses des konzeptuellen Entwurfs auf ein konkretes objektorientiertes Datenmodell zum Ziel. Demzufolge kann eine Methodik für diese Entwurfsphase nicht in allen Punkten vollständig modellunabhängig beschrieben werden. Das im folgenden aufgezeigte Verfahren orientiert sich jedoch weniger an einem konkreten logischen Datenmodell sondern versucht die grundlegenden Entwurfsschritte bzgl. objektorientierter Datenbasisschemata aufzuzeigen. Soweit zur Beschreibung einzelner Entwurfsschritte konkrete Annahmen bzgl. der Eigenschaften des logischen Datenmodells getroffen werden, werden diese explizit erläutert.

Der Implementationsentwurf für ein objektorientiertes Datenbasisschema läßt sich, wie in Abbildung 5.1 dargestellt, grundsätzlich in drei Teilaufgaben zerlegen – den objektorientierten Implementationsentwurf, den Entwurf des vollständigen Datenbasisschemas und den Entwurf externer Schemata. Im folgenden werden Lösungsansätze für diese drei Aufgabenbereiche beschrieben.

## 5.4.1 Objektorientierter Implementationsentwurf

Analog zum objektorientierten konzeptuellen Entwurf läßt sich der objektorientierte Implementationsentwurf weiter in zwei Teilschritte zerlegen, die in den beiden folgenden Abschnitten erläutert werden – die Abbildung komplexer Objekte auf Strukturen des logischen Datenmodells und die Abbildung der Spezifikation des Verhaltens komplexer Objekte auf Konzepte des Datenmodells.

### Abbildung komplexer Objekte

Hinsichtlich des logischen Datenmodells, auf das die komplexen Objekte abzubilden sind, wurde bereits in Abschnitt 5.3.2 von der Annahme ausgegangen, daß es kein Beziehungskonzept kennt. Zudem wurde vorausgesetzt, daß Objekttypen zur Spezifikation weiterer komplexer Objekttypen verwendet werden können. Demzufolge bietet es sich an, die Spezifikation der im konzeptuellen Entwurf ermittelten Objekttypen bottom up, beginnend mit einfachen Objekttypen, auf Strukturen des logischen Datenmodells abzubilden. Zur Spezifikation der Objekte steht in der Regel die DDL des Datenmodells zur Verfügung.

Setzt man als logisches Datenmodell ein um das Konzept der Objektorientierung erweitertes nicht normalisiertes relationales Datenmodell voraus, so können im wesentlichen die Abbildungsvorschriften für dieses Modell zur Abbildung komplexer Objekttypen übernommen werden. Das bedeutet, die Abbildung des komplexen Objekttyps ergibt sich als Zusammenfassung der Abbildung der den Objekttyp beschreibenden Entitytypen mit ihren Attributen und den Beziehungstypen.

Verschiedene objektorientierte Datenmodelle ermöglichen und / oder erfordern neben der Spezifikation der Struktur eines Datentyps im logischen Datenmodell die Vereinbarung einer Repräsentation der Typen in einer oder mehreren Programmiersprachen. Die Programmiersprachendarstellung eines Datentyps hat dabei i. a. zwei Funktionen zu erfüllen. Sie dient einerseits als Basis für die Implementierung benutzerdefinierter Operationen, stellt andererseits jedoch auch die externe Repräsentation eines Datentyps an der Programmierschnittstelle dar. Somit kann die Programmiersprachendarstellung sowohl als modellinhärentes Konzept, als auch als Hilfsmittel für die Operationsimplementierung, die eine Aufgabe des physischen Datenbankentwurfs darstellt (vgl. Abschnitt 5.5), angesehen werden. Wir wollen die Programmiersprachenrepräsentation an dieser Stelle als Konzept des logischen Datenmodells ansehen, woraus folgt, daß sie in einem weiteren Schritt dieser Entwurfsphase spezifiziert werden muß. Hierzu stehen i. a. Anweisungen der DDL zur Verfügung.

Ein letztes Charakteristikum objektorientierter Datenmodelle, das in dieser Entwurfsphase zu berücksichtigen ist, ist das Konzept der verkapselten Datentypen. Da die Verkapselung i. a. eine optionale Eigenschaft eines Datentyps darstellt, muß in einem letzten

Schritt dieser Entwurfsphase für jeden Datentyp entschieden werden, ob er als verkapselter Datentyp realisiert werden soll womit seine Semantik dann ausschließlich durch die zugehörigen benutzerdefinierten Operationen gegeben wäre.

### Abbildung des Objektverhaltens

Die Abbildung des im konzeptuellen Entwurf spezifizierten Objektverhaltens auf Konzepte des logischen Datenmodells kann im Gegensatz zur Abbildung der Objekttypen nicht 1:1 erfolgen, d. h. aus der Spezifikation einer Operation im konzeptuellen Entwurf folgt nicht grundsätzlich deren Abbildung auf das logische Datenmodell. Bevor daher die eigentliche Abbildung erfolgen kann, muß aufgrund gegebener Entscheidungskriterien untersucht werden, ob eine Abbildung durchgeführt werden soll. Wir wollen im folgenden einige grundsätzliche Entscheidungskriterien diskutieren.

Im Rahmen der Spezifikation des Objektverhaltens wurde die Objektsemantik vollständig operational beschrieben. Dabei wurden unter anderem Zugriffs- und Änderungsoperationen spezifiziert. In [Dit86] wird als eine Eigenschaft objektorientierter Datenmodelle die Möglichkeit zur Manipulation komplexer Objekte mittels generischer Operatoren gefordert. Setzt man voraus, daß es mit Hilfe der generischen Operatoren nicht nur möglich ist, komplexe Objekte als Ganzes, sondern auch deren Komponenten zu manipulieren, so folgt daraus, daß es zur Handhabung der Objekte nicht zwingend erforderlich ist, die spezifizierten Manipulationsoperationen für komplexe Objekttypen auf das logische Datenmodell abzubilden. Andererseits fordern [ABD$^+$89] als eine Eigenschaft objektorientierter Datenmodell die Möglichkeit, verkapselte Datentypen zu spezifizieren. Definitionsgemäß darf eine Instanz eines solchen Datentyps nur über die für ihn vereinbarten Operatoren manipuliert werden. Daher müssen im Fall verkapselter Datentypen alle die Objektsemantik definierenden Operationen auf das logische Datenmodell abgebildet werden. Ein drittes Entscheidungskriterium hinsichtlich der Abbildung der operationalen Spezifikation stellt die Realisierung des Operationskonzepts im logischen Datenmodell dar. Hieraus können sich Einschränkungen aufgrund unzureichender Konzepte zur Spezifikation einzelner Operationen oder aufgrund von Randbedingungen bei der Implementierung von Operationen ergeben. Dieses Problem wird deutlicher, wenn man den zweiten Schritt des operationalen Implementationsentwurfs, nämlich den Abbildungsvorgang selbst, betrachtet.

Hierzu wollen wir folgende Annahmen bzgl. der Realisierung der Objektorientierung im logischen Datenmodell treffen: Um Seiteneffekte bei der Ausführung objektspezifischer Operationen zur vermeiden, werden als solche nur Funktionen zugelassen. Zudem erfordert die Verwendung von Datenstrukturen als Wertebereiche der Funktionsparameter ihre vorherige Vereinbarung als Datentypen. Auf der Basis dieser Prämissen kann nun, als Voraussetzung der Abbildung, für jede im objektorientierten konzeptuellen Entwurf spezifizierte Operation entschieden werden, ob sie sinnvoll als Funktion realisiert werden kann. Bei einem positiven Entscheid müssen weiterhin die spezifizierten Wertebereiche der Ein- und Ausgabeparameter daraufhin überprüft werden, ob entsprechende Datentypen im strukturellen Entwurf definiert wurden bzw. im Datenmodell als Basisdatentypen zur Verfügung stehen. Ist dieses nicht der Fall, so ist für die spezifizierte Datenstruktur zusätzlich zu prüfen, ob sie mittels der Strukturierungskonzepte des logischen Datenmodells in geeigneter Weise abgebildet werden kann, und ggf. muß ihre Deklaration erfolgen. Im letzten Schritt ist die operationale Spezifikation in Anweisungen der DDL umzusetzen.

Eine weitere Prämisse bzgl. der Realisierung der verhaltensmäßigen Objektorientierung, die bei der hier aufgezeigten Entwurfsmethodik implizit vorausgesetzt wurde, betrifft die Implementierung der objektspezifischen Operationen. Sie besagt, daß das Modell streng zwischen Vereinbarung und Implementierung einer Operationen trennt, indem es im Rahmen der DDL nur die Vereinbarung der Operationsköpfe unterstützt. Auf das Problem der Implementierung der Operationen wird in Kapitel 5.5 noch näher eingegangen.

**Eliminierung redundanter Attribute**

Wie bereits in Abschnitt 5.3.2 gezeigt wurde, ist das Ergebnis des objektorientierten konzeptuellen Entwurfs nicht redundanzfrei, da Objekteigenschaften vielfach sowohl strukturell als auch operational beschrieben werden. In der Phase der Abbildung des spezifizierten Objektverhaltens wurde dieses dahingehend berücksichtigt, daß keine 1:1 Abbildung der konzeptuellen Spezifikation erzwungen wird, d. h. strukturell modellierte Eigenschaften nicht zusätzlich verhaltensmäßig beschrieben werden müssen. Umgekehrt ist es jedoch nicht auszuschließen, daß die operationale Modellierung einer Objekteigenschaft ihr strukturelles Pendant ersetzt. In diesem Fall bietet es sich an, die strukturelle Modellierung dahingehend zu modifizieren, daß das nun redundante Attribut aus der Objektspezifikation gestrichen wird.

Somit ist im Anschluß an die Abbildung des Objektverhaltens die Objektstruktur auf ungewollte Redundanzen zu überprüfen und ggf. dementsprechend zu modifizieren.

### 5.4.2 Entwurf des Datenbasisschemas

Die Teilaufgaben, die in dieser Entwurfsphase zu lösen sind, sind vom Schemabegriff für das dem Entwurf zugrundegelegte Datenmodell abhängig. Wählt man etwa ein Datenmodell, das außer Datentypen und Operationen keine weiteren Konzepte kennt, so kann diese Entwurfsphase entfallen, da sie durch den objektorientierten Implementationsentwurf vollständig abgedeckt ist. Allgemein kann man sagen, daß in dieser Phase die Abbildung all der im Rahmen der ER-Modellierung ermittelten Informationen erfolgt, die nicht in den Entwurf von Objekttypen und Operationen eingegangen sind.

Wir wollen an dieser Stelle die Vorgehensweise beim Schemaentwurf sowie mögliche Abhängigkeiten zwischen dem Objektkonzept und weiteren Konzepten des Datenmodells exemplarisch anhand des in Kapitel 4.1 eingeführten Schemabegriffs für das $R^2D^2$-Datenmodell betrachten. Danach wird ein Datenbasisschema durch eine Menge von Relationenschemata, Objekttypen und objektspezifischen Operationen beschrieben. Somit ist in dieser Phase der Entwurf der Relationenschemata durchzuführen. Dieser kann wie im klassischen Implementationsentwurf für relationale Datenmodelle durch die Abbildung der Entity- und Beziehungstypen auf Relationen erfolgen. Dabei kann es sich entweder um Entity- und Beziehungstypen handeln, die Bestandteil einer DBDT-Spezifikation sind, ober aber um solche, die in der Phase des konzeptuellen Entwurfs nicht auf einen Objekttyp führten. Die Existenz der Objekttypspezifikationen hat zum Teil entscheidenden Einfluß auf den Schemaentwurf. Aus der Tatsache, daß das zugrundeliegende Datenmodell keine Beziehungstypen kennt und Objekte somit nur strukturell abgebildet werden können, folgt etwa, daß auch die Relationenschemata die Objektstrukturen widerspiegeln müssen. Das bedeutet insbesondere, daß eine Instanz eines Objekttyps vollständig in der

Ausprägung eines Tupels einer einzigen Relation enthalten sein muß und ein Objekttyp im Rahmen der Abbildung des ER-Diagramms auf Relationenschemata als unzerlegbare Einheit anzusehen ist. Zudem darf die Abbildung von Beziehungstypen auf Attribute einer Relationen nicht zu einer Modifikation der Objektstrukturen führen. Die detaillierten Abbildungsvorschriften können Kapitel 4.3.5 entnommen werden.

## 5.4.3 Entwurf externer Schemata

Die bisher durchgeführten Entwurfsschritte liefern als Ergebnis ein objektorientiertes Datenbankschema, das durch Abbildung der Entity- und Beziehungstypen des konsolidierten ER-Diagramms auf Objekttypen, Operationen und Relationen entstand. Ein externes Schema beschreibt nun genau den Ausschnitt des Datenbasisschemas, der einer im Rahmen der Informationsbedarfsanalyse bzw. im ersten Schritt des Entity-Relationship Entwurfs entworfenen Anwendersicht entspricht. Offensichtlich ist es erstrebenswert, daß ein externes Schema, das die eigentliche Anwenderschnittstelle darstellt, ebenso wie das Datenbasisschema objektorientiert ist.

Beim Entwurf eines externen Schemas im relationalen Datenmodell wird in einem ersten Schritt überprüft, ob die gewünschte Anwendersicht durch eine Teilmenge der Basisrelationen beschrieben werden kann. Abweichungen von der durch die Relationen gegebenen logischen Struktur oder der Menge der zugehörigen Objektinstanzen werden anschließend ggf. mittels virtueller Relationen spezifiziert. Diese Spezifikation beschreibt sowohl auf Struktur- als auch auf Datenebene eine Abbildung des Datenbasisschemas auf das externe Schema.

Während die Ausschnittbildung auf Datenebene in einem auf einem relationalen Datenmodell basierenden objektorientierten Datenmodell ebenfalls durch einen entsprechnende DML-Ausdruck definiert werden kann, muß bei der strukturellen Abbildung das Objektkonzept berücksichtigt werden. Das bedeutet, die im Datenbasisschema vereinbarten Objekttypen müssen nun ebenfalls daraufhin überprüft werden, ob sie zur Repräsentation der gegebenen Anwendersicht geeignet sind, und ggf. auf spezifische Objekttypen der Sicht abgebildet werden.

Damit ergibt sich bei Annahme des Schemabegriffs aus Kapitel 4.1 folgende in Abbildung 5.1 dargestellte Vorgehensweise für den Entwurf externer Schemata: In einem ersten Schritt sind auf der Basis des ER-Diagramms, das die Anwendersicht repräsentiert, die Objekttypen der Sicht zu identifizieren, strukturell zu spezifizieren und zudem operational zu beschreiben. Für Objekttypen des Datenbasisschemas, die zur Beschreibung der Anwendersicht verwendet werden, ist weiterhin eine Einschränkung bzgl. der Operationen möglich. In einem zweiten Entwurfsschritt muß dann eine Abbildungsvorschrift zur Überführung der Instanzen von Objekten des Datenbasisschemas in Instanzen der Objekte des externen Schemas gefunden werden. Diese Abbildung kann durch eine benutzerdefinierte Operation beschrieben werden. Im letzten Schritt werden dann virtuelle Relationen definiert. Dieses kann ebenso wie im relationalen Datenmodell durch eine Selektionsanweisung erfolgen, die unter Verwendung der Abbildungsoperatoren Inhalt und Zielstruktur der virtuellen Relation bestimmt.

## 5.5 Physischer Datenbankentwurf

Nach [TF82, MDL87] besteht das Ziel des physischen Datenbankentwurfs darin, für das in der Phase des Implementationsentwurfs entwickelte logische Datenbankschema eine implementierbare und effiziente physische Datenbasisstruktur anzugeben. Unter dem Begriff Effizienz ist ein gutes Leistungsverhalten für sämtliche Benutzer des Datenbanksystems zu verstehen. Die Implementierbarkeit bedeutet, daß das geforderte Leistungsverhalten mit bekannten, erprobten und wirtschaftlichen Techniken erzielt werden soll.

In kommerziellen Datenbanksystemen für Standardanwendungen findet man im allgemeinen drei Konzepte für den physischen Entwurf – die Festlegung der Formate für die gespeicherten Sätze, das Bilden von Satzbündeln (Cluster) und die Zuordnung von Zugriffsmethoden.

Methoden zur Verbesserung des Leistungsverhaltens in objektorientierten Datenbanksystemen insbesondere im Bereich des Clustering komplexer Objekte und der Zugriffspfadunterstützung sind im wesentlichen noch Gegenstand der aktuellen Forschung. Daher lassen sich an dieser Stelle keine Richtlinien für den physischen Datenbankentwurf angeben. Wir wollen jedoch kurz auf einen besonderen Aspekt objektorientierter Datenmodelle, nämlich die Rolle benutzerdefinierter Operationen hinsichtlich des physischen Datenbankentwurfs, eingehen.

In konventionellen Datenbanksystemen erfolgt die Evaluierung der Daten mit Hilfe eines fest vorgegebenen Satzes von Standardoperatoren. Demzufolge hängt die Effizienz hier zum einen von den im Datenbanksystem realisierten Methoden zur Anfrageoptimierung sowie der Verteilung der Daten und den spezifizierten Zugriffspfaden ab. In verhaltensmäßig objektorientierten Datenbanksystemen hingegen erfolgt der Datenzugriff vielfach mittels benutzerdefinierter Operationen, d. h. die Effizienz einer Anfrage ist u. a. davon abhängig, wie effizient die Operation implementiert wird. Aufgrund dieser Abhängigkeit zwischen benutzerdefinierten Operationen und Leistungsverhalten des Datenbanksystems muß die Implementierung der Operationen als Aufgabe des physischen Datenbankentwurfs angesehen werden.

Zur Unterstützung der Bearbeitung von Anfragen, die benutzerdefinierte Operationen beinhalten, existieren verschiedene Ansätze. In POSTGRES [RS87, SRH90, Wen88] beispielsweise können für eine bestimmte Klasse von Operatoren Abarbeitungsstrategien für den Anfragenoptimierer angegeben werden. Ein anderer Ansatz wird in [KW87b, KKM91, Kem92] gewählt. Die Autoren schlagen hier für Funktionen, bei deren Ergebnis es sich um abgeleitete Werte handelt, die optionale Materialisierung der Funktionsergebnisse vor, wodurch aufwendige Berechnungen bei wiederholter Anwendung der Funktion entfallen können. Eine weitere Methode zur Zugriffspfadunterstützung, die sowohl zur Optimierung von Standardoperatoren als auch von benutzerdefinierten Operatoren anwendbar ist, stellen die in [KKM91] beschriebenen Zugriffspfadrelationen dar.

Kapitel 6

# Softwareentwurf in $R^2D^2$

In den vorangegangenen zwei Kapiteln wurde mit dem Datenbankentwurf nur ein Aspekt der Entwicklung ingenieurwissenschaftlicher Anwendungen untersucht. Der zweite Aspekt, der Entwurf eines Softwaresystems zur Realisierung einer derartigen Anwendung, bildet den Gegenstand der folgenden zwei Kapitel. Dabei wollen wir ähnlich wie bei der Entwicklung des Datenbankentwurfskonzepts vorgehen und das Problem und die Problemlösungen zuerst anhand eines Beispiels für ein auf der Basis der $R^2D^2$-Schnittstelle zu entwickelndes Softwaresystem untersuchen. Im zweiten Kapitel werden dann die Ergebnisse zu einem verallgemeinerten Verfahrensplan zusammengefaßt.

Ziel unserer Betrachtungen ist nicht die Entwicklung einer neuen Methodik für den Softwareentwurf, sondern die Erweiterung bzw. Modifikation gängiger Methoden dahingehend, daß sie die speziell für ingenieurwissenschaftliche Anwendungen entwickelten Architektur- und Datenhaltungskonzepte zu berücksichtigen vermögen.

## 6.1 Motivation

Die Konzepte der Datenhaltung spielen in gängigen Methoden des Softwareentwurfs nur eine untergeordnete Rolle, da der Softwareentwurf im wesentlichen auf den Entwurf der Modulstruktur und Programmlogik ausgerichtet ist. Die Datenhaltung wird hier nicht als Bestandteil des Programmsystems betrachtet, sondern als eine Systemkomponente, auf die über wohldefinierte Schnittstellen zugegriffen wird. Die Spezifikation dieser externen Schnittstellen eines Softwaresystems zur Datenhaltung sowie des Informationsflusses bilden einen Bestandteil der Anforderungsanalyse. [Jäh91] nennt als Ziele der Anforderungsanalyse u. a. die Beschreibung eines Softwaresystems durch

- Präzisierung des Informationsflusses
- Spezifizierung des Informationsgehalts
- Strukturierung der Information

Eine weit verbreitete Methode zur Spezifikation des Informationsflusses und Informationsgehalts in einem Softwaresystem stellen Datenflußdiagramme dar. Der Informationsfluß wird in einem Datenflußdiagramm (DFD) im wesentlichen durch Datenströme zwischen externen Entitäten, Prozessen und Datenspeichern beschrieben.. Beispiele für Methoden der Anforderungsspezifikation, die Datenflußdiagramme verwenden, sind die *Structured Analysis (SA)* [DeM78] und die *Structured Systems Analysis (SSA)* [GS79]. Die Beschreibung der Informationsstrukturen für die am Informationsfluß beteiligten persistenten Daten wird in diesen Ansätzen direkt aus den am Informationsfluß beteiligten Datenelementen abgeleitet und in einem Datenwörterbuch spezifiziert.

Bei Gane und Sarson [GS79] stellen Datenwörterbuch und Datenflußdiagramm nicht nur einen Ansatzpunkt zur Systemmodularisierung sondern zudem für einen eventuell erforderlichen Datenbankentwurf dar. Ein auf einer derartigen Anforderungsspezifikation basierender Datenbankentwurf setzt allerdings voraus, daß das resultierende Datenbankschema nur dem spezifizierten Softwaresystem als Grundlage dienen soll. Im Bereich der ingenieurwissenschaftlichen Anwendungen, in denen die Datenbasis eine wesentliche Integrationskomponente darstellt, muß der Datenbankentwurf unabhängig vom Entwurf eines auf die Datenbasis zugreifenden Anwendungssystems erfolgen. Ist die Anwendung zum Zeitpunkt des Datenbankentwurfs bekannt, so müssen selbstverständlich die evaluierten Anforderungen in den Entwurf eingehen. Zugleich muß aber die Anforderungspezifikation nach erfolgtem Datenbankentwurf mit dessen Ergebnis abgeglichen werden.

Sowohl Datenflußdiagramme als auch Konzepte nachfolgender Entwurfsschritte, wie etwa dem strukturierten Entwurf [DeM78, YC79], gehen implizit von einer 1-Tupel-Schnittstelle zur Datenhaltung aus, wie sie für Dateizugriffe und i. a. auch für Datenbankzugriffe üblich ist. Die in Kapitel 3.2 beschriebene Programmierschnittstelle für ein auf dem $R^2D^2$-Modell basierendes Datenbanksystem verfügt über ein mehrschichtiges Datenhaltungskonzept, das zusätzlich zur externen auch noch eine interne Datenhaltung kennt. Das der internen Datenhaltung zugrundeliegende Konzept des *Caching* wird nur in wenigen Softwareentwurfstechniken unterstützt. [PJ88] beispielsweise schlägt vor, einen Cache in der der strukturierten Analyse folgenden Phase des strukturierten Entwurfs mittels sogenannter *Informational Cluster* [Par] zu spezifizieren. Da Object Caches ein Basiskonzept der $R^2D^2$-Schnittstelle darstellen, d. h. alle im Programm verarbeiteten Daten darin abgelegt werden, erscheint es sinnvoll, die Spezifikation derartiger interner Datenspeicher bereits zum Zeitpunkt der Anforderungsanalyse, genauer bei der Datenflußspezifikation, zu berücksichtigen.

Ein weiteres Konzept, das bei der Verwendung eines Datenbanksystems zur Verwaltung persistenter Daten eines Softwaresystems von Bedeutung ist, ist das Konzept der Datenbasistransaktionen. Transaktionen treten in einem Kommunikationssystem, als das ein Informationssystem betrachtet werden kann, an die Stelle des Prozeßbegriffs, da hinsichtlich ihrer Semantik gewisse Vereinbarungen getroffen werden können [LK91]. Eine Datenbasistransaktion ist die Inkarnation einer Datenhaltungsfunktion, bei der es sich entweder um eine Basisfunktion oder eine Komplexfunktion handeln kann [LK90], und charakterisiert deren Durchführung. Sie ist zugleich die kleinste Einheit, an deren Ende automatisch Persistenz erreicht und Konsistenz gewährleistet werden kann. In einem Programmodul beschreibt jeder Zugriff auf einen Datenspeicher eine Basisfunktion. Die Zusammenfassung mehrerer Basisfunktionen zu einer Transaktion kann vom Anwender gesteuert werden. Da die Spezifikation von Transaktionen sowohl Einfluß auf die Möglichkeiten der Modularisierung als auch auf die Spezifikation von Object Caches hat, sollte sie bereits im Rahmen der Anforderungsanalyse berücksichtigt werden.

Als eine weitere Aufgabe der Problemanalyse nennt [Tic89] die Beschreibung der Leistungsanforderungen an das Softwaresystem. Eine Methode zur Leistungssteuerung bei der Programmierung an der $R^2D^2$-Schnittstelle stellen Belegungsfaktor und Belegungszeitpunkt der Caches dar. Es gilt somit zu überprüfen, inwieweit die Spezifikation der Leistungsanforderungen diese Faktoren berücksichtigen kann bzw. soll.

## 6.2 Konzepte zur Anforderungsanalyse in $R^2D^2$

Ziel dieses Kapitels ist die Entwicklung eines Verfahrensplans zur Analyse des Datenflusses in einem Softwaresystem sowie der Anforderungen an Datenhaltungskonzepte und Performance als Grundlage des Entwurfs von Datenbankprogrammen auf der Basis eines objektorientierten Datenbanksystems. Wie bereits im vorangegangenen Abschnitt dargelegt wurde, kann nicht immer davon ausgegangen werden, daß Datenbank- und Programmentwurf Hand in Hand gehen. Es soll daher im folgenden angenommen werden, daß der Datenbankentwurf für die zu programmierende Anwendung unabhängig vom Entwurf des Anwendungssystems auf der Basis der in Kapitel 4 entwickelten Methode erfolgt und das Datenbankschema somit zum Zeitpunkt des Programmentwurfs vorliegt.

Die Grundidee, die dem vorgestellten Verfahren zugrunde liegt, ist die, ähnlich wie bei der strukturierten Analyse, die grundlegenden Prozesse und Informationsströme mittels Datenflußdiagrammen zu spezifizieren. Aufgrund der Annahme eines objektorientierten Datenbanksystems als Datenspeicher sowie zusätzlicher lokaler Datenspeicher (Object Cache) sind hierzu mehrere Entwurfsphasen erforderlich. Dieses sind i.w.

- Identifikation und Spezifikation von Prozessen mit ein- und ausgehenden Datenströmen
- Informationsflußspezifikation unter Berücksichtigung persistenter komplexer Objekte (objektorientierte Informationsflußspezifikation)
- Informationsflußspezifikation unter Berücksichtigung lokaler und globaler Datenspeicher

Zusätzlich werden die Identifikation von Datenbasistransaktionen und die Spezifikation der Performanceanforderungen in Hinblick auf die lokalen Datenspeicher im Rahmen der Anforderungsanalyse berücksichtigt. Abbildung 6.1 stellt diese wesentlichen Entwurfsschritte schematisch dar. Auf die Aufgaben der einzelnen Entwurfsschritte wird in den folgenden Abschnitten ausführlicher eingegangen. Zuvor sollen jedoch das der Verfahrensdiskussion zugrundeliegende Beispiel sowie die verwendete Notation erläutert werden.

### 6.2.1 Beispiel und Notationen

Als durchgängiges Beispiel für eine zu entwickelnde Anwendung soll im folgenden, wie bereits in den vorangegangenen Abschnitten, das Robotersimulationssystem ROSI, primär dessen Modelliermodul, betrachtet werden. Die Einsatzbereiche von ROSI lassen sich nach [Huc90] im wesentlichen fünf verschiedenen Funktionsgruppen zuordnen. Dieses sind

- die Montageplanung
- die Umweltmodellierung, auch als Layoutplanung bezeichnet,
- die Modellierung von Betriebsmitteln
- die offline-Programmierung
- die Simulation

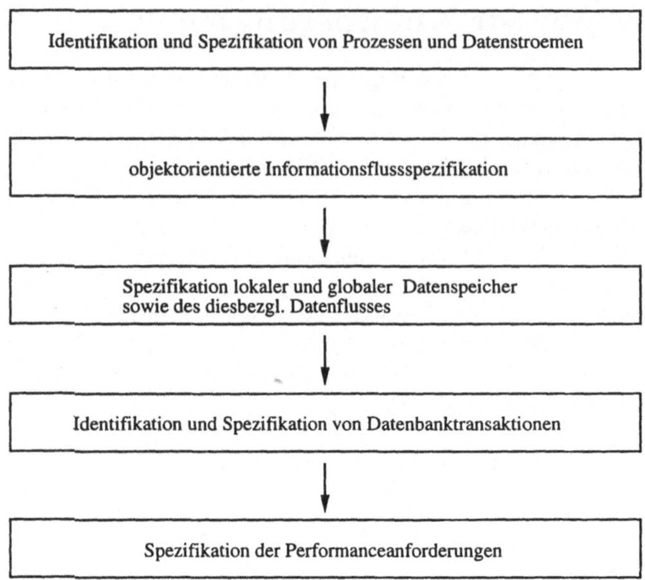


Abbildung 6.1: Grundlegende Phasen des Verfahrensplans

Die verschiedenen Funktionen werden dem Anwender über eine interaktive Schnittstelle bereitgestellt, die die direkte graphische Manipulation von Objekten sowie die textuelle Eingabe von Kommandos und Funktionsparametern unterstützt. Die Module, die die einzelnen Funktionen realisieren, greifen dabei auf die Daten des globalen Roboterweltmodells zu. Diese Zusammenhänge stellt Abbildung 6.2 in Form eines Datenflußdiagramms dar.

Die hier verwendeten Symbole lehnen sich an die Notation von [GS79] an. Quadrate beschreiben Quellen und Senken des Datenflusses, die oftmals auch als externe Entitäten bezeichnet werden, Rechtecke mit abgerundeten Ecken stellen Prozesse dar, am rechten Rand geöffnete Rechtecke Datenspeicher und Pfeile einen Informationsfluß. Das einen Prozeß beschreibende Rechteck kann in bis zu drei Felder unterteilt werden. Das obere Feld enthält eine eindeutige Prozeßnummer, das mittlere die Prozeßbeschreibung und das untere ggf. einen Verweis auf den Ort, wo der Prozeß implementiert wird, also z. B. eine Bibiliothek, ein Programm oder ein Modul. Datenspeicher und externe Entitäten können ebenfalls mit zusätzlichen eindeutigen Identifikatoren versehen werden. Der Informationsfluß in einem DFD wird durch einen Pfeil dargestellt, oberhalb dessen die transportierten Daten beschrieben sind und unter dem zusätzlich ein Suchargument angegeben werden kann. Bei Pfeilen, die einen Informationsfluß zwischen einem Prozeß und einem Datenspeicher beschreiben, bedeutet eine Pfeil in Richtung des Prozesses lesenden, in Richtung des Datenspeichers schreibenden Zugriff. Zur Beschreibung des Datenflusses soll im folgenden die verfeinerte Notation von [MW86] verwendet werden, die spezielle Pfeile für das Einfügen und Löschen von Objekten vorsieht. Abbildung 6.3 faßt nochmals alle im folgenden verwendeten Symbole zusammen.

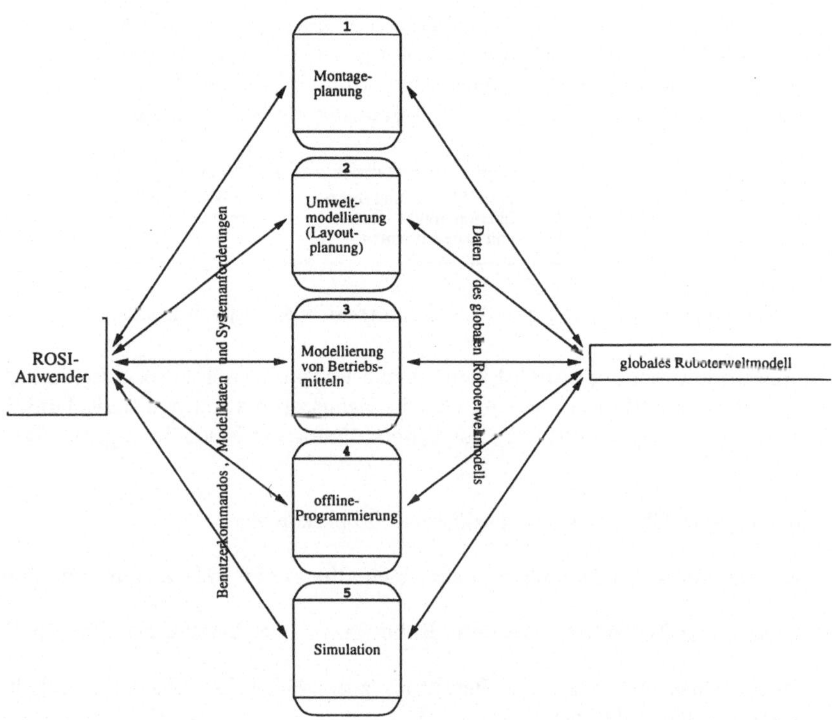


Abbildung 6.2: Funktionsgruppen des Robotersimulationssystem ROSI und zugehörige Datenströme

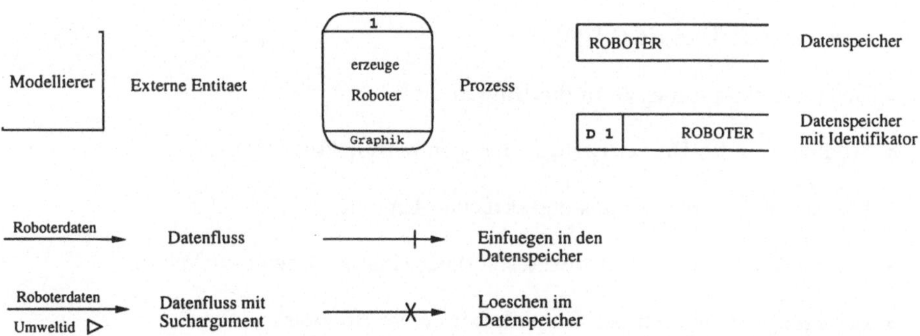


Abbildung 6.3: Symbole eines Datenflußdiagramms und ihre Bedeutung

### 6.2.2 Prozeß- und Informationsflußidentifikation

Ziel dieser ersten Phase der Informationsflußspezifikation, deren Ein- und Ausgabeparamter Abbildung 6.4 zeigt, ist die Identifikation der grundlegenden Prozesse der Anwendung und ihrer ein- und ausgehenden Datenströme. Hinsichtlich unserer Beispielanwendung wollen wir uns dabei auf den Prozeß *Umweltmodellierung* beschränken.

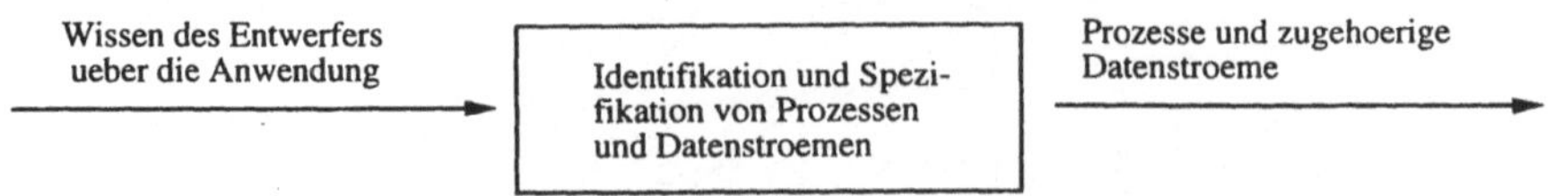


Abbildung 6.4: Prozeß- und Informationsflußspezifikation

Die Umweltmodellierung in ROSI kann in eine Vielzahl von Teilprozessen zerlegt werden, wobei jeder dieser Teilprozesse gerade eine Benutzerfunktion realisiert. Funktionen, die ROSI an der Benutzerschnittstelle zur Unterstützung der Modellierung zur Verfügung stellt, sind u. a.

- Auflisten aller Objekte einer spezifischen Objektklasse
- Auflisten aller in der Datenbank definierten Objekte und Manipulatoren (LOK)
- Auflisten aller Trajektorien zu ihren Robotern in einer bestimmten Umwelt (LTR)
- Einbauen eines Objektes in die Umwelt mit zusätzlicher Ausgabe der Verarbeitungsschritte auf dem Bildschirm
- Modellieren einer neuen Umwelt (MOU)
- Einlesen und graphisches Visualisieren einer Umwelt (EIU)
- Auslesen und Abspeichern einer modellierten Umwelt (ALU)
- Löschen einer Umwelt (LUM)
- Einbauen eines Objektes in die Umwelt
- Modifizieren des Umweltbezugs eines Umweltobjektes (MDU)
- Löschen eines Objektes aus der aktuellen Umwelt
- Verschieben eines Umweltobjektes entlang eines spezifizierten Vektors
- Bewegungsstudien auf der Graphik mit einem Roboter
- Ausgabe aller Komponenten in der aktuellen Umwelt
- Ausführen eines Roboterbewegungsprogramms (EXE)

Datenflußdiagramme bieten die Möglichkeit, Prozesse und Informationsflüsse auf beliebigen Abstraktionsebenen zu spezifizieren. Im folgenden wollen wir die mit einem Identifikator versehenen Prozesse näher betrachten und soweit verfeinern, daß hieraus die Anforderungen bzgl. der persistenten Daten ableitbar sind.

Der in Abbildung 6.5 dargestellte Prozeß LOK bestimmt alle in der Datenbasis gespeicherten Objekt- und Robotertypen und generiert daraus eine Liste, die an den Benutzer übergeben werden kann. Die hier verwendete graphische Repräsentation von Prozessen ist wie folgt zu interpretieren: Daten, die von links in einen Prozeß eingehen oder ihn dort verlassen, sind Informationen, die zwischen einer externen Entität und dem Prozeß fließen oder globale Daten darstellen. Die rechts aufgeführten Datenströme betreffen persistente Daten, die ein Prozeß verarbeitet.

Abbildung 6.5: Datenflußdiagramm für den Prozeß LOK

Der Prozeß LTR, den Abbildung 6.6 zeigt, verdeutlicht die Bedeutung der Spezifikation von Suchargumenten. Der aktuelle Umweltidentifikator, der einen Eingabeparameter des Prozesses darstellt, dient gleichzeitig zur Bestimmung der Menge der vom Prozeß benötigten Roboter- und Bahnidentifikatoren.

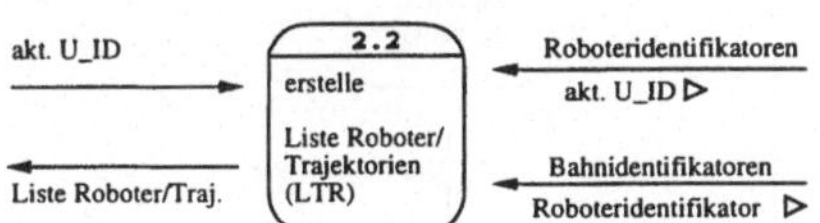


Abbildung 6.6: Datenflußdiagramm für den Prozeß LTR

Um die Ein- und Ausgabeparameter für den Prozeß EXE, der die Ausführung eines Roboterbewegungsprogramms, d. h. die graphische Simulation der Bewegungen realisiert, genau zu bestimmen, ist es erforderlich, diesen weiter zu verfeinern. Wie aus Abbildung 6.7 zu ersehen ist, besteht EXE aus zwei Teilprozessen, mit unterschiedlichen Ein- und Ausgabedaten, die zusätzlich durch Informationsströme miteinander verbunden sind. Bei dem Prozeß zur Visualisierung handelt es sich um einen Prozeß, der in einem im Entwurf nicht berücksichtigten Modul zu realisieren ist, nämlich dem Graphikmodul.

Der in Abbildung 6.8 beschriebene Prozeß MOU, der die Modellierung einer Umwelt realisiert, stellt ein Beispiel für einen Prozeß dar, der sowohl Daten liest als auch neue in die Datenbasis einfügt. Der Prozeß MDU, den Abbildung 6.9 zeigt, greift dagegegen nur ändernd auf Daten zu. Der Prozeß ALU dient der Filterung und Aufbereitung der vom Benutzer modellierten Umweltdaten und ihrer Übergabe an die Datenbasis. Der umgekehrte Vorgang einschließlich der graphischen Aufbereitung der Daten wird durch den Prozeß EIU realisiert. Aufgrund dieser Semantik werden die zwei Prozesse derart in Teilprozesse zerlegt, daß ein Teilprozeß jeweils die Verarbeitung eines Umweltkomponententyps realisiert. In EIU kommen zusätzlich für jeden Komponententyp Prozesse zur

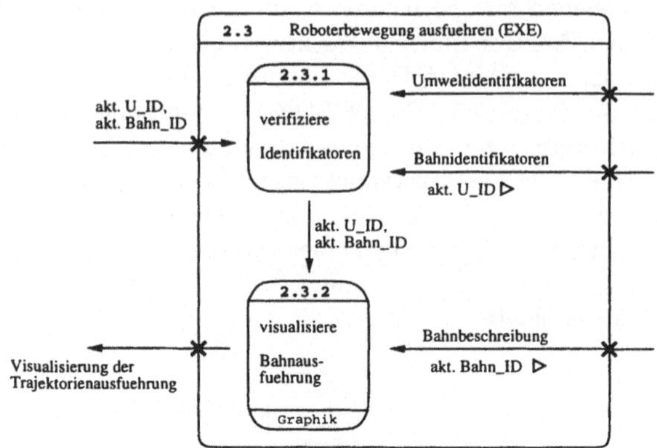


Abbildung 6.7: Datenflußdiagramm für den Prozeß EXE

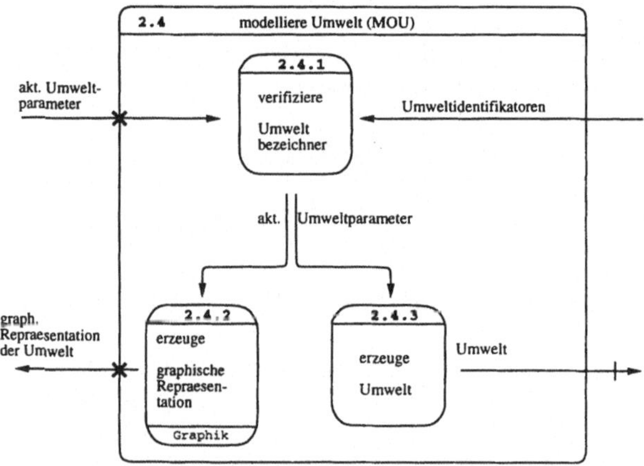


Abbildung 6.8: Datenflußdiagramm für den Prozeß MOU

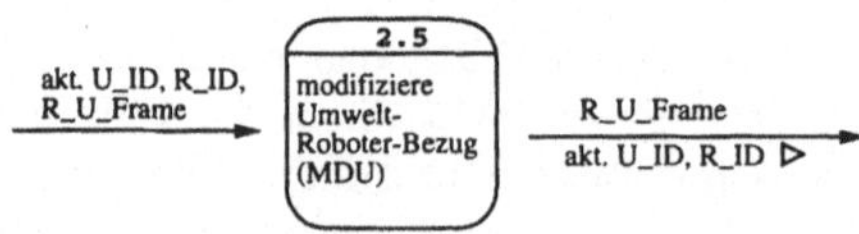


Abbildung 6.9: Datenflußdiagramm für den Prozeß MDU

Visualisierung hinzu. Abbildung 6.10 und 6.11 zeigen den Informationsfluß der zwei Prozesse. Der in Abbildung 6.12 dargestellte Prozeß LUM letztendlich löscht, wie der Name schon sagt, explizit das Modell einer Umwelt der Datenbasis.

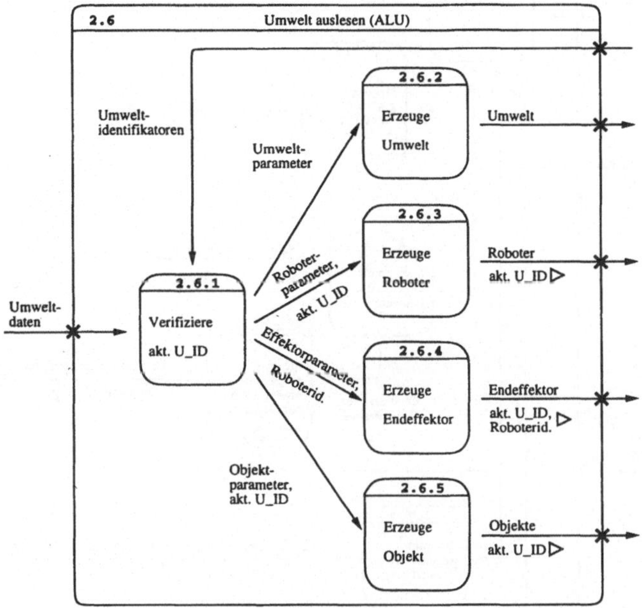


Abbildung 6.10: Datenflußdiagramm für den Prozeß ALU

## 6.2.3 Objektorientierte Informationsflußspezifikation

Unter dem Begriff der objektorientierten Informationsflußspezifikation sollen zwei für den Anwendungsentwurf auf der Basis objektorientierter Datenbasen wesentliche Schritte der Anforderungsanalyse zusammengefaßt werden – die Identifikation der am Informationsfluß beteiligten Objekttypen und ihre Zuordnung zu den Prozessen der Anwendung sowie die Identifikation logischer Datenspeicher. Dabei wird im folgenden vorausgesetzt, daß alle in der vorangegangenen Entwurfsphase identifizierten Daten durch den Datenbankentwurf abgedeckt sind. Weiterhin soll für das spezielle Anwendungsbeispiel angenommen werden, daß kein anwendungsspezifisches externes Schema, sondern das interne Datenbasisschemas verwendet wird, da nur auf diese Weise schreibende Zugriffe sinnvoll berücksichtigt werden können.

### Identifikation und Zuordnung der Datenbankdatentypen

Während sich bei der strukturierten Systemanalyse nach [GS79] an die Identifikation der Datenströme die Ermittlung der erforderlichen Datenstrukturen der persistenten Objekte anschließt, müssen bei dem hier gewählten Verfahren im nächsten Schritt die benut-

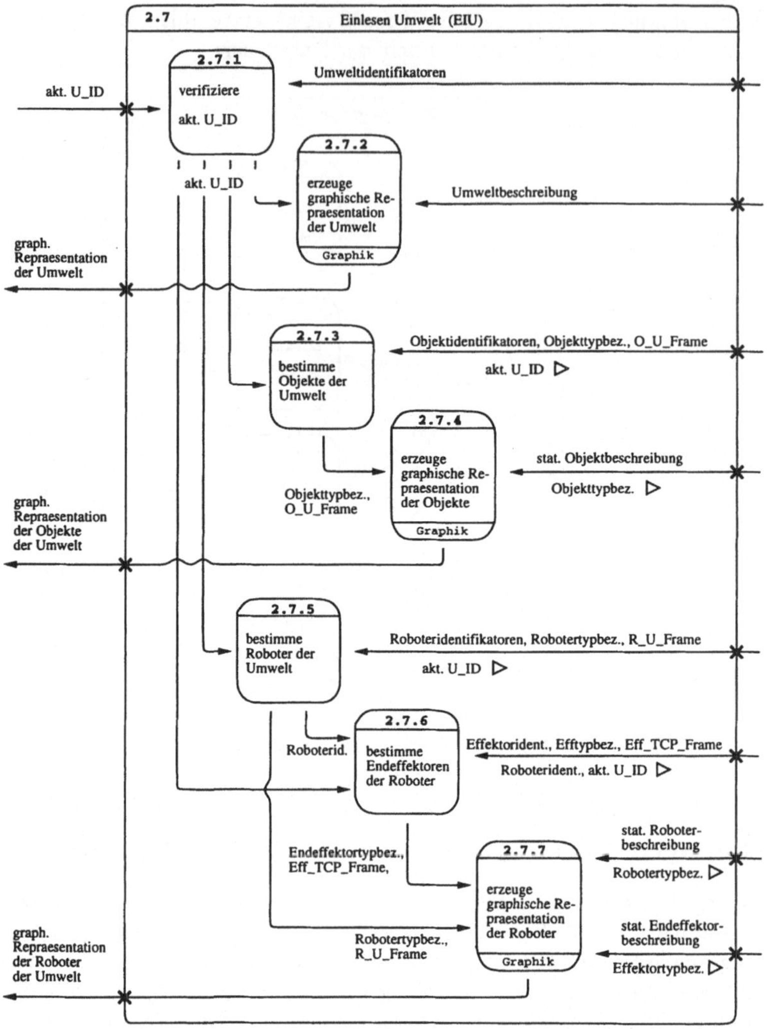

2.7 Einlesen Umwelt (EIU)

2.7.1 verifiziere akt. U_ID

2.7.2 erzeuge graphische Repraesentation der Umwelt — Graphik

2.7.3 bestimme Objekte der Umwelt

2.7.4 erzeuge graphische Repraesentation der Objekte — Graphik

2.7.5 bestimme Roboter der Umwelt

2.7.6 bestimme Endeffektoren der Roboter

2.7.7 erzeuge graphische Repraesentation der Roboter — Graphik

akt. U_ID

Umweltidentifikatoren

Umweltbeschreibung

graph. Repraesentation der Umwelt

Objektidentifikatoren, Objekttypbez., O_U_Frame

akt. U_ID ▷

stat. Objektbeschreibung

Objekttypbez. ▷

Objekttypbez., O_U_Frame

graph. Repraesentation der Objekte der Umwelt

Roboteridentifikatoren, Robotertypbez., R_U_Frame

akt. U_ID ▷

Roboterid.

Effektorident., Efftypbez., Eff_TCP_Frame

Roboterident., akt. U_ID ▷

Endeffektortypbez., Eff_TCP_Frame,

stat. Roboterbeschreibung

Robotertypbez. ▷

Robotertypbez., R_U_Frame

stat. Endeffektorbeschreibung

Effektortypbez. ▷

graph. Repraesentation der Roboter der Umwelt

Abbildung 6.11: Datenflußdiagramm für den Prozeß EIU

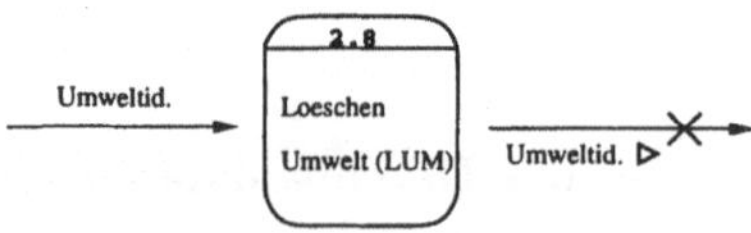


Abbildung 6.12: Datenflußdiagramm für den Prozeß LUM

zerdefinierten Datentypen des Datenbasisschemas identifiziert werden, durch die die am Informationsfluß beteiligten Daten beschrieben sind.

Betrachten wir als erstes Beispiel den Prozeß LOK, der laut Abbildung 6.5 Objekt- und Robotertypbezeichner als Eingabeparameter benötigt. In dem in Kapitel 4 entwickelten Datenbankschema, das dem Anwendungsentwurf zugrunde gelegt werden soll, sind Objekt- und Robotertypbezeichner sowohl Eigenschaften der Datentypen *objekt_s* und *roboter_s* als auch der Datentypen *objekt_i* und *roboter_i*. Die Frage, auf welche dieser Objekttypen sich der Datenfluß bezieht, kann somit nur aufgrund der Kenntnis der Prozeßsemantik beantwortet werden. Da der Prozeß dazu dient, alle zur Modellierung einer Umwelt verfügbaren Komponenten aufzuzeigen, können *objekt_s* und *roboter_s* als relevante Datentypen identifiziert werden.

Neben der Prozeßsemantik gibt es verschiedene Anhaltspunkte zur Identifikation der Datentypen, die direkt aus dem Schema ableitbar sind. Den ersten Anhaltspunkt bilden die zu einem Datentyp definierten Operationen. Geht man davon aus, daß das Verhalten eines Objekttyps vollständig durch die Operationen beschrieben ist, so folgt aus dem Schema des Beispiels, daß nur *objekt_s* und *roboter_s* die gesuchte Eigenschaft besitzen, da nur für sie die entsprechenden Operationen `objekt_s_typ` bzw. `roboter_s_typ` vereinbart wurden. Einen zweiten Anhaltspunkt können ggf. identifizierende Attribute eines Objekttyps darstellen.

Die Zuordnung zwischen Prozessen und Objekttypen, auf deren Instanzen sie zugreifen, wird in den folgenden Abbildungen durch die Darstellung der Objekttypen als Quellen oder Senken des Datenflusses beschrieben. Da es sich nicht um echte Datenspeicher, sondern nur um Objekttypen handelt, werden sie durch gestrichtelte Rechtecke dargestellt. Abbildung 6.13 zeigt die Objekttypzuordnung für den Prozeß LOK.

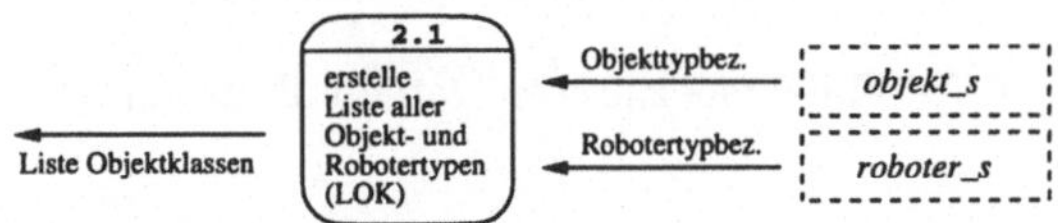


Abbildung 6.13: Objektspezifischer Datenfluß für den Prozeß LOK

Anders als im Fall des Prozesses LOK sind beim Prozeß LTR die Objekttypen, die die Roboter- und Bahnidentifikatoren beschreiben, eindeutig zu bestimmen. Da in die Spezifikation jedoch zusätzlich Suchargumente eingehen, muß für diese ebenfalls der betreffende Datentyp ermittelt werden. Wie Abbildung 6.14 zeigt, ergeben sich für diesen Prozeß die Objekttypen *roboter_i*, *bahn* und *umwelt*. Stehen ein Prozeß und ein Objekttyp nur über ein Suchargument, nicht aber über einen expliziten Datenfluß in Beziehung, so wird dieses wie folgt dargestellt: ——.

Auf eine detaillierte Diskussion der Objekttypidentifikation für die weiteren Prozesse soll an dieser Stelle verzichtet werden. Die ihnen zugeordneten Datentypen können den Abbildungen 6.15 bis 6.20 entnommen werden.

Bei näherer Betrachtung der Datenflußdiagramme erkennt man, daß Datenflußpfeile nicht nur die Ein- / Ausgabeparameter der Prozesse beschreiben, sondern zudem einen Zusammenhang zwischen Objekten gleichen oder verschiedenen Typs herstellten. Besonders deutlich wird dieses im Fall des Prozesses EIU. Der in Abbildung 6.19 spezifizierte Teilprozeß 2.7.5, der die Roboter bestimmt, die sich in einer Umwelt befinden, erhält von

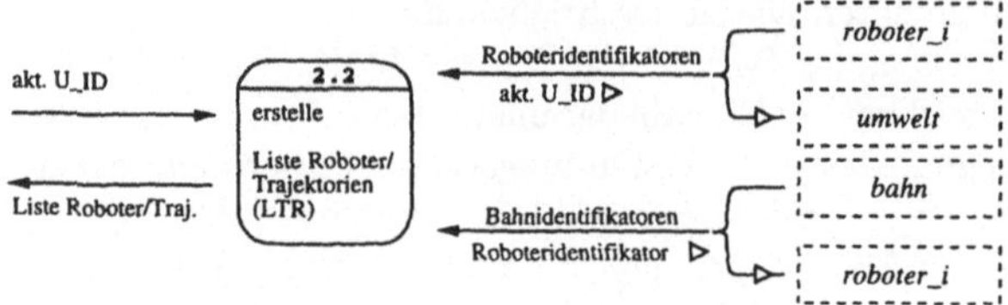


Abbildung 6.14: Objektspezifischer Datenfluß für den Prozeß LTR

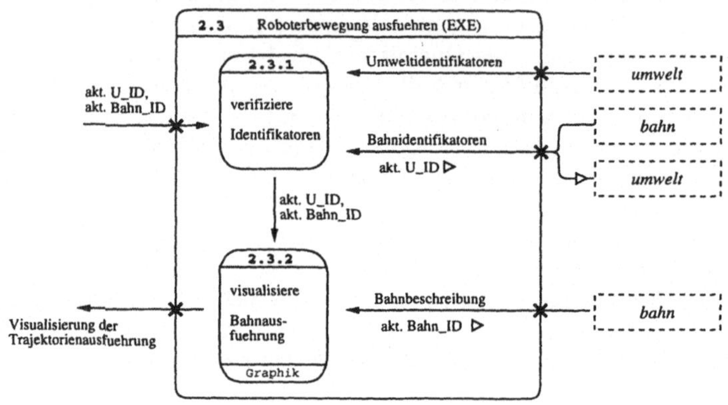


Abbildung 6.15: Objektspezifischer Datenfluß für den Prozeß EXE

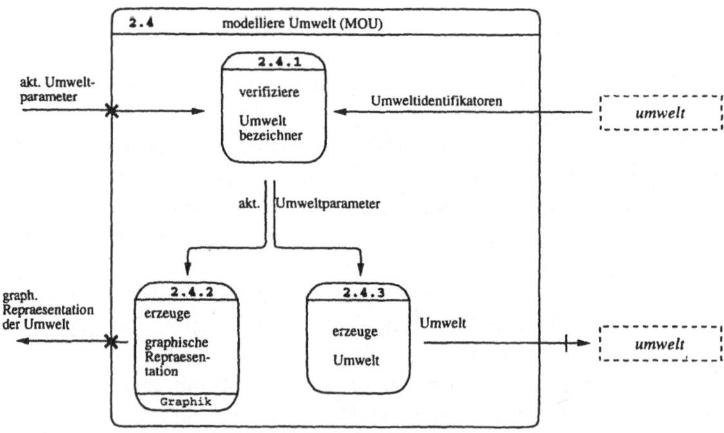


Abbildung 6.16: Objektspezifischer Datenfluß für den Prozeß MOU

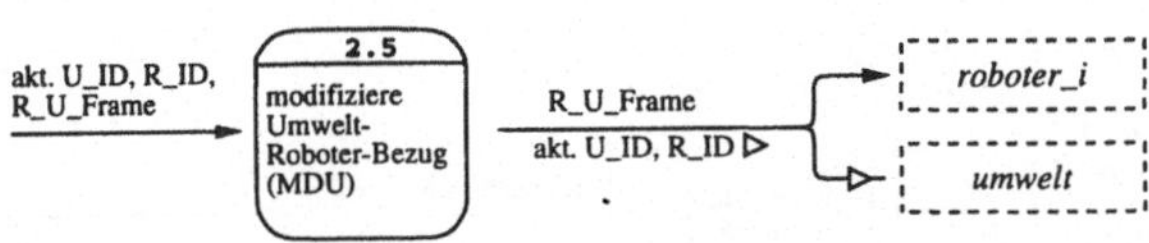


Abbildung 6.17: Objektspezifischer Datenfluß für den Prozeß MDU

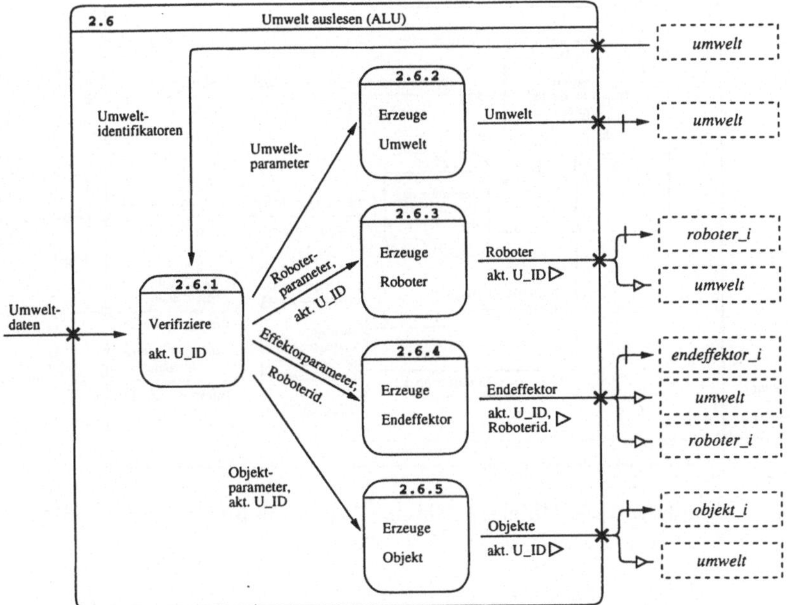


Abbildung 6.18: Objektspezifischer Datenfluß für den Prozeß ALU

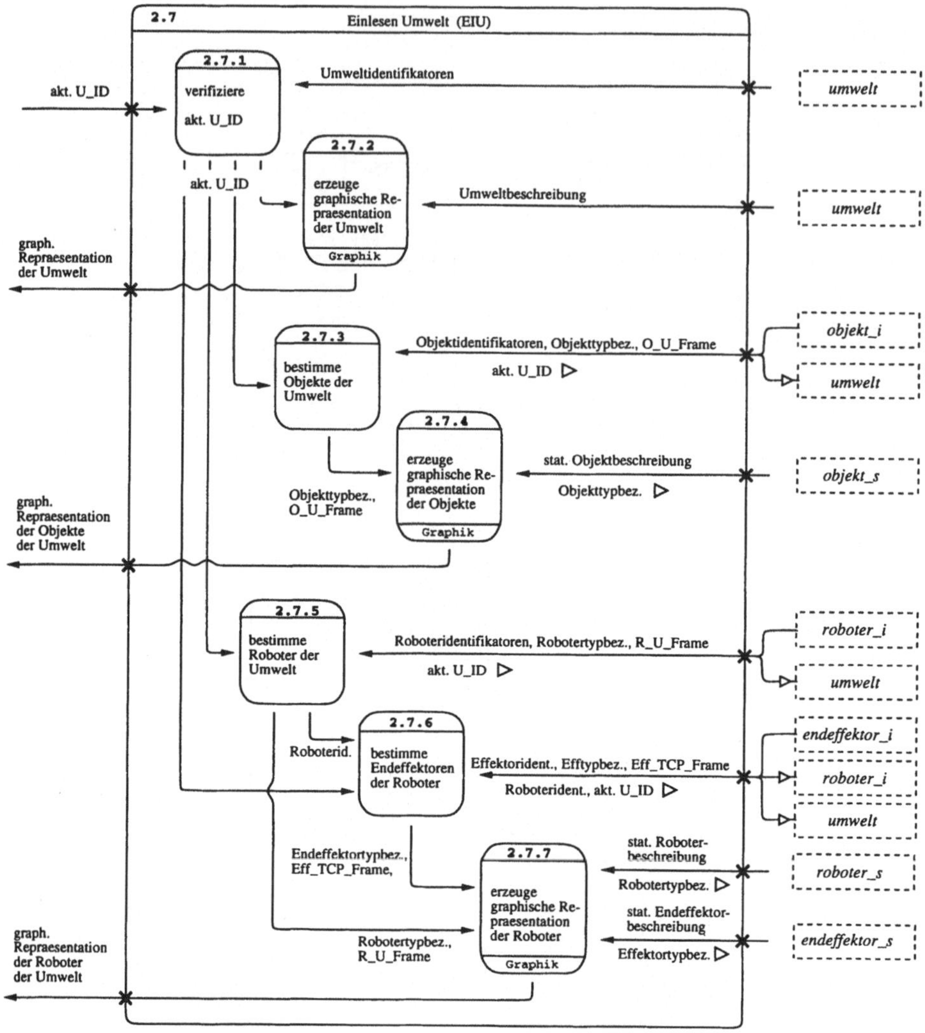

2.7 Einlesen Umwelt (EIU)
2.7.1 verifiziere akt. U_ID
2.7.2 erzeuge graphische Repraesentation der Umwelt Graphik
2.7.3 bestimme Objekte der Umwelt
2.7.4 erzeuge graphische Repraesentation der Objekte Graphik
2.7.5 bestimme Roboter der Umwelt
2.7.6 bestimme Endeffektoren der Roboter
2.7.7 erzeuge graphische Repraesentation der Roboter Graphik
akt. U_ID
Umweltidentifikatoren
Umweltbeschreibung
graph. Repraesentation der Umwelt
Objektidentifikatoren, Objekttypbez., O_U_Frame
akt. U_ID
stat. Objektbeschreibung
Objekttypbez.
Objekttypbez., O_U_Frame
graph. Repraesentation der Objekte der Umwelt
Roboteridentifikatoren, Robotertypbez., R_U_Frame
akt. U_ID
Roboterid.
Effektorident., Efftypbez., Eff_TCP_Frame
Roboterident., akt. U_ID
Endeffektortypbez., Eff_TCP_Frame,
stat. Roboterbeschreibung
Robotertypbez.
stat. Endeffektorbeschreibung
Effektortypbez.
Robotertypbez., R_U_Frame
graph. Repraesentation der Roboter der Umwelt
umwelt
umwelt
objekt_i
umwelt
objekt_s
roboter_i
umwelt
endeffektor_i
roboter_i
umwelt
roboter_s
endeffektor_s

Abbildung 6.19: Objektspezifischer Datenfluß für den Prozeß EIU

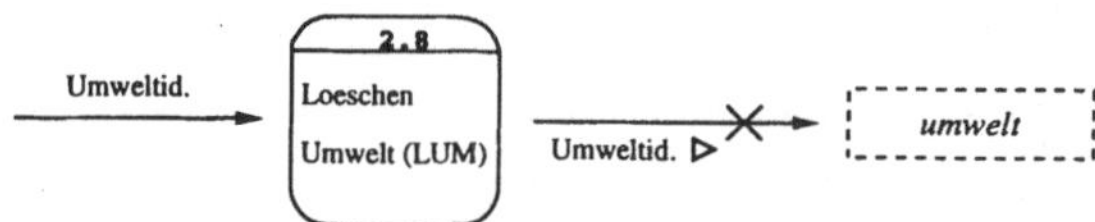


Abbildung 6.20: Objektspezifischer Datenfluß für den Prozeß LUM

Prozeß 2.7.1 den Identifikator der aktuellen Umwelt als Eingabeparameter. Der Prozeß fordert nun offensichtlich, daß ein Zusammenhang zwischen Objekten des Typs *umwelt* und *roboter_i* besteht, was durch den Umweltidentifikator als Suchargument für die zu bestimmenden Instanzen des Typs *roboter* ausgedrückt wird. In einem nächsten Entwurfsschritt ist somit zu überprüfen, ob der geforderte Zusammenhang zwischen Objekten in der Datenbasis besteht.

Verschiedene objektorientierte Datenmodelle unterstützen die explizite Modellierung von Beziehungen zwischen Objekten durch die Modellierung komplex strukturierter Objekttypen. Das $R^2D^2$-Datenmodell beispielsweise unterstützt insbesondere die explizite Modellierung hierarchischer Beziehungen. Daher wollen wir im folgenden zunächst untersuchen, inwieweit die implizit durch den Datenfluß zwischen Prozessen und durch die Suchargumente beschriebenen Beziehungen beim Entwurf des Datenbasisschemas mittels Hierarchiebildung strukturell erfaßt wurden.

Betrachten wir dazu nochmals den Prozess EIU mit seinem Teilprozeß 2.7.5, der auf Instanzen der benutzerdefinierten Datentypen *roboter_i* und *umwelt* zugreift. Durch die Inspektion der in Abbildung 6.21 dargestellten Datenbankdatentypen bzw. ihrer Definition laut Anhang A erkennt man, daß es sich bei den Instanzen des Typs *roboter_i* um Subobjekte einer Instanz des Typs *umwelt* handeln muß. Diese Beziehung zwischen den beiden Datentypen des Prozesses ist in Abbildung 6.22 dargestellt.

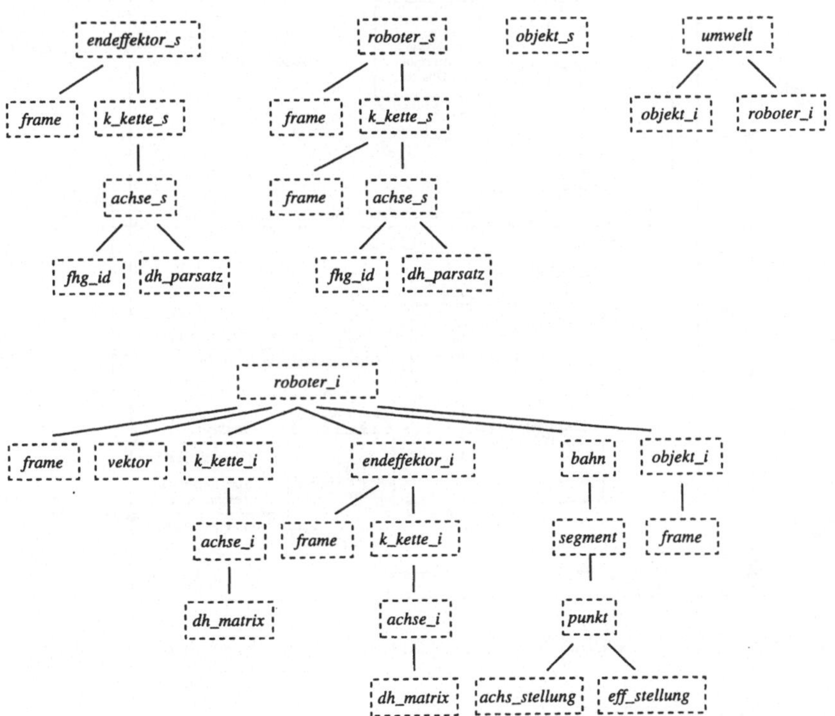


Abbildung 6.21: Hierarchische Beziehungen der Datentypen des Datenbasisschemas

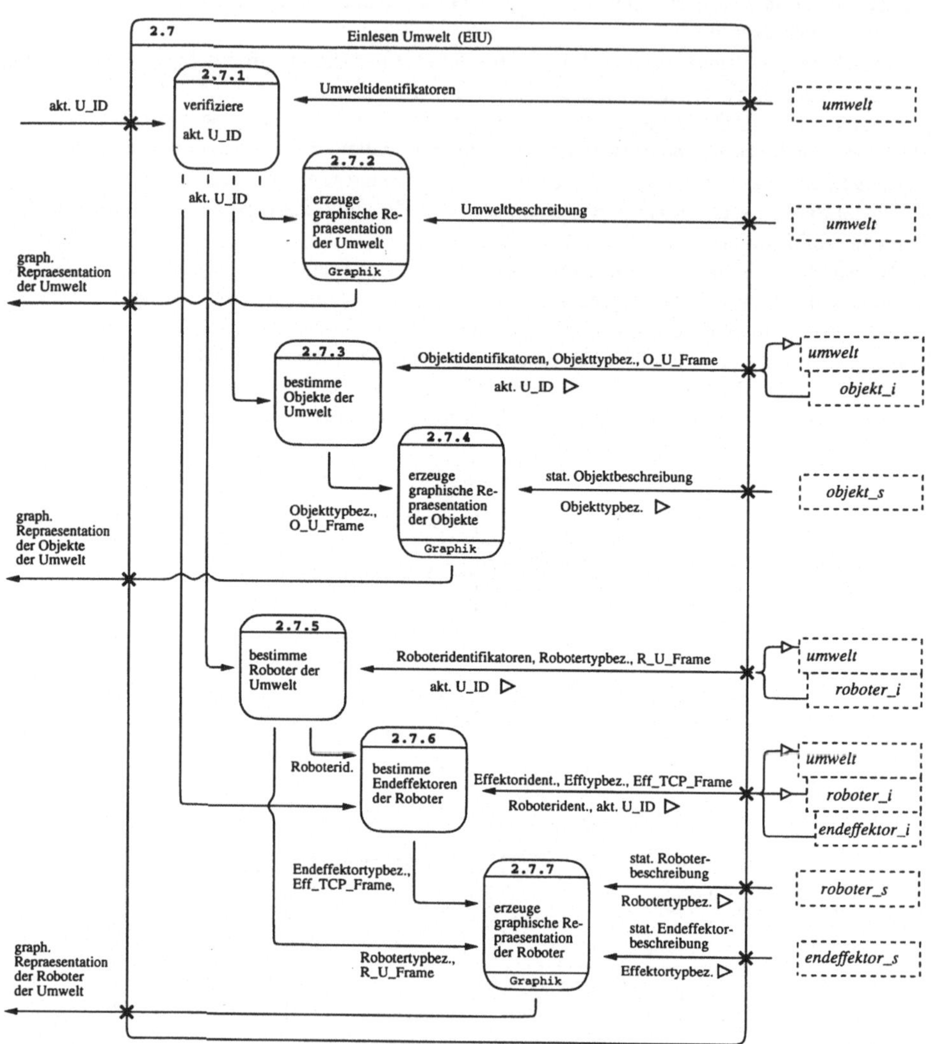


Abbildung 6.22: Datenfluß bzgl. hierarchischer Objekttypen für den Prozeß EIU

Ein weiteres Beispiel für einen Prozeß, der über die Suchargumente Beziehungen zwischen Instanzen von Objekttypen innerhalb einer Typhierarchie beschreibt, ist der Prozeß 2.7.6, der die Endeffektoren eines Roboters der aktuellen Umwelt bestimmt. Diese im Datenbankschema strukturell nachgebildeten Beziehungen erstrecken sich hier sogar über drei Hierarchiestufen. Der Teilprozeß 2.7.3 greift zur Ermittlung von Umweltobjekten auf Instanzen der Datentypen *umwelt* und *objekt_i* zu. Aus der in Abbildung 6.21 aufgezeigten Typhierarchie ist zu entnehmen, daß *objekt_i* sowohl Subtyp zu *roboter_i* als auch zu *umwelt* ist. Die Frage, welche Instanzen als Eingabeparameter des Prozesses benötigt werden, kann somit nicht allein aufgrund der Typhierarchie, sondern nur unter Berücksichtigung der Prozeßsemantik entschieden werden.

Als zweites Beispiel für die Bedeutung hierarchischer Objektstrukturen soll nochmals der Prozeß LTR diskutiert werden. Wie aus Abbildung 6.14 zu ersehen ist, benötigt er als Eingabeparameter zum einen die Roboteridentifikatoren der Roboter der aktuellen Umwelt, zum anderen die Identifikatoren der Bewegungsbahnen, die die betreffenden Roboter verfahren können. Betrachtet man wiederum die Beziehungen zwischen den verwendeten Datentypen *umwelt*, *roboter_i* und *bahn* so fällt auf, daß Bewegungsbahnen direkte Subobjekte eines Roboters und der wiederum ein direktes Subobjekt einer Umwelt darstellt. Daraus folgt, daß die Beziehung zwischen Robotern und Trajektorien, die bei der in Abbildung 6.14 beschriebenen Informationsflußspezifikation durch den Prozeß LTR ermittelt werden muß, nun direkt aus der Objektstruktur ableitbar ist. Daher können, wie Abbildung 6.23 zeigt, die beiden Informationsströme zusammengefaßt werden.

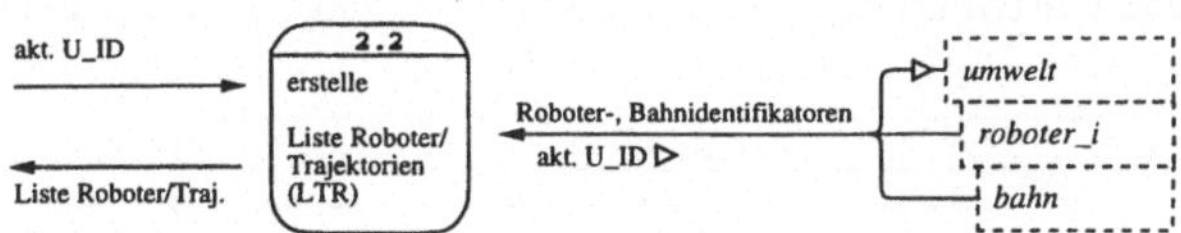


Abbildung 6.23: Datenfluß bzgl. hierarchischer Objekttypen für den Prozeß LTR

Die hierarchischen Beziehungen zwischen den für die Prozesse EXE, MDU und ALU, ermittelten Datentypen sind in Abbildung 6.24 bis 6.26 dargestellt. Bezüglich des Prozesses EXE ist anzumerken, daß, obwohl der Teilprozeß 2.3.1 nur auf die Objekttypen *umwelt* und *bahn* zugreift, der gesamte Pfad spezifiziert werden sollte, um die Zuordnung eindeutig darzustellen. In diesem Fall bedeutet das, daß zusätzlich der Datentyp *roboter_i* eingefügt wird, wenngleich er weder direkt noch als Suchargument in den Datenfluß eingeht.

### Identifikation logischer Datenspeicher

Im vorangegangenen Abschnitt wurden die Datentypen der Instanzen persistenter Objekte bestimmt, auf die die einzelnen Prozesse der Anwendung zugreifen. Zur korrekten Darstellung des Datenflusses müssen im folgenden Entwurfsschritt Datenspeicher evaluiert werden, die die betreffenden Objektinstanzen beinhalten. Hierzu wollen wir den Begriff der logischen Datenspeicher einführen.

Ein logischer Datenspeicher repräsentiert eine Menge von Instanzen eines Datenbankdatentyps unabhängig von der Zuordnung zu einer konkreten lokalen oder globalen Datenbasis. Im Beispiel des Prozesses LOK, der laut Abbildung 6.13 auf Instanzen des Typs

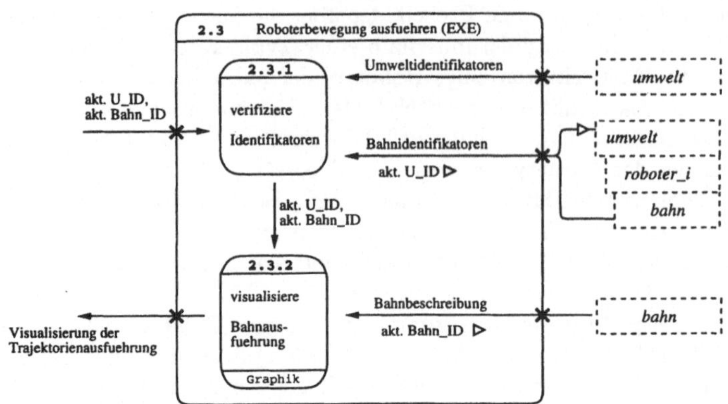


Abbildung 6.24: Datenfluß bzgl. hierarchischer Objekttypen für den Prozeß EXE

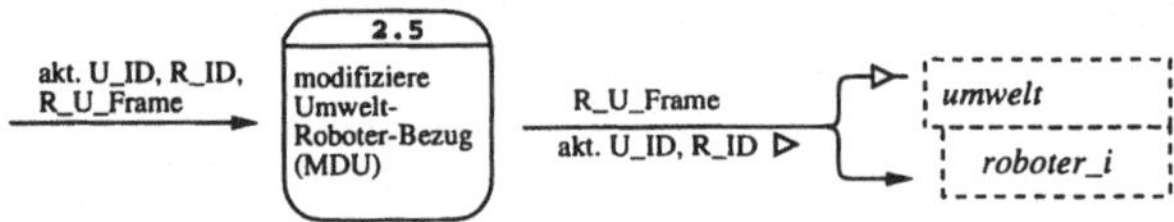


Abbildung 6.25: Datenfluß bzgl. hierarchischer Objekttypen für den Prozeß MDU

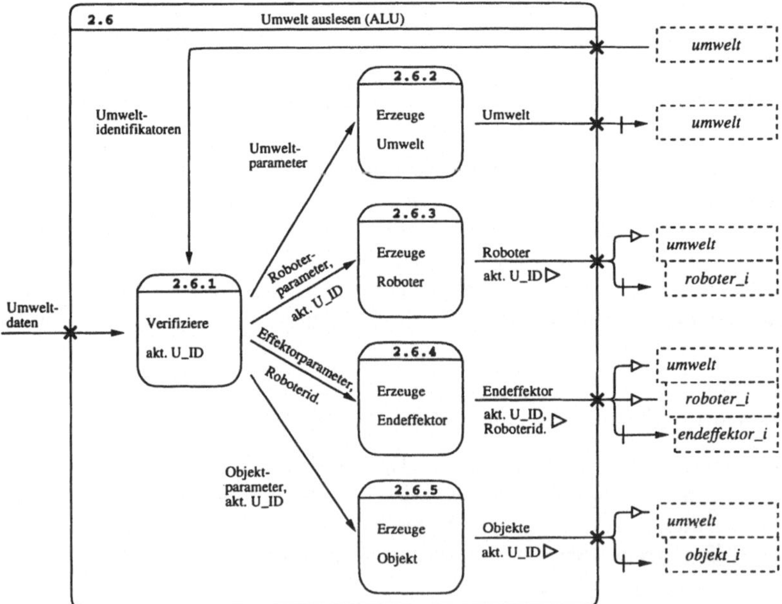


Abbildung 6.26: Datenfluß bzgl. hierarchischer Objekttypen für den Prozeß ALU

*objekt_s* bzw. *roboter_s* zugreift, sind offensichtlich zwei logische Datenspeicher von Interesse, die jeweils Instanzen des betreffenden Typs beinhalten. Abbildung 6.27 zeigt das Datenflußdiagramm unter Berücksichtigung der logischen Datenspeicher, für die wir im folgenden keine Identifikatoren vergeben wollen.

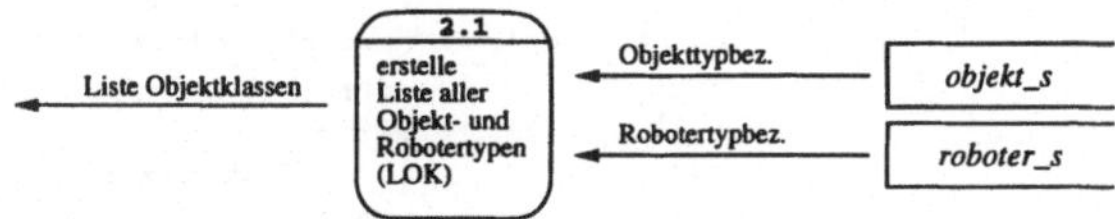


Abbildung 6.27: Spezifikation logischer Datenspeicher für den Prozeß LOK

Im Beispiel des Prozesses LOK geht die Art und Anzahl der erforderlichen logischen Datenspeicher eindeutig aus der Spezifikation des Datenflusses und den identifizierten Datentypen hervor. Anders stellt sich dieses für den Prozeß EIU aus Abbildung 6.22 dar, der aus eine Vielzahl von Teilprozessen besteht, die wiederum auf Instanzen verschiedener Datentypen zugreifen. Hier erhebt sich die Frage, ob jeder Teilprozeß auf einen eigenen Datenspeicher zugreift oder ob mehrere Prozesse auf einem gemeinsamen logischen Datenspeicher arbeiten.

Nach [PJ88] bilden Transaktionen wesentliche logische Bestandteile eines Systems, die auf persistente Daten zugreifen. Ein Transaktion besteht aus

- einem Ereignis innerhalb der Systemumgebung
- einem Stimulus für das System
- einer Aktivität des Systems
- einer Anwort des Systems
- einem Effekt auf die Systemumgebung

Ein Beispiel für eine Transaktion stellt der Prozeß EIU dar. Das auslösende Ereignis ist etwa der Wunsch des Modellierers, eine bestimmte Umwelt zum Zweck der Bearbeitung einzulesen. Der Stimulus besteht in der Anforderung der Umwelt mittels des entsprechenden Befehls und dessen Parameter. Die Aktivität der Transaktion ist das Einlesen der verschiedenen Umweltkomponenten und seine Anwort die Visualisierung der Umwelt auf dem Bildschirm. Der Effekt ist der, daß die Umwelt dem Modellierer nun zur weiteren Bearbeitung zur Verfügung steht.

Persistente Daten, auf die eine Transaktion zugreift, stehen i. a. in irgendeiner Beziehung zueinander, so daß es angemessen erscheint, sie soweit als möglich in einem Datenspeicher zusammenzufassen. So ist es für den Prozeß EIU offensichtlich, daß es sich bei der Instanz des Typs *umwelt*, auf die die Teilprozesse 2.7.2-2.7.6 zugreifen, jeweils um dasselbe Objekt handelt, welches wiederum ein Element der Menge von Objekten darstellt, die Prozeß 2.7.1 liest. Es bietet sich daher an, genau einen Datenspeicher für Umweltinstanzen, sowie weitere für die statischen Objekt-, Roboter- und Endeffektorbeschreibungen einzuführen. Abbildung 6.28 zeigt die graphische Spezifikation dieses Sachverhalts, wobei der Datenfluß bzgl. der einzelnen Prozesse auf der Ebene des mit der Transaktion äquivalenten Prozesses EIU zusammengefaßt wurde.

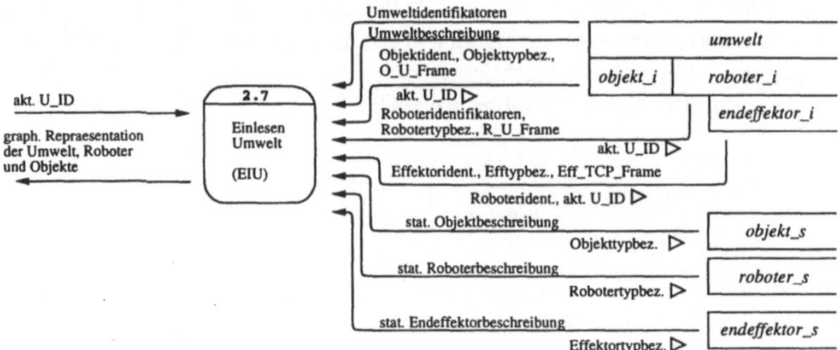


Abbildung 6.28: Spezifikation logischer Datenspeicher für den Prozeß EIU

Transaktionen lassen sich nach [PJ88] aus dem Systemmodell durch Identifikation der diskreten Ereignisse, die das System steuern, ermitteln. Im Beispiel der Umweltmodellierung sind das neben dem beschriebenen Prozeß EIU gerade alle weiteren Prozesse, die ein Benutzerkommando bearbeiten. Daher werden für die weitere Prozesse die logischen Datenspeicher auf dieselbe Art beschrieben. Die daraus resultierenden Datenspeicher für den Prozeß *Umweltmodellierung* faßt Abbildung 6.29 zusammen. Abbildung 6.30 zeigt nochmals die Teilschritte der objektorientierten Informationsflußspezifikation mit ihren Ein- und Ausgabeparametern.

### 6.2.4 Informationsflußspezifikation auf der Basis der $R^2D^2$-Architektur

In der Phase der objektorientierten Informationsflußspezifikation wurden der Informationsfluß und die logischen Datenspeicher unabhängig von einer spezifischen Systemarchitektur allein unter Berücksichtigung grundlegender Konzepte objektorientierter Datenmodelle identifiziert und beschrieben. In dieser Entwurfsphase gilt es nun, die Entwurfsspezifikation dahingehend zu erweitern, daß die spezifischen Eigenschaften der Architektur der $R^2D^2$-Programmierschnittstelle berücksichtigt werden.

Betrachten wir daher in Abbildung 6.31 nochmals das bereits früher beschriebene Architekturprinzip. Wie hieraus zu entnehmen ist, sieht dieses zwei Datenbasen vor – die öffentliche Datenbasis und die private Datenbasis der Anwendung. In der privaten Datenbasis können Objekte in zwei Ausprägungen vorliegen – als Objektinstanzen der lokalen Datenbasis und zusätzlich als Objekte der Anwendung im Object Cache, der einen Bereich des durch die Anwendung belegten Hauptspeichers darstellt. Der Object Cache und die lokale Datenbasis besitzen die gleiche logische Struktur, d.h. sie repräsentieren eine im Anwendungsprogramm näher spezifizierte Menge von Instanzen eines Datenbankdatentyps. Die Zweiteilung der privaten Datenbasis ist für den Anwender transparent, soweit er keinen Einfluß auf die Performance nehmen will. Sie ist somit auch hinsichtlich der Spezifikation der Datenspeicher für die Anwendung und des Datenflusses ohne Bedeutung. Auf die Frage der Bedeutung bzgl. der Performanceanforderungen wird in Abschnitt 6.2.6 gesondert eingegangen. Die öffentliche Datenbasis enthält die gesamte Datenbasis, bestehend aus einer Menge von $NF^2$-Relationen, deren Elemente komplexe

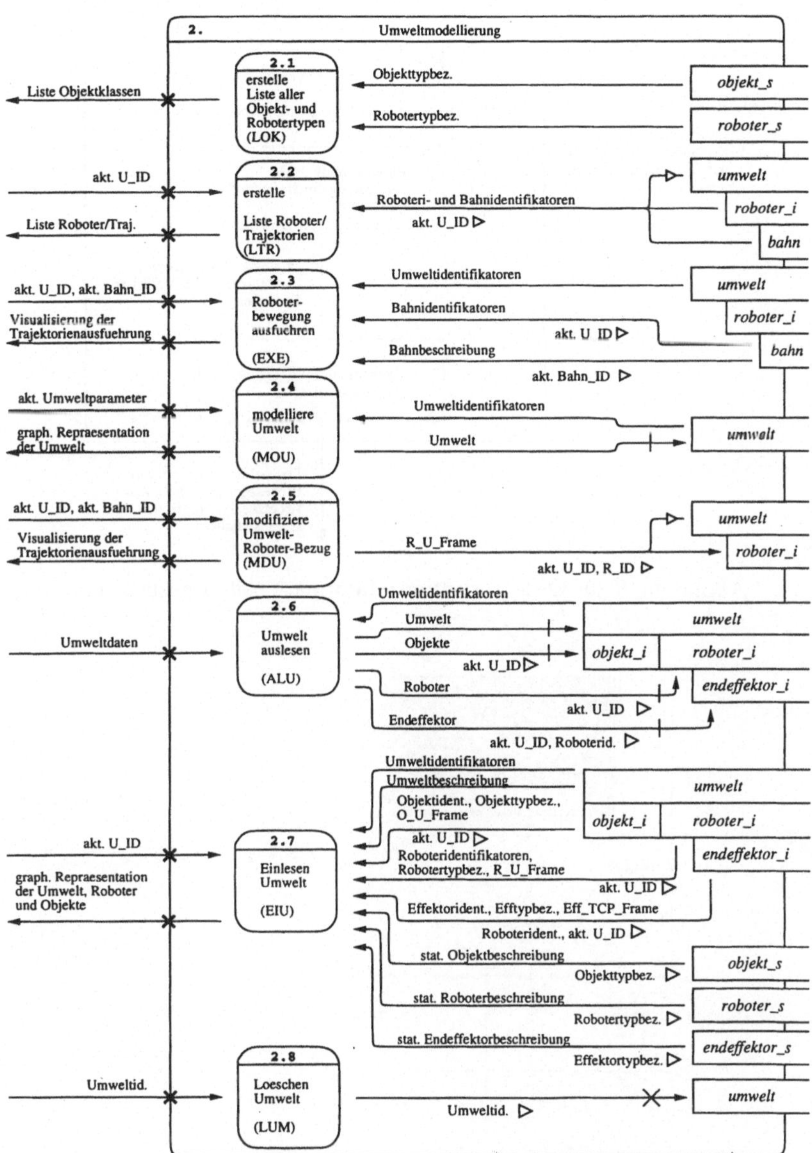


Abbildung 6.29: Spezifikation logischer Datenspeicher für den Prozeß *Umweltmodellierung*

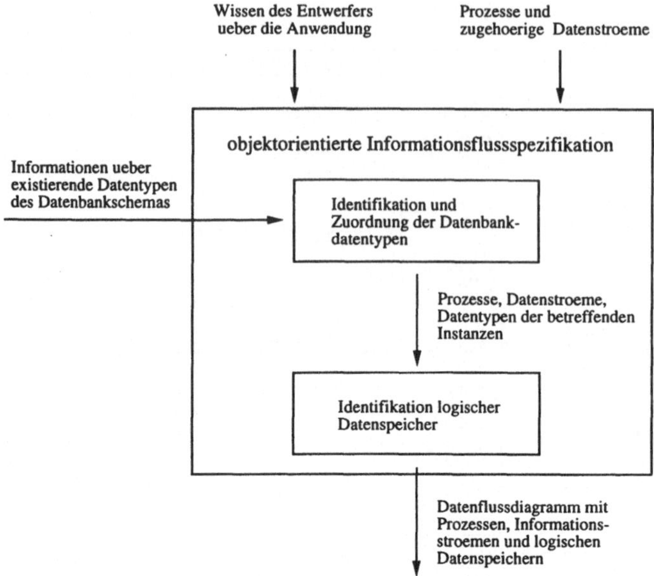


Abbildung 6.30: Objektorientierte Informationsflußspezifikation

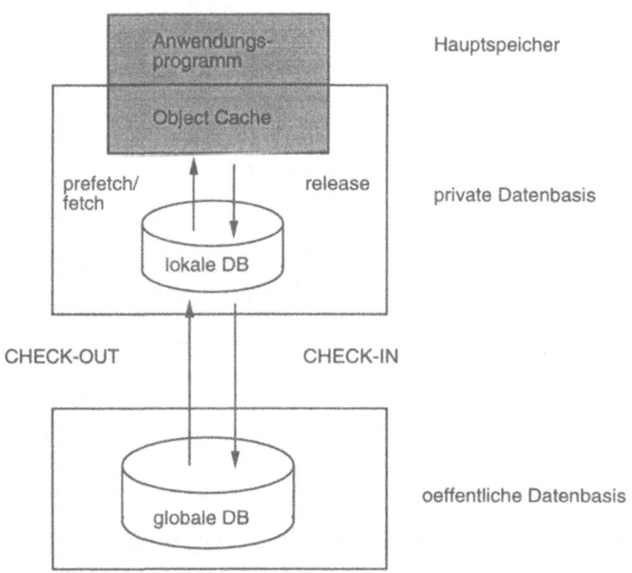


Abbildung 6.31: Architektur der $R^2D^2$-Programmierschnittstelle

Tupel bzw. Ausprägungen benutzerdefinierter Datentypen sind.

Hinsichtlich des Entwurfs von Informationsfluß und Datenspeichern wirkt sich das Architekturkonzept nun wie folgt aus. In einem ersten Schritt müssen die Relationen identifiziert werden, die die durch die logischen Datenspeicher und den Informationsfluß beschriebenen Instanzen enthalten. Sie bilden die globalen Datenspeicher der Anwendung. Als lokale Datenspeicher werden im folgenden die Object Caches zusammen mit ihren Pendants der lokalen Datenbasis bezeichnet. Im zweiten Schritt dieser Entwurfsphase sind dann zum einen die lokalen Datenspeicher der Anwendung festzulegen, zum anderen muß der Informationsfluß zwischen Prozessen und lokalen Datenspeichern sowie zwischen lokalen und globalen Datenspeichern spezifiziert werden. Hierbei handelt es sich um einen iterativen Prozeß, da sich die Datenfluß- und Datenspeicherspezifikation gegenseitig beeinflussen und zudem Datenbasistransaktionen bei der Festlegung lokaler Datenspeicher zu berücksichtigen sind. Abbildung 6.32 stellt die Einordnung lokaler und globaler Datenspeicher in die $R^2D^2$-Architektur nochmals schematisch dar, Abbildung 6.33 die Einzelschritte dieser Entwurfsphase mit ihren Ein- und Ausgabeparametern.

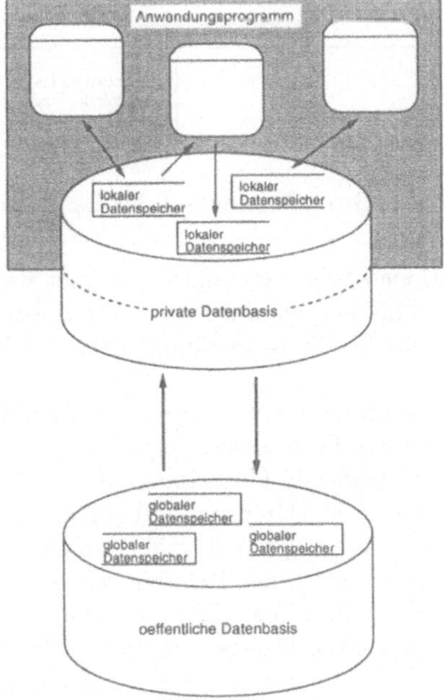


Abbildung 6.32: Beziehungen zwischen privater und öffentlicher Datenbasis bzgl. der Informationsflußspezifikation

### Identifikation der globalen Datenspeicher

Die Identifikation der globalen Datenspeicher kann auf der Basis der im Metaschema der Datenbasis gespeicherten Information über die Relationen des Datenbasisschemas und deren Aufbau erfolgen. Dazu müssen in einem ersten Schritt zu den identifizierten Objekt-

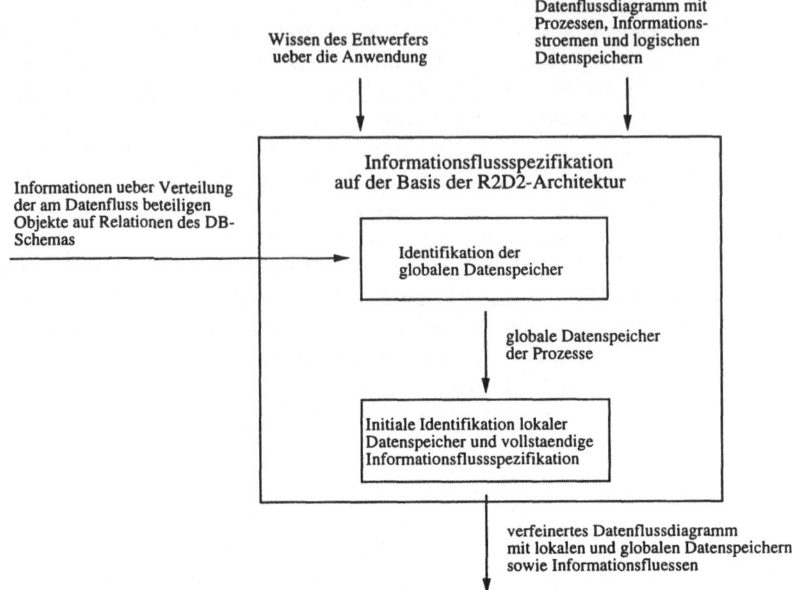


Abbildung 6.33: Informationsflußspezifikation auf der Basis der $R^2D^2$Architektur

typen die Relationen, Subrelationen bzw. Attribute bestimmt werden, deren Instanzen vom betreffenden Typ sind. Sind Instanzen eines Typs in verschiedenen Relationen / Subrelationen enthalten, so müssen die für die Anwendung relevanten Relationen identifiziert werden.

Im Beispiel der Umweltmodellierung können die relevanten Relationen sofort eindeutig bestimmt werden, da Objekte des Typs *umwelt*, *objekt_s*, *roboter_s* bzw. *endeffektor_s* jeweils gerade Instanzen der vier Basisrelationen darstellten. Abbildung 6.34 zeigt die Zuordnung der Relationen zu logischen Datenspeichern. Die verschiedenen Subrelationen bzw. Attribute sind dabei soweit dargestellt, wie sie für die eindeutige Zuordnung von Instanzen eines Typs zu Elementen einer Relation von Bedeutung sind. Wie aus Abbildung 6.34 zu ersehen ist, wird für globale Datenspeicher eine Notation eingeführt, die im Gegensatz zur bisher verwendeten Darstellung von Datenspeichern auf am linken Rand offenen Rechtecken basiert. Die Relationen werden zudem mit zusätzlichen Bezeichnern versehen, die die vereinfachte Identifikation von Mehrfachvorkommen im Diagramm erleichtern sollen.

Schwieriger als in unserem Beispiel kann sich die Bestimmung der relevanten Relationen der globalen Datenbasis gestalten, wenn es sich bei den Instanzen der identifizierten logischen Datenspeicher um Ausprägungen eines aus einer Sichtendefinition entstandenen Datentyps oder um mittels benutzerdefinierter Operationen berechnete Werte eines atomaren Datentyps handelt. Im Fall der berechneten Werte gibt der Datentyp der Instanzen des logischen Datenspeichers keinen Aufschluß über die Basisrelation, auf der die Berechnungen durchgeführt werden müssen. Jedoch ist sie in der Regel aus der Spezifikation der Suchargumente zu ermitteln. Im Fall, daß der Spezifikation der lokalen Datenspei-

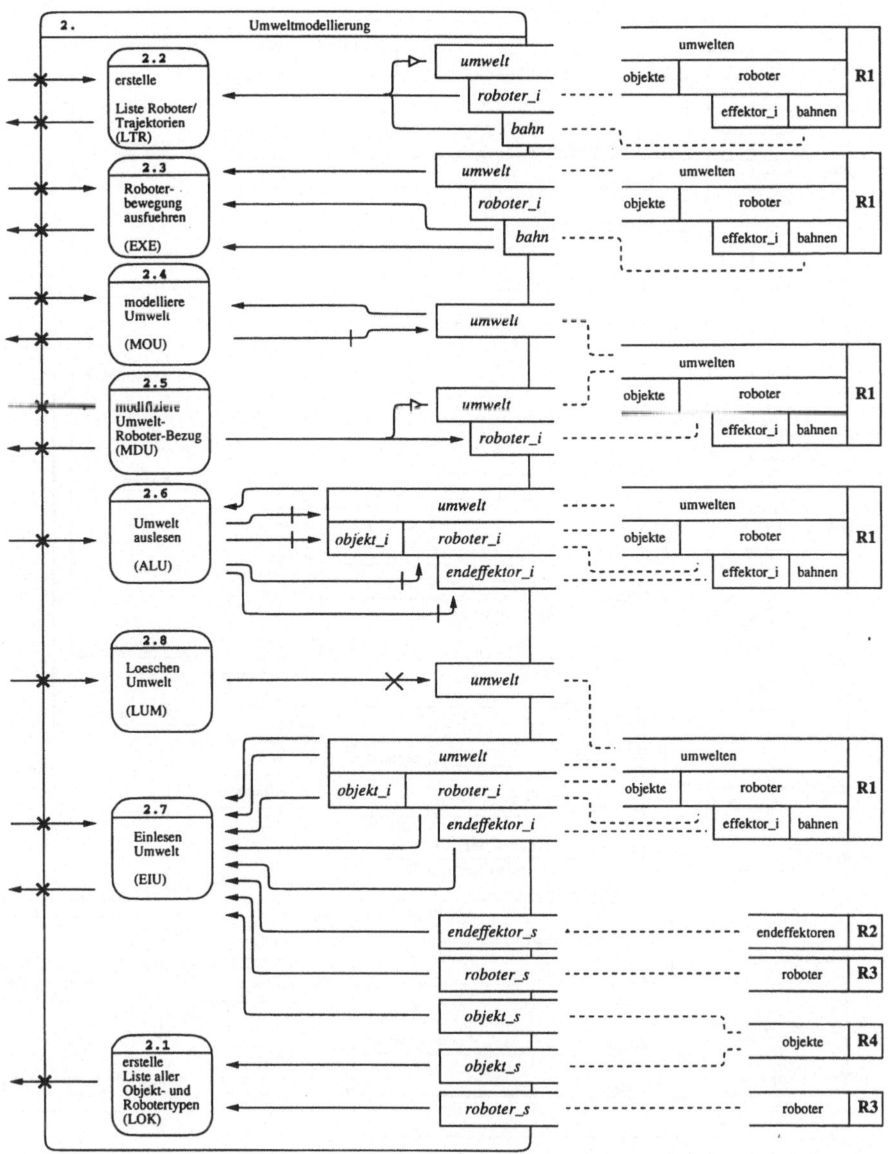


Abbildung 6.34: Zuordnung logischer Datenspeicher zu Relationen der Datenbasis

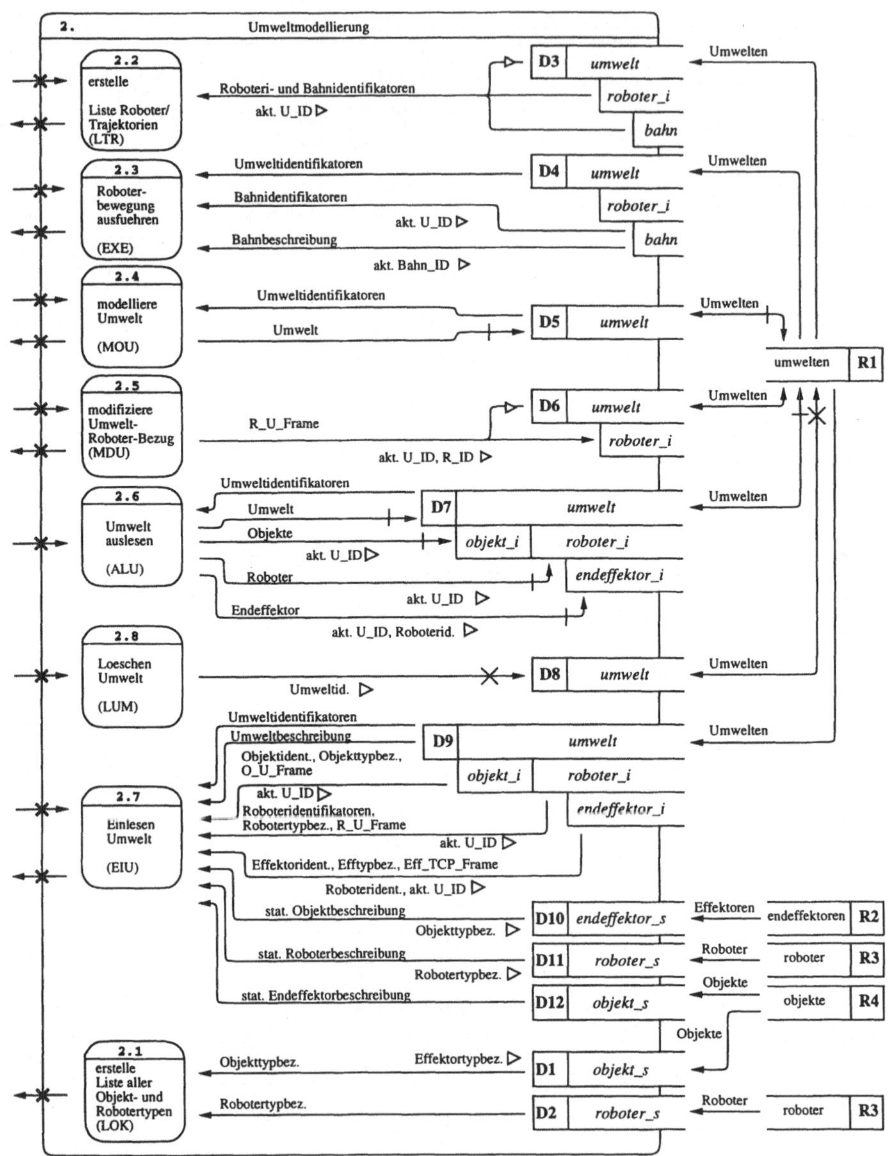


Abbildung 6.35: Informationsfluß zwischen Prozessen, globalen und lokalen Datenspeichern

cher Sichten zugrunde liegen, muß man wiederum zwischen Sichten, die durch virtuelle Relationen und Objekttypen beschreiben werden und solchen, die allein über Objekttypen und Operationen modelliert sind, unterscheiden (vgl. Kapitel 4.3.6). Im ersten Fall ist wiederum eine Identifikation der Relationen über den Objekttyp möglich, im zweiten Fall sind die Relationen nur über die Datentypen der Eingabeparameter der die Sicht generierenden Funktion bestimmbar.

### Initiale Spezifikation lokaler Datenspeicher und vollständige Informationsflußspezifikation

Wie bereits erwähnt wurde, handelt es sich bei der Evaluierung der lokalen Datenspeicher um einen iterativen Prozeß, in den verschiedene Einflußparameter eingehen. Als Ausgangsbasis für die Entwurfsentscheidungen sollen die logischen Datenspeicher einer Transaktion als lokale Datenspeicher angenommen werden, da sie alle am Datenfluß beteiligten persistenten Objekten beschrieben. Im Beispiel des Prozesses *Umweltmodellierung* ergeben sich somit zwölf lokale Datenspeicher für die acht Transaktionen, die jede gerade der Ausführung eines Benutzerkommandos entsprechen.

Nachdem somit nun die lokalen und globalen Datenspeicher der Anwendung bekannt sind, kann im nächsten Schritt der Datenfluß zwischen beiden spezifiziert und der Datenfluß zwischen lokalen Datenspeichern und Prozessen ggf. modifiziert werden. Betrachten wir als erstes Beispiel hierzu den Prozeß LOK. Laut Abbildung 6.29 bzw. 6.34 greift dieser lesend auf Instanzen des Typs *objekt_s* und *roboter_s* zu, die in den Relationen `objekte` bzw. `roboter` persistent gespeichert sind. Demzufolge ist ein Transfer genau dieser Instanzen zwischen globaler und lokaler Datenbasis erforderlich, was in Abbildung 6.35 schematisch dargestellt ist.

Schwieriger wird die Entscheidung über die Inhalte des lokalen Datenspeichers und den Datenfluß im Fall des Prozesses LTR. Wie Abbildung 6.29 zeigt, liest er Roboter und Bahnidentifikatoren, greift jedoch zusätzlich auf Instanzen des Oberobjekts *umwelt* zu, um die betreffenden Roboter zu identifizieren. Hier erhebt sich nun die Frage, ob es sinnvoll ist, alle Umwelten im lokalen Datenspeicher zu halten und die Suche dort auszuführen, oder ob es ausreicht, Instanzen des Typs *roboter* mit den zugehörigen Subobjekten zu transferieren, lokal zu speichern und die Selektion über das Suchargument auf der globalen Datenbasis auszuführen. Der Vorteil der zweiten Lösung besteht offensichtlich in einem geringen Transferaufwand aufgrund einer eingeschränkten Menge von Objekten geringerer Komplexität. Ihr Nachteil ist jedoch der, daß der Transfer in die lokale Datenbasis erst zum Zeitpunkt des Transaktionsbeginns erfolgen kann und somit Verzögerungen bei der Prozeßausführung möglich sind. Da durch das Prinzip des Caching, das in $R^2D^2$ durch die lokalen Datenspeicher realisiert wird, gerade die lokale Verfügbarkeit der Objekte verbessert werden soll, ist der erste Lösungsansatz in der Regel zu bevorzugen, wenngleich hierdurch ggf. Probleme bzgl. der globalen Verfügbarkeit der Objekte aufgrund von Objektsperren schreibender Datenbanktransaktionen entstehen können. Für den Prozeß LTR ergibt sich somit der lokale Datenspeicher `D2`, der Objektinstanzen vom Typ *umwelt* speichert. Entsprechend sind zwischen den Datenspeichern Objekte dieses Typs zu transferieren.

Wie das Beispiel gezeigt hat, stellen Suchargumente einen wesentlichen Einflußparameter der Spezifikation lokaler Datenspeicher dar. Den zweiten Haupteinflußfaktor bilden Datenbasistransaktionen, auf die im nächsten Abschnitt ausführlicher eingegangen wird.

Bevor diese evaluiert werden können, müssen jedoch die Zugriffsmodi für lokale und globale Datenspeicher bestimmt werden.

Beim Zugriff auf externe Datenspeicher werden in der Regel zwei Modi unterschieden - der lesende und der schreibende Zugriff. Diese beiden Modi sind ebenfalls für lokale Datenspeicher gültig, wobei in der Spezifikation bisher der schreibende Zugriff noch weiter dahingehend verfeinert wurde, daß zwischen dem Einfügen, Löschen und Ändern von Objekten unterschieden wurde. Da der direkte Datentransfer zwischen Prozessen und Datenspeichern auf der Basis der lokalen Datenspeicher erfolgt, können die Informationsflüsse und Zugriffsmodi für lokale Datenspeicher aus der Spezifikation für logische Datenspeicher übernommen werden. Der Zugriffsmodus für die globalen Datenspeicher läßt sich zum Teil direkt hieraus ableiten, folgt jedoch nicht in jedem Fall zwingend.

Der Zugriff auf Objekte der lokalen Datenspeicher setzt offensichtlich einen vorherigen Transfer der Objekte voraus, d. h. für alle Relationen der globalen Datenbasis ist mindestens lesender Zugriff erforderlich. Wird auf einen lokalen Datenspeicher schreibend zugegriffen, so muß entschieden werden, ob die durchgeführten Änderungen nur lokal wirksam sein sollen, oder ob sie zudem an die globale Datenbasis propagiert werden sollen (vgl. Kapitel 3.2.3). Im vorliegenden Beispiel wollen wir davon ausgehen, daß alle Änderungen in den lokalen Datenspeichern dieselben in der globalen Datenbasis zur Folge haben sollen, d. h. bei dem Transfer zwischen `R1` und `D5`, `D6`, `D7` bzw. `D8` handelt es sich um schreibende Zugriffe.

### 6.2.5 Identifikation und Spezifikation von Datenbanktransaktionen

In Abschnitt 6.2.3 wurde der Begriff der Transaktion bereits so eingeführt, wie [PJ88] ihn für den Bereich der Softwaresysteme sieht. Greift ein Softwaresystem auf persistente Daten einer Datenbasis zu, so stellt das Datenbanksystem ein eigenständiges Subsystem des Softwaresystems dar, in dem der Transaktionsbegriff mit einer festen Semantik belegt ist. Eine Datenbasistransaktion ist nach [LK90] die Inkarnation einer Datenhaltungsfunktion, bei der es sich um eine Basis- oder Komplexfunktion handeln kann. Basisfunktionen entsprechen den Operatoren der DML eines Datenbanksystems. Komplexfunktionen sind Folgen von Basisfunktionen, die aufgrund ihrer Semantik als Einheit aufzufassen sind. Eine Datenbasistransaktion ist zugleich die kleinste Einheit, an deren Ende automatisch Persistenz erreicht werden kann.

Die Frage, die sich nun stellt, ist die, in welcher Beziehung die beiden Transaktionsbegriffe zueinander stehen und welchen Einfluß Datenbanktransaktionen auf die Spezifikation lokaler Datenspeicher haben. Betrachten wir hierzu, wie eine Datenbasistransaktion an der $R^2D^2$ Programmierschnittstelle vereinbart wird bzw. abläuft. Anfang und Ende einer Datenbasistransaktion werden durch explizite Anweisungen (`BEGIN/COMMIT/ABORT TRANSACTION`) angegeben. Nach dem Beginn einer Datenbasistransaktion ist vom Programm das *check-out* der Daten in die private Datenbasis anzustossen. Die Datenhaltungsfunktionen arbeiten bei diesem Architekturkonzept primär auf der privaten Datenbasis, d. h. den lokalen Datenspeichern. Erst mit dem Ende einer Datenbasistransaktion erfolgt das *check-in*, und die Änderungen werden auch in der öffentlichen Datenbasis wirksam. Hinsichtlich der lokalen Datenspeicher bedeutet das, daß sie gerade für die Dauer einer Datenbasistransaktion gültig sind.

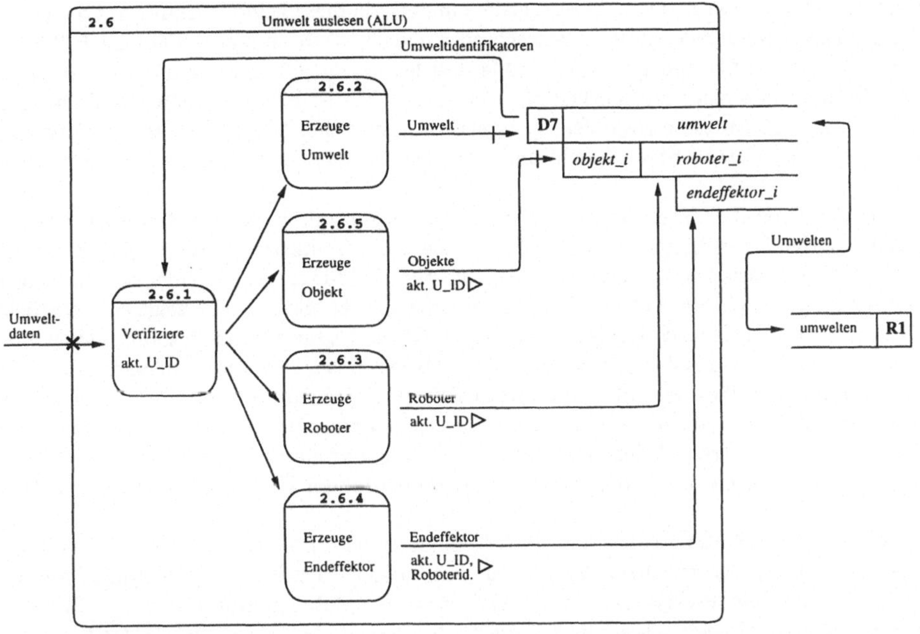


Abbildung 6.36: Der Prozeß ALU mit Teilprozessen und Datenspeichern

Zur Frage der Vereinbarkeit der beiden Transaktionsbegriffe wollen wir noch einmal den Prozeß ALU betrachten, der bereits als Transaktion des Softwaresystems identifiziert wurde. Abbildung 6.36 zeigt ihn mit seinen Teilprozessen sowie dem lokalen und globalen Datenspeicher. Wie daraus zu ersehen ist, besteht ALU aus fünf Prozessen, von denen vier gerade je eine Basis-Datenhaltungsfunktion repräsentieren. Offensichtlich bilden die Prozesse 2.6.2. bis 2.6.5 eine Komplexfunktion im Sinne der obigen Definition, da die vom Anwender geforderte Dienstleistung, nämlich das Einfügen einer Umwelt die Ausführung aller vier Prozesse erfordert. Ein anderes Beispiel für eine Transaktion stellt der Prozeß LUM aus Abbildung 6.20 dar, der das Löschen eines Objekts vom Typ *umwelt* aus der Relation `Umwelten` bewirkt, also aus Datenbanksicht gerade eine Basis-Datenhaltungsfunktion realisiert.

Wie diese beiden Beispiele schon erkennen lassen, handelt es sich bei einer Transaktion im Sinne der Definition nach [PJ88] um einen Prozeß, der sich ggf. aus Teilprozessen zusammensetzt, die wiederum Datenhaltungsfunktionen repräsentieren. Die Teilprozesse einer Transaktion stellen offenbar zusammen eine Komplexfunktion dar, da sie erst gemeinsam die datenbankspezifischen Aktivitäten der durch die Transaktion beschriebenen Dienstleistung realisieren. Somit ist in der Regel davon auszugehen, daß eine Transaktion nicht mehr als eine Datenbanktransaktion beinhaltet. Damit ist nachträglich der in Abschnitt 6.2.3 gewählte Ansatz zur initialen Spezifikation lokaler Datenspeicher gerechtfertigt.

Vielfach ist es jedoch auch sinnvoll, die Datenhaltungsfunktionen mehrerer Transaktionen zu einer Datenbasistransaktion zusammenzufassen. Dieses gilt insbesondere dann, wenn es sich um lesende Datenbankzugriffe handelt, da diese keine Wirkung auf die Daten der globalen Datenbasis haben. Betrachten wir dazu noch einmal Abbildung 6.35. Die Prozesse LTR, EXE und EIU greifen alle drei lesend auf Objekte vom Typ *umwelt* zu. Die Vereinbarung eines lokalen Datenspeichers pro Prozeß hätte zur Folge, daß Objekte, auf die mehrere Prozesse zugreifen, ggf. mehrfach zwischen öffentlicher und privater Datenbasis transferiert werden müßten und mehrfach in der privaten Datenbasis gespeichert würden.

Da der Prozeß *Umweltmodellierung* als ein Prozeß mit mehreren Teilprozessen aufgefaßt werden kann bietet es sich an, zumindest die Teilprozesse mit lesendem Zugriff zu einer Datenbasistransaktion zusammenzufassen und für sie einen gemeinsamen lokalen Datenspeicher bzgl. eines Objekttyps zu vereinbaren. Abbildung 6.37 zeigt eine mögliche Definition von Datenbasistransaktionen für den Prozeß *Umweltmodellierung*. Dabei wurden die lesenden Transaktionen zu einer Datenbasistransaktion zusammengefaßt und für jede schreibende Transaktion eine Datenbasistransaktion vorgesehen. Weiterhin ist aus Abbildung 6.37 zu ersehen, wie eine Datenbasistransaktion im Datenflußdiagramm durch die Vergabe einer Transaktionsnummer für den entsprechenden Prozeß sowie bei Zusammenfassungen durch die Einführung eines übergeordneten Prozesses dargestellt werden kann.

Wie bereits erläutert wurde, hat die Vereinbarung von Datenbasistransaktionen in der hier betrachteten Server-Client-Architektur mit Object Caching nicht nur Einfluß auf den Zeitpunkt, zu dem Persistenz und Konsistenz in der globalen Datenbasis gewährleistet werden können, sondern ebenfalls auf die Verfügbarkeit der Daten zur Laufzeit der Anwendung, d. h. auf die Effizienz des Softwaresystems. Daher ist im Einzelfall sorgfältig zu prüfen, zu welchem Zeitpunkt Persistenz und Konsistenz zwingend erforderlich sind. Im Beispiel der Umweltmodellierung kann man es etwa auch als ausreichend betrachten, alle durchgeführten Benutzeraktionen als Einheit bzgl. der Datenhaltungsfunktionen aufzufassen und diese dementsprechend als eine Datenbanktransaktion zu vereinbaren. In diesem Fall wäre eine weitere Zusammenfassung der lokalen Datenspeicher möglich, so daß für das Beispiel pro komplexem Objekttyp, auf dessen Instanzen zugegriffen wird, ein lokaler Datenspeicher erforderlich ist. Abbildung 6.38 zeigt das resultierende Datenflußdiagramm, Abbildung 6.39 die Zusammenfassung der Ein- und Ausgabeparameter dieser Entwurfsphase.

### 6.2.6 Spezifikation der Performanceanforderungen

Das Leistungsverhalten von Anwendungsprogrammen, die in externen Dateien oder in einem Datenbanksystem gespeicherte Datenobjekte verarbeiten, wird maßgeblich durch die diesbezüglichen Zugriffszeiten bestimmt. In der hier betrachteten Server-Client-Architektur mit lokalen Datenspeichern (Object Cache) setzt sich die Zugriffszeit im wesentlichen aus folgenden drei Komponenten zusammen:

- dem Zeitbedarf zur Ermittlung der relevanten Daten in der öffentlichen Datenbasis
- dem Zeitbedarf für den Transfer der Daten in die private Datenbasis der Anwendung
- dem Zeitbedarf zur Transformation der Daten in ihre Hauptspeicherrepräsentation und zum Transfer in den Object Cache

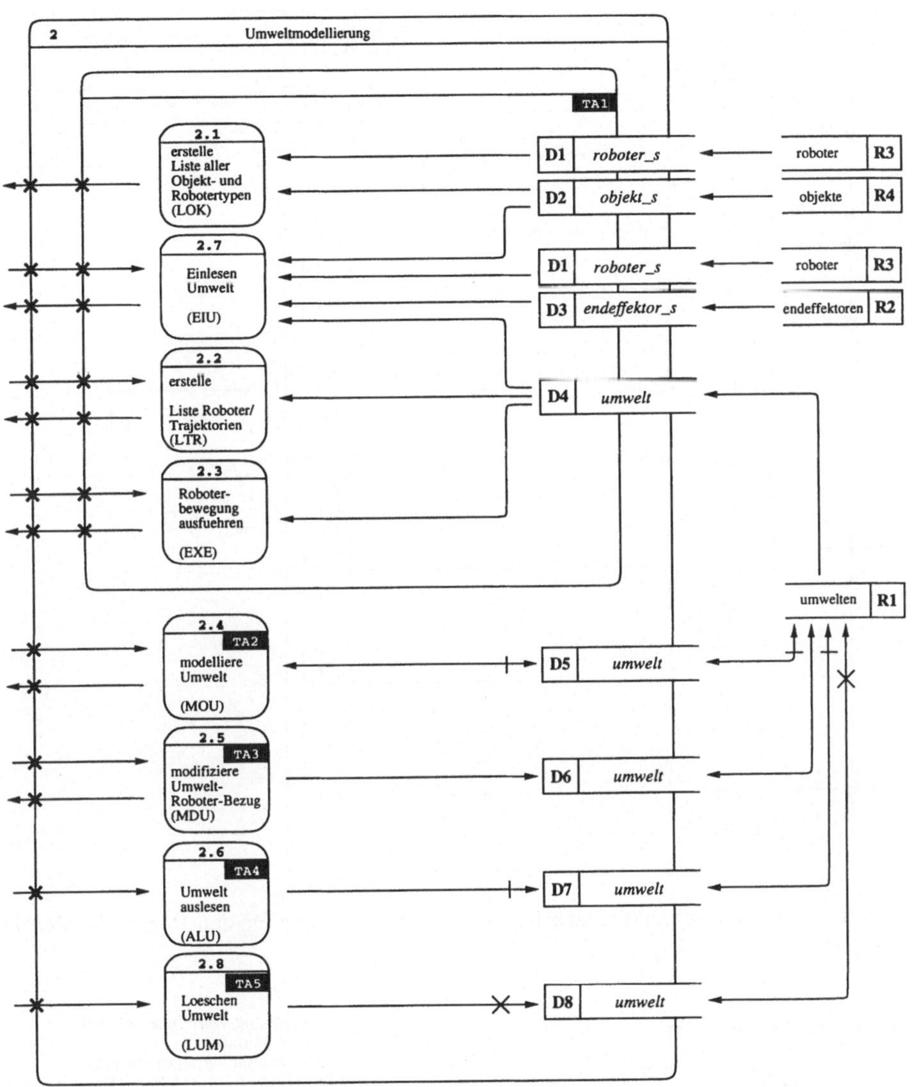


Abbildung 6.37: Beispiel für die Vereinbarung von Datenbanktransaktion

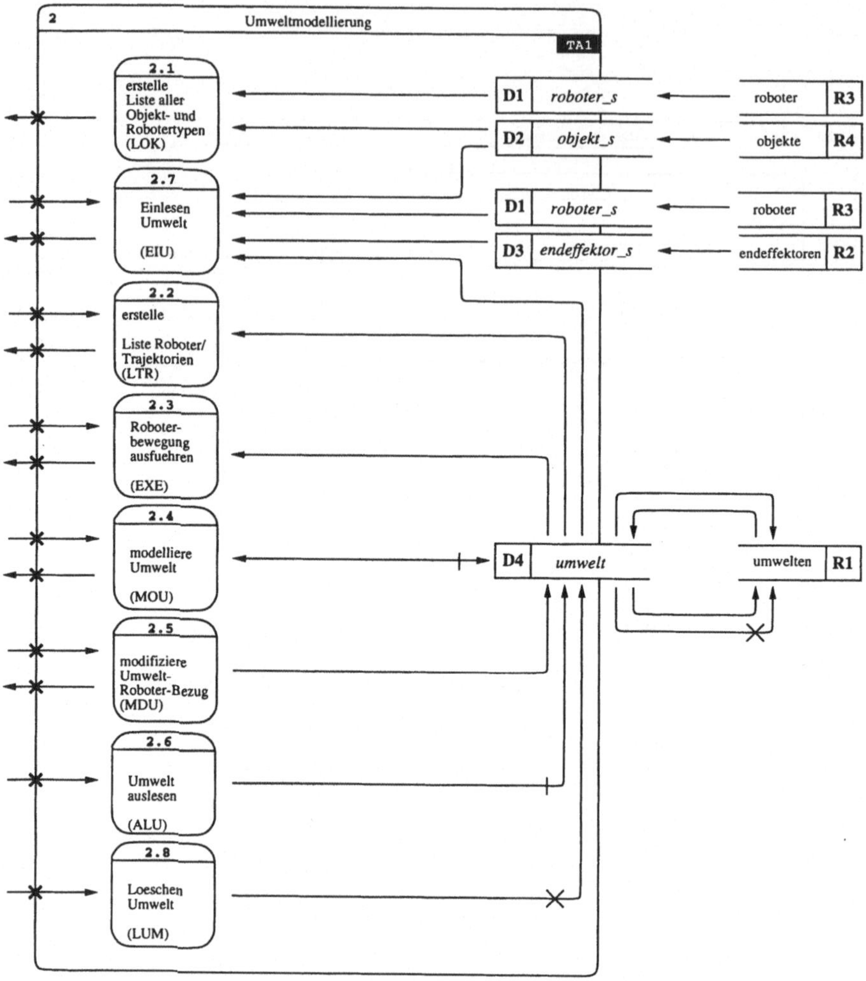

2 Umweltmodellierung

TA1

2.1 erstelle Liste aller Objekt- und Robotertypen (LOK)

2.7 Einlesen Umwelt (EIU)

2.2 erstelle Liste Roboter/ Trajektorien (LTR)

2.3 Roboter-bewegung ausfuehren (EXE)

2.4 modelliere Umwelt (MOU)

2.5 modifiziere Umwelt-Roboter-Bezug (MDU)

2.6 Umwelt auslesen (ALU)

2.8 Loeschen Umwelt (LUM)

D1 *roboter_s*

D2 *objekt_s*

D1 *roboter_s*

D3 *endeffektor_s*

D4 *umwelt*

roboter R3

objekte R4

roboter R3

endeffektoren R2

umwelten R1

Abbildung 6.38: Datenbanktransaktionen und Datenspeicher für den Prozeß *Umweltmodellierung*

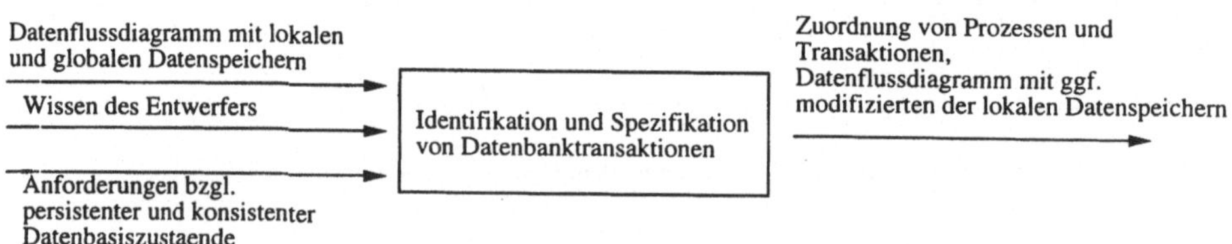


Abbildung 6.39: Spezifikation der Transaktionen

Der schnelle Zugriff innerhalb der öffentlichen Datenbasis kann durch geeignete Techniken des physischen Datenbankentwurfs, z. B. Indexe, unterstützt werden (vgl. Kapitel 5.5). Da wir in unseren bisherigen Betrachtungen immer von der Existenz eines Datenbankschemas, d. h. einem abgeschlossenen Datenbankentwurf ausgegangen sind, wollen wir die Performanceanforderungen für diese Art des Zugriffs hier nicht weiter berücksichtigen.

Auf die Dauer des Datentransfers zwischen öffentlicher und privater Datenbasis bzw. zwischen der privaten Datenbasis auf dem Sekundärspeicher und dem Arbeitsbereich des Anwendungsprogramms kann der Programmierer keinen Einfluß nehmen. Jedoch besteht die Möglichkeit, die Performance der Transaktionen und Prozesse einer Anwendung durch die Angabe des Zeitpunkts, zu dem Objekte evaluiert und transferiert werden sollen, zu kontrollieren.

Die Evaluierung einer Anfrage, durch die die relevanten Daten bestimmt werden, erfolgt aufgrund der mit der $R^2D^2$-Architektur verfolgten Zielsetzung der lokalen Datenhaltung in der Regel zum Beginn einer Datenbasistransaktion. Sie impliziert zugleich einen Transfer der Daten in die private Datenbasis.

Die explizite Ein- und Auslagerung der persistenten Objekte in den bzw. aus dem Adreßraum des Anwendungsprogramms erfolgt, wie in Kapitel 3.2.3 bereits erläutert wurde, mit Hilfe des *prefetch/release*-Mechanismus. Zudem wird die implizite Einlagerung zum Zeitpunkt des ersten Objektzugriffs unterstützt. Setzt man zusätzlich voraus, daß die betreffenden Objekte nicht anderweitig, z. B. durch Betriebssystemprozesse, aus dem Hauptspeicher ausgelagert werden, dann lassen sich adäquate Zugriffsgeschwindigkeiten durch eine der folgenden vier Einlagerungsstrategien gewährleisten:

- Einlagerung zum Beginn einer Datenbanktransaktion (BOT)
  Die Objekte werden zu Beginn der Datenbanktransaktion, d. h. direkt im Anschluß an die Evaluierung der Anfrage, in den lokalen Datenspeicher transferiert.

- Einlagerung zum Prozeßbeginn (BOP)
  Die Objekte werden zum Beginn des Prozesses, der auf den betreffenden lokalen Datenspeicher zugreift, eingelagert.

- Benutzerkontrollierter Einlagerungszeitpunkt(UR)
  Der Transferzeitpunkt wird vom Benutzer angegeben, das bedeutet, es muß ein dementsprechender Prozeß spezifiziert werden, der diese Aktion realisiert.

- implizite Einlagerung (IR)
  Die Objekte werden implizit beim ersten Zugriff in den lokalen Datenspeicher geholt.

Analog zu den ersten drei Einlagerungsstrategien ergeben sich die Auslagerungsstrategien EOT, EOP und UR. Zur impliziten Auslagerung stehen in $R^2D^2$ keine eigenen Konzepte bereit. Diese erfolgt nur im Rahmen der Auslagerung zum Ende einer Datenbanktransaktion (EOT).

Die Wahl der Ein- und Auslagerungsstrategie für einen lokalen Datenspeicher beeinflußt die Performance einer Anwendung zur Laufzeit nun insofern, als die Kombination BOT/EOT zwar zu einer ggf. langen Ladephase aber zugleich zur besten lokalen Verfügbarkeit und somit der geringsten Zugriffszeit beim Zugriff durch einzelne Prozesse führt. Im Falle der Einlagerungsstrategie BOP kann es demgegenüber zu durch die Transferzeit bedingten Wartezeiten bei der Bearbeitung einer Benutzeranforderung kommen.

Ein Vorteil der impliziten Einlagerung hingegen kann darin bestehen, daß nur genau die Daten eingelagert werden, die der Prozeß benötigt, während im Fall von BOP/BOT im allgemeinen im voraus nicht entscheidbar ist, auf welche Objekte tatsächlich zugegriffen wird und somit der Object Cache vollständig geladen werden muß.

Im Beispiel des Prozesses *Umweltmodellierung* ist die kontinuierliche Verfügbarkeit der Objekte notwendig. Da mehrere unabhängige Prozesse auf dieselben Datenspeicher zugreifen, kann die Einlagerung nur zum Transaktionsbeginn oder auf Benutzeranforderung erfolgen. Da die Transaktion zudem keine weiteren Prozesse beinhaltet, die nicht auf die Datenspeicher zugreifen, soll für alle Datenspeicher der Modus BOT/EOT gewählt werden, was in Form der in Abbildung 6.40 dargestellten Tabelle spezifiziert werden kann.

| lokaler Datenspeicher | Einlagerung | Auslagerung |
|---|---|---|
| D1 | BOT | EOT |
| D2 | BOT | EOT |
| D3 | BOT | EOT |
| D4 | BOT | EOT |

Abbildung 6.40: Spezifikation der Zugriffsanforderungen für den Prozeß *Umweltmodellierung*

Abbildung 6.41 faßt nochmals die Ein-und Ausgabeparameter dieser Entwurfsphase zusammen.

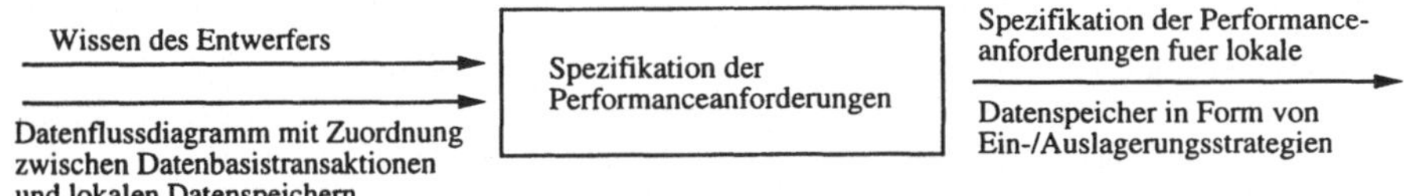


Abbildung 6.41: Spezifikation der Zugriffsanforderungen

## 6.3 Zusammenfassung

In diesem Kapitel wurde anhand einer Fallstudie ein Verfahren zur Datenflußanalyse und Spezifikation von Performanceanforderungen auf der Basis der Architektur der $R^2D^2$-Schnittstelle entwickelt. Das Verfahren basiert auf der Idee, die für ingenieurwissenschaftliche Anwendungen typische lokale Datenhaltung sowie das Konzept der Datenbasistransaktionen in die Informationsflußspezifikation zu integrieren. Die Spezifikation lokaler Datenspeicher im Rahmen der Anforderungsanalyse stellt zugleich eine geeignete Ausgangsbasis für den Programmentwurf dar, da hieraus die *informational cluster*, durch die ein Cache in dieser Phase oftmals dargestellt wird, direkt abgeleitet werden können. Unter Berücksichtigung des Object Cache Konzeptes, das in $R^2D^2$ die lokale Datenhaltung realisiert, lassen sich zudem Strategien zur Performancesteuerung festlegen. Abbildung 6.42 faßt die einzelnen Phasen des Verfahrensplans noch einmal zusammen.

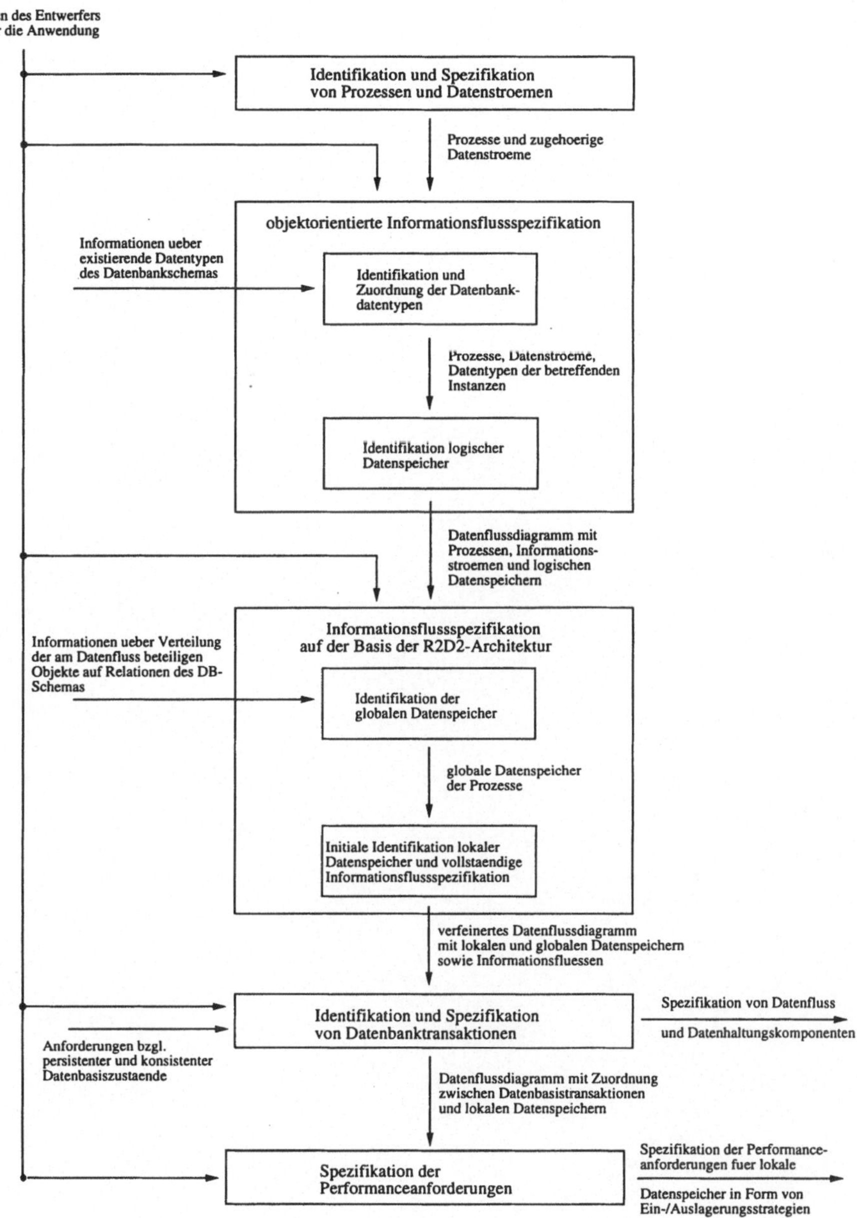


Abbildung 6.42: Verfahrensplan für den Programmentwurf in $R^2D^2$

# Kapitel 7

# Softwareentwurf mit persistenten Objekten

Nachdem im vorangegangenen Kapitel verschiedene Konzepte für die Anforderungsanalyse in $R^2D^2$ entlang eines Beispiels entwickelt wurden, sollen in diesem Kapitel die wesentlichen allgemeingültigen Ergebnisse zu einem Verfahrensplan für den Programmentwurf auf der Basis objektorientierter Datenhaltungskonzepte zusammengefaßt werden.

## 7.1 Der Verfahrensplan

Der aus den in Kapitel 6 erarbeiteten Konzepten resultierende Verfahrensplan setzt sich im wesentlichen aus drei Phasen zusammen:

- der Identifikation und Spezifikation von Prozessen, Informationsströmen und Datenspeichern, aus der ein erweitertes Datenflußdiagramm resultiert
- der Identifikation und Spezifikation von Datenbanktransaktionen
- der Spezifikation der Performanceanforderungen

Abbildung 7.1 stellt diese Phasen mit den zugehörigen Teilschritten schematisch dar. Wie hieraus zu ersehen ist, erfolgt die Analyse in der ersten Phase in drei aufeinander aufbauenden Schritten. Dabei werden, wie aus konventionellen Entwurfstechniken bekannt, zuerst Prozesse und Datenströme aus der Sicht der Anwendung identifiziert. In einem zweiten Schritt wird der Spezifikation ein objektorientiertes Datenmodell zugrunde gelegt. Letztendlich gehen im dritten Teilschritt für ingenieurwissenschaftliche Anwendungen typische Datenhaltungskonzepte in den Entwurf ein.

Die zweite Phase des Verfahrensplans berücksichtigt verstärkt datenbankspezifische Konzepte, jedoch wiederum primär unter dem Aspekt des logischen Entwurfs. In der dritten Phase geht die Analyse bereits über die Beschreibung allgemeiner Anforderungen hinaus und legt einen spezifischen Mechanismus zur Effizienzsteuerung zugrunde.

Im folgenden Abschnitt werden die Prämissen, Einflußfaktoren und Entwurfsrichtlinien der einzelnen Phasen des Verfahrensplans detaillierter beschrieben.

## 7.2 Ermittlung des erweiterten Datenflußdiagramms

Die Ermittlung des erweiterten Datenflußdiagramms beinhaltet die Identifikation und Spezifikation von Prozessen, Informationsströmen und Datenspeichern. Sie erfolgt, wie oben beschrieben, im wesentlichen in drei Phasen, die im folgenden diskutiert werden.

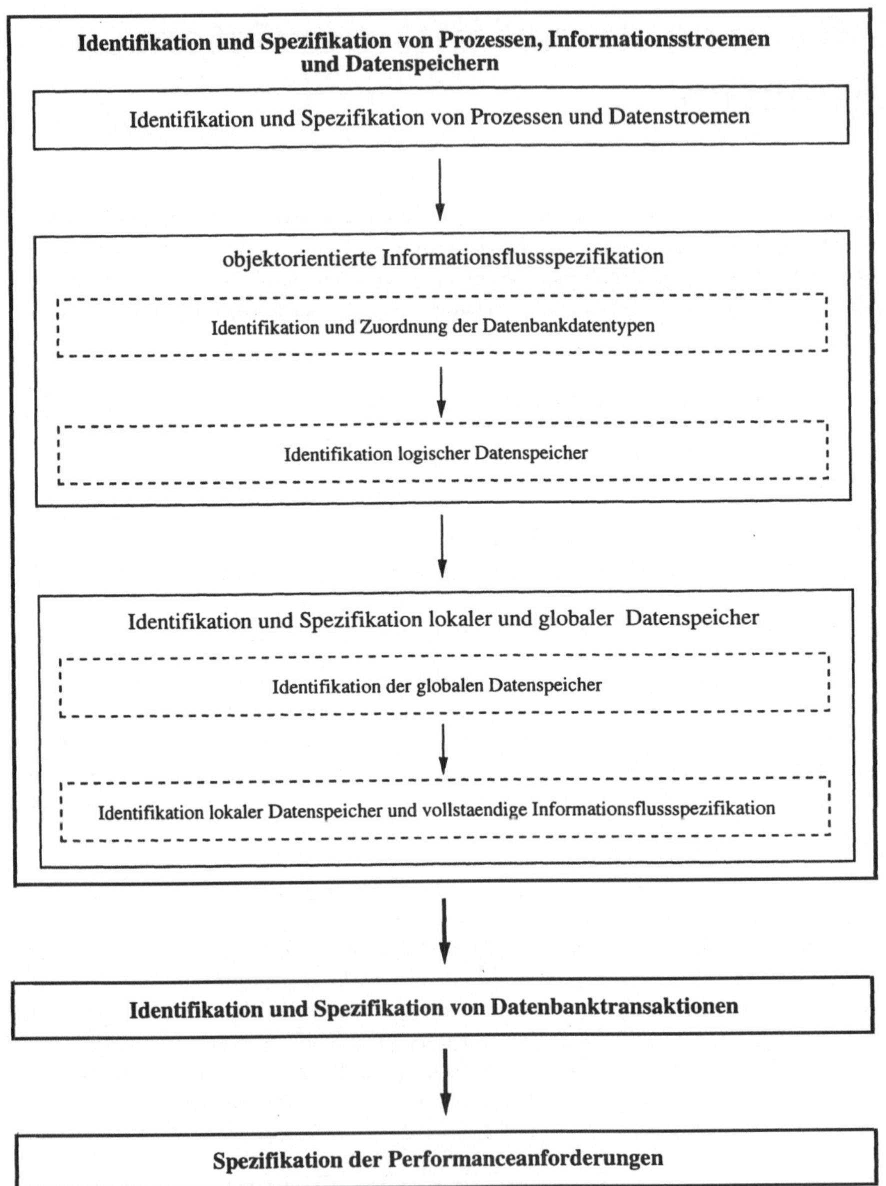


Abbildung 7.1: Verfahrensplan für den Entwurf objektorientierter Datenhaltungskonzepte

### 7.2.1 Identifikation und Spezifikation von Prozessen und Datenströmen

Das vorgestellte Konzept zur Datenflußanalyse sieht im ersten Schritt dieselbe Vorgehensweise wie konventionelle Verfahren zur Anforderungsanalyse vor. Das bedeutet, hier ist der softwaretechnisch nachzubildende Weltausschnitt auf die für ihn typischen Prozesse und Informationsströme hin zu untersuchen. Ihre Spezifikation erfolgt mit Hilfe von Datenflußdiagrammen, wobei in dieser Phase Datenspeicher noch unberücksichtigt bleiben. Nach [Tic89] können Datenflußdiagramme auf mehreren Abstraktionsebenen angelegt werden. Als Grundlage für die folgenden Entwurfsphasen ist bei dem vorgeschlagenen Verfahren ein Detaillierungsgrad wünschenswert, der in etwa der Zerlegung in Module bei der Programmierung entspricht, da nur so eine zur späteren Identifikation der Datenspeicher ausreichende Informationsflußspezifikation möglich ist. Bei den identifizierten Informationsströmen ist, wie auch [GS79] vorschlagen, zwischen Datenobjekten und Suchargumenten zu unterscheiden.

### 7.2.2 Objektorientierte Informationsflußspezifikation

Die für diesen Entwurfsschritt vorgestellte Vorgehensweise zur Identifikation und Spezifikation der am Informationsfluß beteiligten Datenspeicher unterscheidet sich von bekannten Ansätzen dahingehend, daß ihr Ziel nicht die Identifikation logischer Datenobjekte und Dateien ist. Vielmehr wird in dieser Entwurfsphase von der Existenz eines objektorientierten Datenbasisschemas für die Anwendung ausgegangen. Somit bestehen die primären Aufgaben dieses Entwurfsschrittes in der Identifikation der im Schema vereinbarten Objekttypen, die die spezifizierte Information repräsentieren, und in der Spezifikation von Datenspeichern. Die Identifikation der Objekttypen erfolgt in der Regel unter Verwendung des Datenbankschemas. Die Spezifikation geschieht durch Zuordnung des entsprechenden Typidentifikators zu den jeweiligen Datenströmen im Datenflußdiagramm.

Objektorientierte Datenmodelle unterstützen die Modellierung komplexer Objekttypen. Ein komplexes Objekt kann sich dabei selbst wiederum aus verschiedenen Teilobjekten zusammensetzen. Im $R^2D^2$-Datenmodell beispielsweise wird auf Typebene die schrittweise Entwicklung eines komplexen, hierarchisch strukturierten Objekttyps aus Subtypen unterstützt. Für die durch Prozesse und Informationsströme dargestellten Zusammenhänge muß daher untersucht werden, wie diese im Datenbasisschema durch komplexe Datentypen dargestellt sind. Nur bei Berücksichtigung dieser Beziehungen kann eine korrekte Identifikation der Datenspeicher einer Anwendung gewährleistet werden. Diese erfolgt im Anschluß an die Typidentifikation, wobei in dieser Phase ausschließlich die logische Ebene betrachtet wird.

Ein logischer Datenspeicher repräsentiert eine Menge von Instanzen eines Datenbankdatentyps. Der Datentyp für die Instanzen eines logischen Datenspeichers läßt sich direkt aus den für einen Informationsfluß identifizierten Datentypen ableiten. Somit besteht das primäre Problem, das zu lösen ist, in der Frage, auf welcher Abstraktionsebene die Zuordnung zwischen Prozessen und Datenspeichern durchzuführen ist, um ein zu großes Maß an Redundanz zu vermeiden. Der hier vorgestellte Verfahrensplan basiert auf der Definiton des Transaktionsbegriffs für Softwaresysteme nach [PJ88] (vgl. Kapitel 6.2.3). Aus diesem folgt, daß Transaktionen u. a. wesentliche logische Komponenten eines Systems bilden, welche auf persistente Daten zugreifen. Daher werden hier, anders als in verschiedenen

Techniken des strukturierten Systementwurfs, Transaktionen bereits im Rahmen der Anforderungsanlyse weitestgehend identifiziert und zugleich als Einheit für die Datenhaltung aufgefaßt.

Im Hinblick auf das Verfahren zur Identifikation logischer Datenspeicher bedeutet das, daß für jeden voneinander unabhängigen Objekttyp einer Transaktion, der zuvor für die beteiligten Prozesse identifiziert wurde, ein logischer Datenspeicher spezifiziert werden muß.

### 7.2.3 Identifikation und Spezifikation lokaler und globaler Datenspeicher

In der letzten Phase der Ermittlung des erweiterten Datenflußdiagramms erfolgt ein partieller Übergang von der bisher betrachteten logischen Ebene auf die physische Ebene. Die grundlegende Prämisse des hier gewählten Ansatzes besteht in der Existenz unterschiedlicher Datenhaltungskonzepte im zu entwerfenden Gesamtsystem. Ausgangspunkt der Prämisse bildet die Erfahrung, daß die Effizienzanforderungen ingenieurwissenschaftlicher Anwendungen neben dem Datenbanksystem als globalem Datenspeicher eine lokale Datenhaltung erfordern. In dieser Entwurfsphase sind somit die lokalen und globalen Datenspeicher der Anwendung zu ermitteln und die Datenflußspezifikation diesbezüglich zu erweitern.

Die globalen Datenspeicher einer Anwendung, in relationalen Datenmodellen also die Relationen des Datenbankschemas, die die durch die logischen Datenspeicher repräsentierten Datenobjekte enthalten, können im wesentlichen aufgrund der Typinformation für die logischen Datenspeicher und ggf. auf der Basis weiterer Informationen über die Anwendungssemantik identifiziert werden. Dabei kann i. a. wiederum das Metaschema als Hilfestellung dienen. Besteht ein Objekt aus verschiedenen Teilobjekten, so ist zu beachten, daß eine explizite Zuordnung auch zwischen Teilobjekten und globalen Datenspeichern erfolgen muß.

Hinsichtlich der lokalen Datenspeicher wird angenommen, daß sie ebenso wie die bereits identifizierten logischen Datenspeicher eine Menge von Instanzen eines im Datenbankschema vereinbarten Datentyps repräsentieren. Folglich eignen sich die logischen Datenspeicher als Ansatzpunkt zur initialen Spezifikation lokaler Datenspeicher.

Nachdem die lokalen und globalen Datenspeicher bekannt sind, können aufgrund des für die logischen Datenspeicher spezifizierten Informationsflusses der lokale und globale Datenfluß bestimmt werden. Während der Datenfluß zwischen Prozessen und lokaler Datenhaltung, der einen Transfer persistenter Daten beschreibt, dem für logische Datenspeicher spezifizierten Datenfluß entspricht, ist für die Suchargumente zu überprüfen, ob sie sinnvoller auf der lokalen oder globalen Datenbasis zur Restriktion der zu transferierenden Daten eingesetzt werden sollen. Die Anforderungen bzgl. des Transfers von Objekten zwischen den Datenspeichern lassen sich in der Regel aus dem den jeweiligen lokalen Datenspeicher beschreibenden Datentyp ableiten. Durch Inspektion des lokalen Datenflusses kann weiterhin festgestellt werden, ob zusätzliche Projektionen auf der globalen Datenbasis durchzuführen sind. 200z Die Spezifikation von Datenströmen beinhaltet neben der Beschreibung der Daten die Festlegung der Zugriffsmodi. Die Anforderungen hinsichtlich des lesenden oder schreibenden Zugriffs können für die lokale Datenhaltung aus der initialen Spezifikation übernommen werden. Im Hinblick auf die globale Datenhaltung ist zu überprüfen, ob alle in einem lokalen Datenspeicher durchgeführten Änderungen auch global wirksam sein sollen. Falls ja, ist global schreibender Zugriff zu spezifizieren, wenn mindestens ein schreibender lokaler Zugriff erfolgt. Die Zugriffsmodi können zudem, wie in Kapitel 6 aufgezeigt wurde, optional noch weiter differenziert werden, indem beim schreibenden Zugriff zwischen Löschen, Einfügen und Ändern unterschieden wird.

Mit der Festlegung der Zugriffsmodi ist die Ermittlung des erweiterten Datenflußdiagramms vorerst abgeschlossen. Jedoch können sich aus der folgenden Phase des Verfahrensplans weitere Modifikation ergeben.

## 7.3 Identifikation und Spezifikation von Datenbanktransaktionen

Eine Datenbanktransaktion besteht aus einer oder mehreren Datenhaltungsfunktionen. Sie bildet die kleinste Einheit, an deren Ende automatisch Persistenz erreicht werden kann. Bei der Anwendungsprogrammierung mit persistenten Objekten werden Datenhaltungsfunktionen in den meisten Fällen in ein Modul eingebettet, das einen Prozeß oder eine Transaktion realisiert. Somit stellt sich die Frage, in welcher Beziehung der Transaktionsbegriff in Softwaresystemen zum Transaktionsbegriff für das als Subsystem zu betrachtende Datenbanksystem steht.

Offenbar ist es nicht sinnvoll, wenn eine Änderung persistent wird, bevor die Transaktion, die die entsprechende Datenhaltungsfunktion beinhaltet, korrekt beendet ist. Das bedeutet, in der Regel bildet eine Transaktion die kleinste Einheit für eine Datenbanktransaktion. Umgekehrt kann jedoch eine Datenbanktransaktion mehrere Transaktionen des Softwaresystems umfassen. Dieser Tatbestand ist insbesondere dann gegeben, wenn es sich um lesende und lokal ändernde Datenbanktransaktionen handelt, in denen die Persistenz ohne Bedeutung ist.

Im Fall der Existenz einer lokalen Datenhaltung stellt das Ende einer Datenbanktransaktion zugleich den Zeitpunkt dar, an dem Konsistenz zwischen lokalen bzw. lokalen und globalen Datenspeichern erreicht wird. Das hat i. a. zur Folge, daß die lokale Verfügbarkeit von Daten durch die Dauer der Datenbanktransaktion begrenzt ist. Folglich kann die Vereinbarung von Datenbanktransaktionen auch Auswirkungen auf das Laufzeitverhalten eines Programms haben.

Für die Vorgehensweise in dieser Phase der Anforderungsanalyse ergeben sich aus dem Konzept der Datenbanktransaktionen nun folgende Konsequenzen. Im ersten Schritt sind, ausgehend von den bereits ermittelten Transaktionen der Anwendung, die Datenbanktransaktionen zu bestimmen. In einem zweiten Schritt können die lokalen Datenspeicher einer Datenbanktransaktion, die auf Daten desselben Typs und globalen Datenspeichers zugreifen, zusammengefaßt werden. Für den Fall, daß die Schnittmenge der Daten verschiedener Datenspeicher nicht leer ist, ist eine weitestgehende Zusammenfassung aus Konsistenzgründen ratsam.

## 7.4 Spezifikation der Performanceanforderungen

Die Gewährleistung des geforderten Leistungsverhaltens eines Softwaresystems spielt in vielen ingenieurwissenschaftlichen Anwendungen eine wichtige Rolle. Der hier diskutierte

Verfahrensplan berücksichtigt diese Anforderungen, indem er eine Spezifikationsmethode bereitstellt, die es erlaubt, den Zeitpunkt des Datentransfers, der ggf. großen Einfluß auf die Performance einer Anwendung haben kann, zu beschreiben.

Ausgangsbasis der Spezifikationsmethode bildet die Annahme, daß die Programmierschnittstelle Methoden zur expliziten und impliziten Ein- und Auslagerung von Daten in / aus lokalen Datenspeichern bereitstellt. Faktoren, die die Performance eines Programms beeinflussen können, sind zum einen die Dauer des Datentransfers, zum anderen die Zeit, die der Zugriff auf ein persistentes Objekt erfordert.

Ziel der Strategie zur Performancesteuerung muß es daher sein, den Transfer zu einem Zeitpunkt durchzuführen, zu dem Wartezeiten tragbar sind. Hier bieten sich im wesentlichen zwei Zeitpunkte an – der Beginn einer Datenbanktransaktion oder der Beginn eines Prozesses. Analog hierzu kann die Auslagerung am Ende dieser Einheiten durchgeführt werden. Das vorgeschlagene Verfahren ermöglicht es nun, den Zeitpunkt für jeden lokalen Datenspeicher zu spezifizieren.

Für weniger zeitrelevante Prozesse oder solche, bei denen sich die einzulagernden Daten als Resultat einer Benutzerinteraktion ergeben, sind zwei weitere Einlagerungsstrategien vorgesehen – die systemgesteuerte und die benutzergesteuerte Einlagerung. Diese Strategien erlauben zudem, zusammen mit der benutzergesteuerten Auslagerung eine Steuerung des belegten Hauptspeicherplatzes, der in gewissen ingenieurwissenschaftlichen Anwendungen ebenfalls von Interesse sein kann.

# Kapitel 8

# Zusammenfassung

Ziel der Arbeit war die Entwicklung von Konzepten, die Anwender objektorientierter Datenbanksysteme in verschiedenen Phasen der Anwendungsentwicklung unterstützen. Ausgangsbasis der Untersuchungen war die Beobachtung, daß der Einsatz objektorientierter Datenbanksysteme zur Datenverwaltung in ingenieurwissenschaftlichen Anwendungen zum einen eine weitreichendere Einbeziehung der Anwender in den Datenbankentwurfsprozeß erfordert als beispielsweise der Einsatz relationaler Datenbanksysteme, und zum anderen Auswirkungen auf den Programmentwurf hat, die von bisher bekannten Softwareentwurfstechniken nur unzureichend berücksichtigt werden.

Da die entwickelten Konzepte vorwiegend ingenieurwissenschaftliche Datenbankanwendungen bzw. die Kooperation von Ingenieuren und Datenbankexperten unterstützen sollen, wurden zuerst Grundbegriffe einer exemplarischen ingenieurwissenschaftlichen Anwendung eingeführt und deren Charakteristika erarbeitet. Als Beispiel diente hier der Forschungsprototyp für ein Robotersimulationssystem, der weiterhin auf die bei seiner Entwicklung eingesetzten Methoden zur Datenmodellierung und Programmierung hin untersucht wurde. Als wesentliche Ergebnisse sind hier der Einsatz des Entity-Relationship-Modells als Modellierungskonzept zu nennen und die Verwendung einer lokalen Datenhaltung, bestehend aus Instanzen anwendungsspezifischer Datentypen.

Im Anschluß an die Untersuchung der Anwendungsaspekte wurden die Datenbankaspekte betrachtet. Hierzu wurde das objektorientierte Datenmodell $R^2D^2$ vorgestellt, in dem die volle Objektorientierung mittels benutzerdefinierter Datentypen und Operationen realisiert ist. Den zudem für das erweiterte $NF^2$-Modell bzw. das $R^2D^2$-Modell beschriebenen Programmierschnittstellen liegt eine für den ingenieurwissenschaftlichen Bereich typische Client-Server-Datenbankarchitektur zugrunde. Während die API-Schnittstelle sich des Cursor-Konzepts für den Zugriff auf persistente Daten bedient, berücksichtigt die $R^2D^2$-Programmierschnittstelle die Anforderungen bzgl. der lokalen Datenhaltung, indem sie lokale Datenspeicher, sogenannte Object Caches, zur Verfügung stellt. Diese bilden zugleich eine homogene Schnittstelle zwischen Programm und Datenbasis, da sie eine 1:1-Abbildung der persistenten Objekte zwischen Datenbank und Anwendungsprogramm sowie eine einheitliche Beschreibung des Objektverhaltens in Datenbank und Anwendung ermöglichen. Ein weiteres Charakteristikum der $R^2D^2$-Programmierschnittstelle besteht in der weitreichenden Unterstützung der Formulierung von Datenbankanfragen. Die Ausrichtung der Anfragen auf Mengen von Instanzen benutzerdefinierter Datentypen und die automatische Anfragentransformation für abgeleitete Relationen haben eine stark vereinfachte Anfragenformulierung zur Folge, bei der die komplexe Struktur von Datentypen und Relationen dem Anwender weitestgehend verborgen bleibt.

Die Entwicklung der Datenbankentwurfsmethode erfolgte anhand einer Fallstudie, der das Robotersimulationssystem ROSI und das $R^2D^2$-Datenmodell zugrunde lagen. Das resultierende Verfahren für einen vollständigen systematischen Entwurf objektorientierter Datenbankschemata basiert auf der aus konventionellen Entwurfstechniken bekannten Idee des Entwurfs auf drei Abstraktionsebenen. Für den konzeptuellen und den Implementations-Entwurf hat sich gezeigt, daß sie orthogonal um Konzepte zum Entwurf objektorientierter Schemata erweiterbar sind.

Die für den konzeptuellen Entwurf entwickelte Technik sieht eine zweistufige Vorgehensweise vor. Der Entwurf komplexer Objekte erfolgt dabei durch Inspektion des zuvor ermittelten ER-Diagramms der Anwendung. Das Objektverhalten läßt sich zum Teil ebenfalls aus dem ER-Diagramm, insbesondere den darin vereinbarten Beziehungstype,n ableiten. Jedoch ist auch zusätzliches Wissen der Entwerfers über die modellinhärente Objektsemantik erforderlich. In der Phase des Implementationsentwurfs bildet die Abbildung der Objektspezifikation auf Konzepte des logischen Datenmodells die Basis des Schemaentwurfs. Zudem führt das Objektkonzept zu weiteren Anforderungen beim Entwurf externer Schemata. Hierzu mußte die Bedeutung des Begriffs der Sicht bzw. des externen Schemas für ein objektorientiertes Datenmodell geklärt werden. Dabei zeigte sich, daß die Objektorientierung an sich bereits ein mächtiges Mittel zur Sichtenspezifikation darstellt. Da die Methoden des physischen Datenbankentwurfs zu einem großen Teil systemabhängig sind, wurden für diese Entwurfsphase keine speziellen Konzepte erarbeitet. Jedoch zeigte sich, daß das durch den physischen Entwurf zu optimierende Leistungsverhalten in einem objektorientierten Datenbanksystem nicht allein von den Speicherstrukturen und Methoden zur Zugriffspfadunterstützung abhängig ist, sondern außerdem von der Realisierung des Objektverhaltens.

Ebenso wie die Entwicklung der Datenbankentwurfsmethode erfolgte die Entwicklung der Konzepte zur Unterstützung eines auf der Basis objektorientierter Datenhaltungskonzepte durchzuführenden Softwareentwurfs anhand einer Fallstudie. Dabei stand die Frage im Vordergrund, welche Rolle die Existenz eines objektorientierten Datenbankschemas sowie das Konzept der lokalen Datenhaltung bei der Anforderungsanalyse für einen Softwareentwurf mittels Datenflußdiagrammen spielt. Ein Resultat ist, daß der Objektbegriff eine von der Verteilung der Daten unabhängige Spezifikation von Datenspeichern einer Anwendung unterstützt. Auf der Basis dieser logischen Datenspeicher kann der Entwurf des Datenflußdiagramms in zwei Richtungen erweitert werden – in Richtung der globalen Datenhaltung und der lokalen Datenhaltung. Damit ergibt sich die Möglichkeit einer detaillierten Informationsflußspezifikation bei gleichzeitiger Spezifikation der Anforderungen bzgl. der lokalen Datenhaltung, die in gängigen Softwareentwurfstechniken nur in sehr geringem Maß berücksichtigt wird. Ebenso wie die lokale Datenhaltung für persistente Objekte berücksichtigen gängige Verfahren den Begriff der Datenbanktransaktion nicht. In den hier erarbeiteten Vorschlägen wurde der Begriff zu dem im Softwarebereich gängigen Transaktionsbegriff in Beziehung gesetzt und seine Auswirkung auf die lokale Datenhaltung untersucht.

Wie mehrfach erwähnt wurde, spielt in ingenieurwissenschaftlichen Anwendungen die Gewährleistung eines guten Laufzeitverhaltens der Anwendung ein bedeutende Rolle. Für diesen Bereich wurden Strategien vorgestellt, durch deren Anwendung das Leistungsverhalten, soweit es durch Konzepte zur Datenhaltung für persistente Objekte beeinflußt wird, bedingt gesteuert werden kann. Die Angabe der entsprechenden Strategien für Komponenten der lokalen Datenhaltung kann als eine Methode zur Spezifikation der Performanceanforderungen in einem Softwaresystem betrachtet werden.

Die in dieser Arbeit entwickelten Methoden bilden ein breites und neuartiges Spektrum an Unterstützung für die Entwicklung ingenieurwissenschaftlicher Anwendungen auf der Basis eines objektorientierten Datenmodells, das vom Datenbankentwurf bis hin zur Implementierung reicht.

# Kapitel 9

# Ausblick

Mit der Entwicklung der Methoden für den Datenbank- und Programmentwurf auf der Basis eines objektorientierten Datenmodells wurden erstmals Verfahren bereitgestellt, die den Entwickler ingenieurwissenschaftlicher Anwendungen in den verschiedenen Phasen des Anwendungsentwurfs unterstützen, in denen dieser durch Datenbankkonzepte beeinflußt wird. Als wesentliche Kennzeichen der Methoden sind ein systematischer Ansatz für den Datenbankentwurf auf der Basis objektorientierter Datenmodelle und die Berücksichtigung typischer Datenhaltungskonzepte für ingenieurwissenschaftliche Anwendungen sowie datenbankspezifischer Konzepte im Rahmen des Programmentwurfs zu nennen.

Den Entwurfsverfahren liegen einige Annahmen bzgl. des Datenmodells bzw. der Systemarchitektur zugrunde. Die kontinuierliche Weiterentwicklung objektorientierter Datenmodelle und die verstärkten Bestrebungen zur Integration objektorientierter Datenmodelle und Programmiersprachen führen zu der Frage, inwieweit sich die entwickelten Methoden auf diese Ansätze übertragen lassen.

Für den konzeptuellen Entwurf objektorientierter Datenbankschemata wurde im vorgeschlagenen Konzept das Entity-Relationship-Modell als erster Ansatz zur Beschreibung des zu modellierenden Umweltausschnitts gewählt. Dieses semantische Datenmodell stellt jedoch nur einen sehr geringen Satz an Modellierungskonzepten bereit, so daß Konzepte mächtigerer logischer Datenmodelle, wie z. B. die Vererbung, im konzeptuellen Entwurf nur sehr beschränkt berücksichtigt werden können. Ein grundlegendes Problem, das hier zu lösen ist, besteht in der Suche nach bzw. der Entwicklung eines geeigneten semantischen Datenmodells für den konzeptuellen Entwurf objektorientierter Datenbanksysteme. Dabei ist zu klären, ob es, ähnlich wie es das ER-Modell für den konzeptuellen Entwurf relationaler Systeme darstellt, ein einheitliches Metamodell gibt oder ob die Varianz der Eigenschaften objektorientierter Datenmodelle verschiedene semantische Datenmodelle für den konzeptuellen Entwurf erfordert.

Ein weiteres offenes Problem im Bereich objektorientierter Datenmodelle stellt die Definition des Schema- und des Sichtenbegriffs dar. Während sich die diesbezüglichen Definitionen für das $R^2D^2$-Datenmodell noch an den Konzepten des zugrundeliegenden relationalen Modells orientieren, sind die Begriffsbildungen und die damit verbundenen Konsequenzen, etwa für Schemaänderungen, noch weitestgehend ungeklärt. Erste Ansätze zur Lösung dieses Problems finden sich in [Sch93].

Für den Bereich der Anforderungsanalyse für den Softwareentwurf wurde in dieser Arbeit ein Ansatz verfolgt, der auf der Idee der strukturierten Analyse beruht und zugleich die Existenz eines objektorientierten Datenbasisschemas voraussetzt. Die strukturierte Analyse bildet in der Regel die Ausgangsbasis des strukturierten Entwurfs eines Softwaresystems. Der verstärkte Einsatz objektorientierter Sprachen, auch im Bereich der Programmierung mit persistenten Objekten, hat in den vergangenen Jahren zur Entwicklung von Methoden für die objektorientierte Analyse [CY89, SM88] und den objektorientierten Entwurf [Boo91, CY91, RBP+91] geführt. Hier ist von Interesse, inwieweit sich diese

Techniken für die Programmierung auf der Basis objektorientierter Datenhaltungskonzepte eignen bzw. um datenbankspezifische Aspekte erweiterbar sind.

Ein weiteres Problem stellt die Handhabbarkeit der Entwurfskonzepte dar. Durch die verstärkte Integration von Datenbank- und Programmiersprachenkonzepten wird eine zunehmende Beteiligung der verschiedenen Anwendergruppen in allen Phasen des Datenbankentwurfs, und nicht wie bisher vornehmlich bei der Informationsbedarfsanalyse, erforderlich. Das hat zur Folge, daß eine Bereitstellung von Konzepten nicht ausreicht, sondern der Entwurf zusätzlich durch geeignete Werkzeuge unterstützt werden muß. Hier ist zu untersuchen, inwieweit graphische Datenbankschnittstellen sich eignen, um die Anwender beim Auffinden der in den einzelnen Entwurfsschritten benötigten Information zu unterstützen. Zudem müssen Werkzeuge bereitgestellt werden, die es ermöglichen, Auswirkungen einzelner Entwurfsentscheidungen zu evaluieren sowie die Programmierung mit persistenten komplexen Objekten – sowohl im Rahmen der Datenbankimplementierung als auch in der Anwendungsprogrammierung – zu unterstützen. Erste Ansätze hierfür, die auf der Basis des in dieser Arbeit diskutierten Datenmodells entwickelt wurden, werden in [Bök91] vorgestellt.

Wenngleich die im Rahmen dieser Arbeit vorgestellte Methodik primär für den Entwurf neuer Anwendungen konzipiert wurde, beschränkt sich ihr Einsatz nicht allein hierauf. So konnte gezeigt werden, daß sie eine geeignete Ausgangsbasis zur Entwicklung von Methoden für das Reengineering bestehender Anwendungen darstellt. Der in [WEZS] vorgestellte Ansatz beschäftigt sich vorwiegend mit dem Aspekt der Datenmodellierung; es bleibt zu untersuchen, inwieweit sich die Konzepte für den Programmentwurf zur Überführung von Programmsystemen in die objektorientierte Denkwelt erweitern lassen.

# Literaturverzeichnis


[AB84] S. Abiteboul und N. Bidoit, Non First Normal Form Relations to Represent Hierarchically Organized Data. In *Proc. of the 3rd ACM SIGACT-SIGMOD Symposium on Principles of Database Systems*, Waterloo, April 1984, S. 191–200.

[AB87] M.P. Atkinson und O.P. Buneman, Types and Persistence in Database Programming Languages. *ACM Computing Surveys*, 19(2):105–190, Juni 1987.

[ABC+83] M.P. Atkinson, P.J. Bailey, K.J. Chisholm, P.W. Cockshott und R. Morrison, An Approach to Persistent Programming. *Computer Journal*, 26(4):360–365, September 1983.

[ABD+89] M. Atkinson, F. Bancilhon, D. DeWitt, K. Dittrich, D. Maier und S. Zdonik, The Object-Oriented Database System Manifesto. In W. Kim, J.-M. Nicolas und S. Nisho (Eds.), *Proceedings of the First International Conference on Deductive and Object-Oriented Databases*, Kyoto, Japan, Dezember 1989, S. 40–56. Elsevier Science Publishers, Amsterdam 1989.

[ABM88] M.P. Atkinson, O.P. Buneman und R. Morrison (Eds.), *Data Types and Persistence.* Springer-Verlag, New York, 1988.

[ACO85] A. Albano, L. Cardelli und R. Orsini, Galileo: A Strongly-Typed, Interactive Conceptual Language. *ACM Transactions on Database Systems*, 10(2):230–260, Juni 1985.

[ALPS88] F. Andersen, V. Linnemann, P. Pistor und N. Südkamp, *Advanced Information Management Prototype, User Manual for the Online Interface of the Heidelberg Data Base Language (HDBL) Prototype Implementation (Release 2.0).* IBM Heidelberg Scientific Center, Januar 1988.

[And90] T. Andrews, The Vbase Object Database Environment. In A. Sernadas and D. McLeod (Eds.), *Research Foundations in Object-Oriented and Semantic Database systems*, S. 221–240. Prentice-Hall, Englewood Cliffs, N.J., 1990.

[BA86] O.P. Buneman und M.P. Atkinson, Inheritance and Persistence in Database Programming Languages. In *Proc. ACM SIGMOD Conference on Management of Data*, Washington, D.C., Mai 1986, S. 4–15.

[BBB+88] F. Bancilhon, G. Barbedette, V. Benzaken, C. Delobel, S. Gemerman, C. Lécluse, P. Pfeffer, P. Richard und F. Velez, The Design and Implementation of $O_2$, an Object-Oriented Database System, In K. R. Dittrich (Ed.), *Advances in Object-Oriented Database Systems*, Proceedings of the Second International Workshop on Object-Oriented Database Systems, September 1988, S. 1–22. Lecture Notes in Computer Science Vol. 334, Springer-Verlag, Berlin, 1988.

[BBKV87] F. Bancilhon, T. Briggs, S. Khoshafian und P. Valduriez, FAD, a Powerful and Simple Database Language. In *Proceedings 13th International Conference on Very Large Data Bases*, Brighton, August 1987, S. 97–105.

[BCN91] C. Batini, S. Ceri und S. Navathe, *Database Design: An Entity-Relationship Approach.* Addison-Wesley, Reading, Mass., 1991.

[BCN92] C. Batini, S. Ceri und S.B. Navathe, *Conceptual Database Design — An Entity-Relationship Approach.* Benjamin/Cummings, Redwood City, 1992.

[BD81] C. Blume und R. Dillmann, *Frei programmierbare Manipulatoren.* Vogel-Verlag, Würzburg, 1981.

[Bic89] R.-O. Bickel, Entwurf und Implementierung einer Programmierumgebung für die $R^2D^2$-Programmierschnittstelle. Diplomarbeit, Fakultät für Informatik, Universität Karlsruhe, März 1989.

[BJ83] C. Blume und W. Jakob, *Programmiersprachen für Industrieroboter.* Vogel-Verlag, Würzburg, 1983. Vollständig überarbeitete und erweiterte englische Fassung: Programming Languages for Industrial Robots, Springer-Verlag 1986).

[BM91] M. Bouzeghoub und E. Métais, Semantic Modeling of Object Oriented Databases. In G.M. Lohman, A. Sernadas und R. Camps (Eds.), *Proc. of the 17th International Conference on Very Large Data Bases*, Barcelona (Catalonia), Spain, September 1991, S. 3–14.

[Bök91] A. Böker, Entwurf und Implementierung eines interaktiven graphischen Browsers für ein Datenmodell mit erweiterbaren Datentypen. Diplomarbeit, Fakultät für Informatik, Universität Karlsruhe, Mai 1991.

[Boo91] G. Booch, *Object Oriented Design.* Benjamin/Cummings Redwood City, Calif., 1991.

[BOS91] P. Butterworth, A. Otis und J. Stein, The Gemstone Object Database Management System. *Communications of the ACM*, 34(10):64–77, Oktober 1991.

[CAE+76] D. Chamberlin, M. Astrahan, K. Eswaran, P. Griffiths, R. Lorie, J. Mehl, P. Reisner und B. Wade, SEQUEL2: A Unified Approach to Data Definition, Manipulation and Control. *IBM Journal of Research and Development*, 20(6):560–575, November 1976.

[CDV88] M.J. Carey, D.J. DeWitt und S.L. Vandenberg, A Data Model and Query Language for EXODUS. newblock in *Proc. ACM SIGMOD Conference on Management of Data*, Chicago, Ill., Juni 1988, S. 413-423.

[CE90] M. Caruso und E.Sciore, The VISION Object-Oriented Database Management System. In F. Bancilhon and P. Buneman (Eds.), *Advances in Database Programming Languages*, S. 147–163. Addison-Wesley/ACM Press, 1990.

[Che76] P.P.S. Chen, The Entity Relationship Model: Toward a unified View of Data. *ACM Transactions on Database Systems*, 1(1):9–36, März 1976.

[CJA89] C.R. Calson, W. Ji und A.K. Arora, The Nested Entity-Relationship Model – A Pragmatic Approach to ER-Comprehension and Design Layout. In F.H. Lochovsky (Ed.), *Entity-Relationship Approach to Database Design and Engineering. Proceedings of the Eighth International Conference on the Entity-Relationship Approach*, Toronto, Canada, 18.-20. Oktober 1989. Elsevier Science Publishers B.V. (North-Holland).

[CM84] G. Copeland und D. Maier, Making Smalltalk a Database System. In *Proc. ACM SIGMOD Conference on Management of Data*, S. 316–325, 1984.

[CY89] P. Coad und E. Yourdan, *Object-Oriented Analysis.* Yourdon Press Computing Series. Prentice-Hall, Englewood Cliffs, N.J., Englewood Cliffs, N.J., 1989.

[CY91] P. Coad und E. Yourdan, *Object-Oriented Design.* Yourdon Press Computing Series. Prentice-Hall, Englewood Cliffs, N.J., Englewood Cliffs, N.J., 1991.

[Dat85] C.J. Date, *A Guide to DB2.* Addison-Wesley, 1985.

[Dea91] O. Deux et al., The $O_2$ System. *Communications of the ACM*, 34(10):34–48, Oktober 1991.

[DeM78] T. DeMarco, *Structured Analysis and System Specification.* Prentice-Hall, Englewood Cliffs, N.J., 1978.

[DFH88] R. Dillmann, B. Frommherz und M. Huck, *Robotik II, Programmieren von Robotern.* Institut für Prozeßrechentechnik und Robotik, Fakultät für Informatik, Universität Karlsruhe, SS 1988.

[DFK+86] N. P. Derret, D. H. Fishman, W. Kent, P. Lyngbaek und T. A. Ryan, An Object-Oriented Approach to Data Management. In *Proc. COMPCON Conference*, San Francisco, Calif., 1986, S. 330–335.

[DGL86] K.R. Dittrich, W. Gotthard und P.C. Lockemann, Complex Entities for Engineering Applications. In S. Spaccapietra (Ed.), *Entity Relationship Approach: Ten Years of Experience in Information Modeling*, S. 421–440, Dijon, France, November 1986. Elsevier Science Publishers(North-Holland). Proceedings of the Fifth International Conference on the Entity-Relationship Approach.

[DH55] J. Denavit und R. S. Hartenberg, A Kinematic Notion for Lower-Pair Mechanisms Based on Matrices. *Journal of Applied Mechanics. Transactions of the American Society of Mechanical Engineers*, 22:215–221, 1955.

[DH85] R. Dillmann und M. Huck, Ein Softwaresystem zur Simulation von robotergestützten Fertigungsprozessen. *Robotersysteme*, 1:87–98, 1985.

[DH88] R. Dillmann und M. Huck, $R^2D^2$: An Integration Tool for CIM. In G. Krüger and G. Müller (Eds.), *HECTOR, Heterogeneous Computers Together. A Joint Project of IBM and the University of Karlsruhe, Volume II: Basic Projects*, S. 355–372, Springer-Verlag, April 1988.

[Dit86] K.R. Dittrich, Object-Oriented Database Systems: The Notion and the Issues. In U. Dayal and K.R. Dittrich (Eds.), *Proceedings of the 1st International Workshop on Object-Oriented Database Systems*, Asilomar, Pacific Grove, Calif., September 1986, S. 2–6. IEEE Computer Society Press, Washington, 1986. Auch in K.R. Dittrich, U. Dayal, A.P. Buchmann (Eds.), On Object-Oriented Database Systems, S. 3-10 (Topics in Information Systems). Springer-Verlag, Berlin 1991.

[Dit88] K. Dittrich, Object-Oriented Databases. Tutorial Documents, 14th International Conference on Very Large Data Bases, 1988.

[DKA+86] P. Dadam, K. Küspert, F. Andersen, H. Blanken, R. Erbe und J. Günauer, V. Lum, P. Pistor und G. Walch, A DBMS Prototype to Support Extended $NF^2$ Relations: An Integrated View on Flat Tables and Hierarchies. In *Proc. ACM SIGMOD Conference on Management of Data*, Washington, DC, 1986, S. 376-387.

[DR90] M. Dürr und K. Radermacher, *Einsatz von Datenbanksystemen.* (Informationstechnik und Datenverarbeitung) Springer-Verlag, Berlin, 1990.

[EN92] R. Elmasri und S. Navathe, *Fundamentals of Database Systems.* Addison-Wesley, 2. Auflage 1992.

[ES88] R. Erbe und N. Südkamp, An Application Program Interface for a Complex Object Database. In *Proceedings of the 3rd International Conference on Data and Knowledge Bases: Improving Usability and Responsiveness*, Jerusalem, Israel, Juni 1988, S. 211–226. Morgan Kaufmann, San Mateo, Calif., 1988.

[EW86] R. Erbe und G. Walch, Usage of the Application Program Interface of the Advanced Information Management Prototype. Technical Report TN 86.03, IBM Heidelberg Scientific Center, Dezember 1986.

[EW87] R. Erbe und G. Walch, An Application Program Interface for an $NF^2$ Data Base Language or How to Transfer Complex Objects into an Application Program. Technical Report TR 87.04.003, IBM Heidelberg Scientific Center, April 1987.

[FJL+88] S. Ford, J. Joseph, D. Langworthy, D. Lively, G. Pathak, E. Peres, R. Peterson, D. Sparacin, S. Thatte, D. Wells und S. Agarwala, ZEITGEIST: Database Support for Object-Oriented Programming. In K. R. Dittrich (Ed.), *Advances in Object-Oriented Database Systems*, Proc. of the Second International Workshop on Object-Oriented Database Systems, September 1988, S. 23–42. Lecture Notes in Computer Science Vol. 334, Springer-Verlag, 1988.

[GHM78] J.V. Guttag, E. Horowitz und D.R. Musser, The Design of Data Type Specifications. In R. Yeh (Ed.), *Current Trends in Programming Methodology, Vol. IV*, Kapitel 4. Prentice-Hall, Englewood Cliffs, N.J., 1978.

[GS79] C. Gane und T. Sarson, *Structured Systems Analysis*. Prentice-Hall, Englewood Cliffs, N.J., 1979.

[HH84] B. Hornung und M. Huck, Entwurf und Implementierung eines interaktiven 3-D Echtzeit-Roboter Emulationssystems. Diplomarbeit, Fakultät für Informatik, Universität Karlsruhe, 1984.

[HP87] G.J. Houben und J. Paredaens, The $R^2$-Algebra: An Extension of an Algebra for Nested Relations. Technical Report 87/20, Eindhoven University of Technology, Department of Mathematics and Computing Science, Dezember 1987.

[Huc90] M. Huck, *Produktorientierte Montageablauf- und Layoutplanung für die Robotermontage*. VDI Verlag, Düsseldorf, 1990.

[IBM85] IBM, *PASCAL/VS Language Reference Manual*, Februar 1985.

[Jäh91] S. Jähnichen, Softwaretechnik. Fakultät für Informatik, Universität Karlsruhe, WS 1990/91. Ergänzungen zum Skriptum der Vorlesung Programmiertechnik von W.F. Tichy.

[KBC+88] W. Kim, N. Ballou, H.-T. Chou, J.F. Garza, D. Woelk und J. Banerjee, Integrating an Object-Oriented Programming System with a Database System. In N. Meyrowitz (Ed.), *OOPSLA88*, S. 142–152, San Diego, September 1988. ACM Press, Baltimore. Special Issue of Sigplan Notices, 23(11):142-152, November 1988.

[Kem92] A. Kemper, *Zuverlässigkeit und Leistungsfähigkeit objekt-orientierter Datenbanksysteme*. Informatik–Fachberichte Bd. 298. Springer-Verlag, 1992.

[KKLW87] A. Kemper, K. Küspert, V. Linnemann und M. Wallrath, Pascal Structures for HDBL Types: Layout, Naming Conventions, Storage Allocation. Technical Report TN 87.05, IBM Heidelberg Scientific Center, November 1987.

[KKM91] A. Kemper, C. Kilger und G. Moerkotte, Materialization in Object Bases. In James Clifford and Roger King (Eds.), *Proc. ACM SIGMOD Conference on Management of Data*, Denver, Colorado, Mai 1991, S. 258-267. ACM SIGMOD Record 20(2):258-267, June 1991.

[KL88] W. Kozaczyniski und L. Lilien, An Extended Entity-Relationship ($E^2R$) Database Specification and its Automatic Verification and Transformation into the Logical Relational Design. In C. Batini (Ed.), *Proceedings of the Seventh International Conference on the Entity-Relationship-Approach*, Rome, Italy, November 16-18, 1988. Elsevier Science Publishers (North-Holland).

[KLW87] A. Kemper, P.C. Lockemann und M. Wallrath, An Object-Oriented Database System for Engineering Applications. In *Proc. ACM SIGMOD Conference on Management of Data*, San Francisco, Mai 1987, S. 299–311.

[KM90] T. Korson und J.D. McGregor, Understanding Object-Oriented: A Unifying Paradigm. *Communications of the ACM*, 33(9):40–60, September 1990.

[KMWZ91] A. Kemper, G. Moerkotte, H.-D. Walter und A. Zachmann, GOM: A Strongly Typed Persistent Object Model with Polymorphism. In H.-J. Appelrath (Hrsg.), *Datenbanksysteme in Büro, Technik und Wissenschaft*. Kaiserslautern, März, 1991, S. 198–217. Informatik Fachberichte Bd. 270, Springer-Verlag, 1991.

[KW87a] A. Kemper und M. Wallrath, An Analysis of Geometric Modelling in Database Systems. *ACM Computing Surveys*, 19(1):47–91, März 1987.

[KW87b] A. Kemper und M. Wallrath, Konzepte zur Integration Abstrakter Datentypen in $R^2D^2$. In H.-J. Schek, G. Schlageter (Hrsg.), *Datenbanksysteme für Büro, Technik und Wissenschaft*, Darmstadt, März 1987, S. 344–359. Informatik Fachberichte Bd. 136, Springer-Verlag, 1987.

[KW88] A. Kemper und M. Wallrath, A Uniform Concept for Storing and Manipulating Engineering Objects. In K. R. Dittrich (Ed.), *Advances in Object-Oriented Database Systems*, Proc. of the Second International Workshop on Object-Oriented Database Systems, September 1988, S. 292–297. Lecture Notes in Computer Science Vol. 334, Springer-Verlag, Berlin, 1988.

[KWD88] A. Kemper, M. Wallrath und M. Dürr, Object Orientation in $R^2D^2$. In G. Krüger and G. Müller (Eds.), *HECTOR, Heterogeneous Computers Together. A Joint Project of IBM and the University of Karlsruhe, Volume II: Basic Projects*, S. 332–354. Springer-Verlag, April 1988.

[KWD$^+$89] A. Kemper, M. Wallrath, M. Dürr, K. Küspert und V. Linnemann, An Object Cache Interface for Complex Object Engineering Databases. Technical Report TR 89.03.005, IBM Heidelberg Scientific Center, März 1989.

[LK90] P.C. Lockemann und H. Krumm, Kommunikation und Datenhaltung. Fakultät für Informatik, Universität Karlsruhe, SS 1990. Skriptum zur gleichnamigen Vorlesung.

[LK91] P.C. Lockemann und H. Krumm, Kommunikation und Datenhaltung. Fakultät für Informatik, Universität Karlsruhe, SS 1991. Skriptum zur gleichnamigen Vorlesung.

[LKD+88] V. Linnemann, K. Küspert, P. Dadam, P. Pistor, R. Erbe, A. Kemper, N. Südkamp, G. Walch und M. Wallrath, Design and Implementation of an Extensible Data Base Management System Supporting User Defined Data Types and Functions. In *Proc. International Conference on Very Large Data Bases*, Long Beach, Calif., September 1988, S. 294–305.

[LL88] M. Levene und G. Loizou, A Universal Relation Model for Nested Relations. In J.W. Schmidt, S. Ceri und M. Missikoff (Eds.), *Advances in Database Technology - EDBT '88.* Proc. International Conference on Extending Database Technology, Venedig, März 1988, S. 294–308. Lecture Notes in Computer Science Vol. 303, Springer-Verlag, Berlin, 1988.

[LL89] M. Levene und G. Loizou, NURQL: A Nested Universal Relation Query Language. *Information Systems*, 14(4):307–316, 1989.

[LLOW91] C. Lamb, G. Landis, J. Orenstein und D. Weinreb, The ObjectStore Database System. *Communications of the ACM*, 34(10):50–63, Oktober 1991.

[LLPS91] G. Lohman, B. Lindsay, H. Pirahesh und K. B. Schiefer, Extensions to Starburst: Objects, Types, Functions and Rules. *Communications of the ACM*, 34(10):94–109, Oktober 1991.

[LRV88] C. Lécluse, P. Richard und F. Velez, $O_2$, an Object-Oriented Data Model. In *Proc. ACM SIGMOD Conference on Management of Data*, S. 225–237, Chicago, Ill., Juni 1988. ACM Press. ACM SIGMOD Record 17(3):255-237, September 1988.

[Lük89] B. Lüke, *Die Modellierung von CAD-Datenbankanwendungen mittels abstrakter Datentypen.* Reihe 20: Rechnerunterstützte Verfahren Bd. 14. VDI Verlag, Düsseldorf, 1989.

[Mai89] D. Maier, Making Database Systems Fast Enough for CAD Applications. In W. Kim and F. H. Lochovsky (Eds.), *Object-Oriented Concepts, Databases, and Applications*, S. 573–582, Addison-Wesley, Reading, Mass., 1989.

[MBW80] J. Mylopoulos, P. A. Bernstein und H. K. T. Wong, A Language Facility for Designing Database-Intensive Applications. *ACM Transactions on Database Systems*, 5(2):185–207, 1980.

[MDL87] H.C. Mayr, K.R. Dittrich und P.C. Lockemann, Datenbankentwurf. In P.C. Lockemann and J.W. Schmidt (Hrsg.), *Datenbank-Handbuch*, Kapitel 5, S. 486–562. Springer-Verlag, 1987.

[Mey69] Meyers Lexikon der Technik und der exakten Naturwissenschaften. Bibliographisches Institut, Mannheim, Wien, Zürich, 1969.

[Mey74] Meyers Enzyklopädisches Lexikon. Bibliographisches Institut, Mannheim, 1974.

[Moh86] P. Mohrholz, Eine objektorientierte Datenbankschnittstelle für Robotersimulation. Diplomarbeit, Fakultät für Informatik, Universität Karlsruhe, 1986.

[MS88] J.E.B. Moss und St. Sinofsky, Managing Persistent Data with Mneme: Designing a Reliable Shared Object Interface. In K. R. Dittrich (Ed.), *Advances in Object-Oriented Database Systems*, Proceedings of the Second International Workshop on Object-Oriented Database Systems, September 1988, S. 298–316. Lecture Notes in Computer Science Vol. 334, Springer-Verlag, Berlin, 1988.

[MW86] St.J. Mellor und P. T. Ward, *Structured Development for Real-Time Systems.* Yourdon Press Computing Series, Prentice-Hall, Englewood Cliffs, N.J., 1986.

[Ont91] Ontologic Inc. *ONTOS Developer's Guide*, Version 2.0, Februar 1991.

[OY87] Z. Ozsoyoğlu und L. Yuan, A New Normal Form for Nested Relations. *ACM Transactions on Database Systems*, 12(1):111–136, März 1987.

[PA86] P. Pistor und F. Andersen, Designing a Generalized $NF^2$ Data Model with an SQL-Type Language Interface. In *Proc. International Conference on Very Large Data Bases*, S. 278–285, 1986.

[Par] D. Parnas, Information Distributing Aspects of Design Methodology. In C.V. Freiman (Ed.), *Information Processing 71.* Proceedings of IFIP Congress 1971, Vol. 1 – Foundations and Systems, S. 339–344, North-Holland, Amsterdam, 1972.

[PJ88] M. Page-Jones, *The Practical Guide to Structured Systems Design.* Youdon Press Computing Series. Prentice-Hall, Englewood Cliffs, N.J., 2. Auflage 1988.

[PSS+87] H.-B. Paul, H.-J. Schek, M. Scholl, G. Weikum und U. Deppisch, Architecture and Implementation of the Darmstadt Database Kernel System. In *Proc. ACM SIGMOD Conference on Management of Data*, S. 196–207, San Francisco, Calif., Juni 1987.

[PT86] P. Pistor und R. Traunmüller, A Database Language for Sets, Lists, and Tables. *Information Systems*, 11(4):323–336, 1986.

[RBP+91] J. Rumbaugh, M. Blaha, W. Premerlani, F. Eddy und W. Lorensen, *Object-Oriented Modeling and Design.* Prentice-Hall, Englewood Cliffs, N.J., 1991.

[Rei83] M. Reimer, Implementation of the Database Programming Language Modula/R on the Personal Computer LILITH. Technical Report 55, Institut für Informatik, ETH Zürich, 1983.

[RK87] M.A. Roth und H.F. Korth, The Design of ¬1NF Relational Databases into Nested Normal Form. In *Proc. ACM SIGMOD Conference on Management of Data*, S. 143–159, San Francisco, Calif., Mai 1987.

[RKB87] M.A. Roth, H.F. Korth und D.S. Batory, SQL/NF: A Query Language for ¬1NF Relational Databases. *Information Systems*, 12(1):99–114, 1987.

[RKS88] M.A. Roth, H.F. Korth und A. Silberschatz, Extended Algebra and Calculus for ¬1NF Relational Databases. *ACM Transactions on Database Systems*, 13(4):389–417, Dezember 1988.

[RS87] L.A. Rowe und M.R. Stonebraker, The POSTGRES Data Model. In M. Stonebraker und L.A. Rowe (Eds.), *The Postgres Papers*, S. 33–45. University of California, Berkeley, Calif., 1987.

[Sch77] J.W. Schmidt, Some High Level Language Constructs for Data of Type Relation. *ACM Transactions on Database Systems*, 2(3):247–261, Juni 1977.

[Sch86] H.-J, Schneider (Hrsg.), *Lexikon der Informatik und Datenverarbeitung*. R. Oldenbourg Verlag, München, 2. Auflage 1986.

[Sch93] B. Schiefer, *Eine Umgebung zur Unterstützung von Schemaänderungen und Sichten in objektorientierten Datenbanken.* Dissertation, Fakultät für Informatik, Universität Karlsruhe, Dezember 1993.

[SEM88] J.W. Schmidt, H. Eckhardt und F. Matthes, DBPL Report. Technical Report DBPL Memo 112-88, Universität Frankfurt/Main, 1988.

[SFL81] J. M. Smith, S. Fox und T. Landers, Reference Manual for ADAPLEX. Technical Report of Computer Corporation of America, 1981.

[Sho79] J. Shopiro, THESEUS: A Programming Language for Relational Databases. *ACM Transactions on Database Systems*, 4(4):493–517, Dezember 1979.

[SK91] M. Stonebraker und G. Kemnitz, The Postgres Next-Generation Database Management System. *Communications of the ACM*, 34(10):78–92, Oktober 1991.

[SM88] S. Shlaer und S.J. Mellor, *Object-Oriented Systems Analysis: Modeling the World in Data.* Yourdon Press Computing Series. Prentice-Hall, Englewood Cliffs, N.J., 1988.

[SQL86] Database Language SQL, American National Standards Institute, Document ANSI X3.135-1986, 1986. auch verfügbar als Norm ISO/TC97/SC21/WG3 N117.

[SRH90] M. Stonebraker, L.A. Rowe und M. Hirohama, The Implementation of POSTGRES. Technical Report UCB/ERL M90/34, Electronics Research Laboratory, College of Engineering, University of California, Berkeley, Calif., April 1990.

[SS86] H.-J. Schek und M. Scholl, The Relational Model with Relation-Valued Attributes. *Information Systems*, 11(2):137–147, 1986.

[SS89] G. Schlageter and W. Stucky, *Datenbanksysteme: Konzepte und Modelle.* Teubner, Stuttgart, 3. Auflage 1989.

[Swi88] A. Swietlik, Entwurf und Implementierung eines relationalen Schemas zur Repräsentation von Manipulatoren und Effektoren. Diplomarbeit, Fakultät für Informatik, Universität Karlsruhe, 1988.

[SWK76] M.R. Stonebraker, E. Wong und P. Kreps, The Design and Implementation of INGRES. *ACM Transactions on Database Systems*, 1(3):189–222, 1976.

[Sys78] ANSI/X3/SPARC/Study Group Database Management Systems, The ANSI/X3/SPARC DBMS Framework. *Information Systems*, 3(3):173–191, 1978.

[TF82] T.J. Teory und J.P. Fry, *Design of Database Structures*. Prentice-Hall, Englewood Cliffs, N.J., 1982.

[Tic89] W.F. Tichy, Programmiertechniktechnik. Fakultät für Informatik, Universität Karlsruhe, WS 1988/89. Skriptum zur gleichnamigen Vorlesung.

[TK89] L. Tan und T. Katayama, Meta Operations for Type Management in Object-Oriented Databases. In W. Kim, J.-M. Nicolas und S. Nisho (Eds.), *Proceedings of the First International Conference on Deductive and Object-Oriented Databases*, Kyoto, Japan, Dezember 1989, S. 58–75. Elsevier Science Publishers, Amsterdam, 1989.

[Ver90] VERSANT Product Profile, 1990.

[Wal88] M. Wallrath, Anfragentransformation an der $R^2D^2$-Programmierschnittstelle. Internes Arbeitspapier, Februar 1988.

[Wal91] M. Wallrath, Entwicklung ingenieurwissenschaftlicher Anwendungen auf der Basis eines objektorientierten Datenmodells. Dissertation, Fakultät für Informatik, Universität Karlsruhe, Dezember 1991.

[WEZS] M. Wallrath, H. Esterle, J. Zirbs und E. Steinwand, Vom relationalen Datenbankschema zum objektorientierten Informationsmodell – Methoden der Informationsrückgewinnung. In H.-J. Scheibl, (Hrsg.), *Software-Entwicklung - Methoden, Werkzeuge, Erfahrungen '93*. Technische Akademie Esslingen, September 1993, S 289–299.

[Was79] A. Wasserman, The Data Management Facilities of PLAIN. In *Proc. ACM SIGMOD Conference on Management of Data*, S. 60–70, Boston, Mai 1979.

[Wen88] Sh. Wensel, The POSTGRES Reference Manual. Technical Report UCB/ERL M88/20, Electronics Research Laboratory, College of Engineering, University of California, Berkeley, Calif., März 1988.

[WLH90] K. Wilkinson, P. Lyngbaek und W. Hasan, The Iris Architecture and Implementation. *IEEE Transactions on Knowledge and Data Engineering*, 2(1):63–75, März 1990. Special Issue on Prototype Systems.

[YC79] E.N. Yourdon und L.L. Constantine, *Structured Design*. Prentice-Hall, Englewood Cliffs, N.J., 1979.

[Zic89] R. Zicari, Schema Updates in the $O_2$ Object-Oriented Database System. Technical Report 89-057, Dipartimento di Elettronica, Politecnico di Milano, 1989.

[ZW88] S.B. Zdonik und P. Wegner, Language and Methodology for Object-Oriented Database Environments. In M.P. Atkinson, O.P. Buneman und R. Morrison (Eds.), *Data Types and Persistence*, S. 155–171. Springer-Verlag, 1988.

Anhang A

# Spezifikation des Datenbasisschemas ROSI-DB

## A.1 Deklaration der Datentypen und Operationen

### Struktur und Operationen des Datentyps *fhg_id*

```
DECLARE TYPE fhg_id
  string(5)
ENC
PASCAL REPRESENTATION:
fhg_id:  DENSE
END

DECLARE FUNCTION gen_fhg_id(id:str5):fhg_id              /* Identifikatorgenerierung */
DECLARE FUNCTION gleich_fhg_id(id1:fhg_id,id2:fhg_id):bool    /*Vergleichsoperator */
```

### Struktur und Operationen des Datentyps *vektor*

```
DECLARE TYPE vektor
  <3 FIX real>
PASCAL REPRESENTATION:
vektor:  DENSE
END

DECLARE FUNCTION gen_vektor(x:real,y:real,z:real):vektor    /* Vektorgenerierung */
DECLARE FUNCTION v_komponente(pos:integer):real              /* Vektorkomponente */
DECLARE FUNCTION v_add(v1:vektor,v2:vektor):vektor              /* Vektoraddition */
DECLARE FUNCTION v_mult(v1:vektor,v2:vektor):real          /* Vektormultiplikation */
DECLARE FUNCTION v_gleich(v1:vektor,v2:vektor):bool
                                      /* Vergleich zweier Vektoren auf Gleichheit */
DECLARE FUNCTION v_betrag(v:vektor):real                          /* Vektorbetrag */
```

### Struktur und Operationen des Datentyps *frame*

```
DECLARE TYPE frame
  <6 FIX real>
ENC
PASCAL REPRESENTATION:
frame:  DENSE
END
```

```
DECLARE FUNCTION gen_frame(trans_x:real,trans_y:real,trans_z:real,
                      rot_x:real,rot_y:real,rot_z:real):frame
                                                      /* Framegenerierung */
DECLARE FUNCTION dh_trans_x(f:frame):real       /* Wert für Translation um x-Achse */

DECLARE FUNCTION dh_trans_y(f:frame):real       /* Wert für Translation um y-Achse */
DECLARE FUNCTION dh_trans_z(f:frame):real       /* Wert für Translation um z-Achse */
DECLARE FUNCTION dh_rot_x(f:frame):real           /* Wert für Rotation um x-Achse */
DECLARE FUNCTION dh_rot_y(f:frame):real           /* Wert für Rotation um y-Achse */
DECLARE FUNCTION dh_rot_z(f:frame):real           /* Wert für Rotation um z-Achse */
DECLARE FUNCTION pos_aus_frame(f:frame):vektor
                      /* Bestimmung des Positionsvektors anhand des geg. Frame */

/* Updateoperationen für Translations- und Rotationsparameter */
DECLARE FUNCTION dh_matrix_frame(f:frame,w:real):dh_matrix
DECLARE FUNCTION upd_trans_x(f:frame,w:real):frame
DECLARE FUNCTION upd_trans_y(f:frame,w:real):frame
DECLARE FUNCTION upd_trans_z(f:frame,w:real):frame
DECLARE FUNCTION upd_rot_x(f:frame,w:real):frame
DECLARE FUNCTION upd_rot_y(f:frame,w:real):frame
DECLARE FUNCTION upd_rot_z(f:frame,w:real):frame
```

### Struktur und Operationen des Datentyps *dh_matrix*

```
DECLARE TYPE dh_matrix
  <16 FIX real>
ENC
PASCAL REPRESENTATION:
dh_matrix:  DENSE
END

DECLARE FUNCTION dh_gen(m11:real,m12:real,m13:real,m14:real,
                    m21:real,m22:real,m23:real,m24:real,
                    m31:real,m32:real,m33:real,m34:real):dh_matrix
                                              /* Generierung einer DH_Matrix */
DECLARE FUNCTION m4×4_spalte_i(m:dh_matrix,i:integer):vektor4
                                                      /* i-ter Spaltenvektor */
DECLARE FUNCTION m4×4_zeile_i(m:dh_matrix,i:integer):vektor4
                                                       /* i-ter Zeilenvektor */
DECLARE FUNCTION m4×4_mult(m1:dh_matrix,m2:dh_matrix):dh_matrix
                                                    /*Matrixmultiplikation */
DECLARE FUNCTION ortg_aus_m4×4(m:dh_matrix):matrix3×3
                     /* Bestimmung der 3×3-Matrix, die Orientierung beschreibt */
DECLARE FUNCTION pos_vektor_m4×4(m:dh_matrix):vektor
                        /* Bestimmung des Vektors, der die Position beschreibt */
```

### Struktur und Operationen des Datentyps *achs_stellung*

```
DECLARE TYPE achs_stellung
  <8 real>
ENC
PASCAL REPRESENTATION:
achs_stellung:  DENSE
END

DECLARE FUNCTION gen_achsparam(w1:real,w2:real,w3:real,w4:real,w5:real,
                          w6:real,w7:real,w8:real,anz:integer)
                          :achs_stellung              /* Achswertgenerierung */
DECLARE FUNCTION stellung_achse_i(s:achs_stellung,i:integer):real
                                                 /* Stellwert der i-ten Achse */
DECLARE FUNCTION achs_abweichung(s1:achs_stellung,s2:achs_stellung):reallist8
                         /* Abweichung der Gelenkparameter zweier Achsen */
DECLARE FUNCTION anz_achswerte(a:achs_stellung):integer
                                   /* Aktuelle Anzahl gültiger Achswerte */
DECLARE FUNCTION upd_stellung_achse(a:achs_stellung,i:integer,w:real)
                              :achs_stellung
```

### Struktur und Operationen des Datentyps *eff_stellung*

```
DECLARE TYPE eff_stellung
  <15 real>
ENC
PASCAL REPRESENTATION:
eff_stellung:  DENSE
END

DECLARE FUNCTION gen_effparam(wz1:reallist3,wz2:reallist3,wz3:reallist3,
                         anz:integer):eff_stellung
                              /* Generierung der Effektorwerkzeugwerte */
DECLARE FUNCTION stellung_wz(s:eff_stellung,i:integer):reallist3
                           /* Stellwerte des i-ten Endeffektorwerkzeugs */
DECLARE FUNCTION stellung_wzachse(e:eff_stellung,i:integer,j:integer):real
                         /* Stellwert der j-ten Achse des i-ten Effektors */
DECLARE FUNCTION eff_abweichung(e1:eff_stellung,e2:eff_stellung):reallist15
                     /* Abweichung der Gelenkparameter zweier Effektoren */
DECLARE FUNCTION anz_effwz(a:eff_stellung):integer
                                   /* Aktuelle Anzahl von Effektorachsen */

/* Updateoperationen für verschiedene Attribute */
DECLARE FUNCTION upd_stellung_wz(e:eff_stellung,i:integer,wz:reallist3)
                          :eff_stellung
DECLARE FUNCTION upd_stellung_wzachse(e:eff_stellung,i:integer,j:integer,
                              w:real):reallist3
```

### Struktur und Operationen des Datentyps *dh_parsatz*

```
DECLARE TYPE dh_parsatz
  [ a     :  real,
    y     :  real,
    s     :  real,
    theta:  real,
    alpha:  real
  ]
END

DECLARE FUNCTION gen_parsatz(a:real,y:real,s:real,
                             theta:real,alpha:real):dh_parsatz
                                     /* Generierung des DH-Parametersatzes */

/* Zugriffsfunktionen für Attribute */
DECLARE FUNCTION a_wert(dh:dh_parsatz):real
DECLARE FUNCTION y_wert(dh:dh_parsatz):real
DECLARE FUNCTION s_wert(dh:dh_parsatz):real
DECLARE FUNCTION theta_wert(dh:dh_parsatz):real
DECLARE FUNCTION alpha_wert(dh:dh_parsatz):real
```

### Struktur und Operationen des Datentyps *punkt*

```
DECLARE TYPE punkt
  [ achs_gelenkwerte :  achs_stellung,
    eff_gelenkwerte  :  eff_stellung
  ]
END

DECLARE FUNCTION gen_punkt(as:achs_stellung,es:eff_stellung):punkt
                                                  /* Punktgenerierung */

/* Zugriffsfunktionen für Attribute */
DECLARE FUNCTION punkt_achsen(p:punkt):achs_stellung
DECLARE FUNCTION punkt_eff(p:punkt):eff_stellung
```

### Struktur und Operationen des Datentyps *segment*

```
DECLARE TYPE segment
  [ greif_obj  :  string(16),
    greif_code :  integer,
    punkte      <punkt>
  ]
PASCAL REPRESENTATION:
segment.greif_code:  DENSE
END
```

```
DECLARE FUNCTION gen_segment(go:str16,gc:integer):segment /* Segmentgenerierung */

/* Zugriff auf Attribute */
DECLARE FUNCTION g_object(s:segment):str16
DECLARE FUNCTION g_code(s:segment):integer

/* Zugriff auf die Subrelation punkte */
DECLARE FUNCTION spunkte(s:segment):punkt_liste
DECLARE FUNCTION spunkt_i(s:segment,i:integer):punkt
DECLARE FUNCTION anz_spunkte(s:segment):integer

/* Updateoperationen für Elemete der Subrelation punkte */
DECLARE FUNCTION add_spunkt(s:segment,p:punkt):segment
DECLARE FUNCTION insert_spunkt(s:segment,i:integer,p:punkt):segment
DECLARE FUNCTION update_spunkt(s:segment,i:integer,p:punkt):segment
DECLARE FUNCTION delete_spunkt(s:segment,i:integer):segment
```

### Struktur und Operationen des Datentyps *bahn*

```
DECLARE TYPE bahn
  [ traj_name :  string(16),
    segmente  :  <20 segment>
  ]
PASCAL REPRESENTATION:
bahn.traj_name:  DENSE
END

DECLARE FUNCTION gen_bahn(name:str16):bahn                    /* Bahngenerierung */

/* Zugriff auf atomare Attribute */
DECLARE FUNCTION b_name(b:bahn):str16

/* Zugriff auf die Subrelation segmente */
DECLARE FUNCTION bsegmente(b:bahn):segment_liste
DECLARE FUNCTION bsegment_i(b:bahn,i:integer):segment
DECLARE FUNCTION anz_bsegmente(b:bahn):integer /* Updateoperationen für die Subrelation
                                                                                segment
DECLARE FUNCTION add_bsegment(b:bahn,s:segment):bahn
DECLARE FUNCTION insert_bsegment(b:bahn,i:integer,s:segment):bahn
DECLARE FUNCTION update_bsegment(b:bahn,i:integer,s:segment):bahn
DECLARE FUNCTION delete_bsegment(b:bahn,i:integer):bahn
```

### Struktur und Operationen des Datentyps *achse_s*

```
DECLARE TYPE achse_s
  [ achs_id          :  string(16),
    typ_fhg          :  fhg_id,
    max_gelenkwert   :  real,
    min_gelenkwert   :  real,
    null_gelenkwert  :  real,
    dh_param         :  dh_parsatz,
    max_geschwind    :  real,
    max_beschleun    :  real,
    status           :  string(16)
  ]
PASCAL REPRESENTATION:
achse_s.achs_id:  DENSE,
achse_s.status :  DENSE
END

DECLARE FUNCTION gen_achse_s(id:str16,fhg:fhg_id,max_gwert:real,
                       min_gwert:real,null_gwert:real,dh:dh_parsatz,
                       geschwind:real,beschl:real,status:str16):achse_s
                                               /* Generierung einer Achse */

/* Zugriffsfunktionen für Attribute */
DECLARE FUNCTION achs_id(a:achse_s):str16
DECLARE FUNCTION typ_fhg(a:achse_s):fhg_id
DECLARE FUNCTION max_gwert(a:achse_s):real
DECLARE FUNCTION min_gwert(a:achse_s):real
DECLARE FUNCTION null_gwert(a:achse_s):real
DECLARE FUNCTION dh_param(a:achse_s):dh_parsatz
DECLARE FUNCTION max_geschwind(a:achse_s):real
DECLARE FUNCTION max_beschleun(a:achse_s):real
DECLARE FUNCTION status(a:achse_s):str16
```

### Struktur und Operationen des Datentyps *k_kette_s*

```
DECLARE TYPE k_kette_s
  [ k_id          :  string(16),
    basisk_bezug  :  frame,
    achsen        :  <8 achse_s>
  ]
PASCAL REPRESENTATION:
k_kette_s.k_id:  DENSE
END
```

```
DECLARE FUNCTION gen_arm_s(id:str16,basis:frame,a1:achse_s,a2:achse_s,
                           a3:achse_s,a4:achse_s,a5:achse_s,a6:achse_s,
                           a7:achse_s,a8:achse_s,anz:integer):k_kette_s
                 /* Generierung einer kinematischen Kette in der Rolle eines Roboterarms*/
DECLARE FUNCTION gen_wz_s(id:str16,basis:frame,a1:achse_s,a2:achse_s,
                          a3:achse_s,anz:integer):k_kette_s
                 /* Generierung einer kinematischen Kette in der Rolle eines Werkzeugs*/

/* Operationen, die Beziehungstypen realisieren */
DECLARE FUNCTION k_achsen_s(k:k_kette_s):achses_liste
DECLARE FUNCTION folgeachse_s(k:k_kette_s,id:str16):achse_s
DECLARE FUNCTION vorgaenger_s(k:k_kette_s,id:str16):achse_s

/* Zugriffsfunktionen für Attribute */
DECLARE FUNCTION kette_s_id(k:k_kette_s):str16
DECLARE FUNCTION kette_s_bezug(k:k_kette_s):frame
DECLARE FUNCTION anz_achsen_s(k:k_kette_s):integer

/* Operationen für den Zugriff auf Elemente des listenwertigen Attributes achsen */
DECLARE FUNCTION get_achse_s(k:k_kette_s,id:str16):achse_s
DECLARE FUNCTION pget_achse_s(k:k_kette_s,pos:integer):achse_s
DECLARE FUNCTION pos_achse_s(k:k_kette_s,id:str16):integer
```

### Struktur und Operationen des Datentyps *endeffektor_s*

```
DECLARE TYPE endeffektor_s
  [ effektor_typ  :  string(16),
    min_greifwert :  real,
    max_greifwert :  real,
    init_greifwert:  real,
    max_oeffnung  :  real,
    init_eff_tcp  :  frame,
    max_greifkraft:  real,
    werkzeuge     :  <5 k_kette_s>,
    an_roboter:
       { [ roboter_typ:  string(16) ] }
  ]
PASCAL REPRESENTATION:
endeffektor_s.effektor_typ            :  DENSE,
endeffektor_s.werkzeuge               :  DENSE,
endeffektor_s.an_roboter$.roboter_typ :  DENSE
END
```

```
DECLARE FUNCTION gen_eff_s(typ:str16,min_gwert:real,max_gwert:real,
                           init_gwert:real,offen:real,tcp:frame,
                           kraft:real):endeffektor_s        /* Effektorgenerierung */

/* Zugriffsfunktionen für Attribute */
DECLARE FUNCTION eff_s_typ(e:endeffektor_s):str16
DECLARE FUNCTION eff_min_gwert(e:endeffektor_s):real
DECLARE FUNCTION eff_max_gwert(e:endeffektor_s):real
DECLARE FUNCTION eff_init_gwert(e:endeffektor_s):real
DECLARE FUNCTION eff_offen(e:endeffektor_s):real
DECLARE FUNCTION eff_tcp(e:endeffektor_s):frame
DECLARE FUNCTION eff_kraft(e:endeffektor_s):real

/* Zugriff auf listen- und mengenwertige Attribute */
DECLARE FUNCTION eff_wz_s(e:endeffektor_s):kettes_liste
DECLARE FUNCTION get_wz_s(e:endeffektor_s,id:str16):k_kette_s
DECLARE FUNCTION pget_wz_s(e:endeffektor_s,pos:integer):k_kette_s
DECLARE FUNCTION pos_wz_s(e:endeffektor_s,id:str16):integer
DECLARE FUNCTION eff_rob_liste(e:endeffektor_s):str16_set
DECLARE FUNCTION eff_an_rob(e:endeffektor_s,roboter:str16):bool

/* Operationen, die nicht in die Typdefinition eingegangene Attribute realisieren */
DECLARE FUNCTION eff_anz_wz(e:endeffektor_s):integer

/* Updateoperationen für das mengenwertige Attribut an_roboter */
DECLARE FUNCTION einfuegen_eff_rob(e:endeffektor_s,id:str16):endeffektor_s
DECLARE FUNCTION loeschen_eff_rob(e:endeffektor_s,id:str16):endeffektor_s
```

### Struktur und Operationen des Datentyps *roboter_s*

```
DECLARE TYPE roboter_s
  [ typ          : string(16),
    #fhg         : integer,
    basis_bezug  : frame,
    armendp_bezug : frame,
    eff_bezug    : frame,
    max_last     : real,
    praezision   : real,
    status       : string(16),
    arm_s        : k_kette_s,
    effektor_an:
       { [ effektor_typ:  string(16) ] }
  ]
PASCAL REPRESENTATION:
roboter_s.typ                        : DENSE,
roboter_s.status                     : DENSE,
roboter_s.effektor_an$.effektor_typ : DENSE
END
```

```
DECLARE FUNCTION gen_roboter_s(typ:str16,fhg:integer,basis:frame,armendp:frame,
                               eff:frame,last:real,genau:real,status:str16,
                               arm:k_kette_s):roboter_s      /* Robotergenerierung */

/* Zugriffsoperationen für Attribute */
DECLARE FUNCTION roboter_s_typ(r:roboter_s):str16
DECLARE FUNCTION anz_roboterfhg(r:roboter_s):integer
DECLARE FUNCTION roboter_s_basis(r:roboter_s):frame
DECLARE FUNCTION roboter_s_armendp(r:roboter_s):frame
DECLARE FUNCTION roboter_s_eff(r:roboter_s):frame
DECLARE FUNCTION roboter_s_last(r:roboter_s):real
DECLARE FUNCTION roboter_s_genau(r:roboter_s):real
DECLARE FUNCTION roboter_s_status(r:roboter_s):str16
DECLARE FUNCTION roboter_s_arm(r:roboter_s):k_kette_s

/* Operationen für mengenwertige Attribute */
DECLARE FUNCTION rob_eff_liste(e:endeffektor_s):str16_set
DECLARE FUNCTION efftyp_an_rob(r:roboter_s,e:str16):bool

/* Updateoperationen für das mengenwertige Attribut effektor_an */
DECLARE FUNCTION einfuegen_rob_eff(r:roboter_s,e:str16):roboter_s
DECLARE FUNCTION loeschen_rob_eff(r:roboter_s,e:str16):roboter_s
```

### Struktur und Operationen des Datentyps *objekt_s*

```
DECLARE TYPE objekt_s
  [ objekt_typ :  string(16)
    material   :  string(16)
  ]
PASCAL REPRESENTATION:
objekt_s.objekt_typ :  DENSE,
objekt_s.material   :  DENSE
END

DECLARE FUNCTION gen_objekt_s(typ:str(16),mat:str(16)):objekt_s
                                                        /*Objektgenerierung */
/* Zugriffsoperationen für Attribute */
DECLARE FUNCTION objekt_s_typ(o:objekt_s):str16
DECLARE FUNCTION objekt_s_material(o:objekt_s):str16
```

### Struktur und Operationen des Datentyps *achse_i*

```
DECLARE TYPE achse_i
  [ achs_i_id      :  string(16),
    achs_s_id      :  string(16),
    akt_gelenkwert :  real,
    akt_geschwind  :  real,
    akt_beschleun  :  real,
    DH_matrix      :  dh_matrix,
    DH_basis       :  dh_matrix
  ]
PASCAL REPRESENTATION:
achse_i.achs_i_id:  DENSE
END

DECLARE FUNCTION gen_achse_i(id:str16,gwert:real,geschwind:real,
                          beschleun:real,dh1:dh_matrix,dh2:dh_matrix):achse_i
                                               /* Generierung einer Achsinstanz */

/* Zugriffsfunktionen für Attribute */
DECLARE FUNCTION achs_i_id(a:achse_i):str16
DECLARE FUNCTION akt_gwert(a:achse_i):real
DECLARE FUNCTION akt_geschwind(a:achse_i):real
DECLARE FUNCTION akt_beschleun(a:achse_i):real
DECLARE FUNCTION DH_matrix(a:achse_i):dh_matrix
DECLARE FUNCTION DH_basis(a:achse_i):dh_matrix

/* Operationen, die Beziehungstypen realisieren */
DECLARE FUNCTION a_instanz(a:achse_i):  str16

/* Updateoperationen für verschiedene Attribute */
DECLARE FUNCTION upd_achse_gwert(a:achse_i,gwert:real):achse_i
DECLARE FUNCTION upd_achse_gewert(a:achse_i,gewert:real):achse_i
DECLARE FUNCTION upd_achse_bwert(a:achse_i,bwert:real):achse_i
DECLARE FUNCTION upd_achse_matrix(a:achse_i,dh:dh_matrix):achse_i
DECLARE FUNCTION upd_achse_basis(a:achse_i,basis:dh_matrix):achse_i
```

### Struktur und Operationen des Datentyps *k_kette_i*

```
DECLARE TYPE k_kette_i
  [ k_i_id        :  string(16),
    k_s_id        :  string(16),
    finger_bezug  :  frame,
    achsen_i      :  <8 achse_i>
  ]
PASCAL REPRESENTATION:
k_kette_.k_i_id:  DENSE
END
```

```
DECLARE FUNCTION gen_arm_i(id:str16,a1:achse_i,a2:achse_i,a3:achse_i,
                        a4:achse_i,a5:achse_i,a6:achse_i,a7:achse_i,
                        a8:achse_i,anz:integer):k_kette_i
                        /* Generierung einer kinematischen Kette eines Roboterarms */
DECLARE FUNCTION gen_wz_i(id:str16,bezug:frame,a1:achse_i,a2:achse_i,
                        a3:achse_i,a4:achse_i,a5:achse_i,a6:achse_i,
                        a7:achse_i,a8:achse_i,anz:integer):k_kette_i
                           /* Generierung der kinematischen Kette eines Werkzeugs */

/* Operationen, die Beziehungstypen oder nicht strukturell erfaßte Attribute realisieren */
DECLARE FUNCTION folgeachse_i(k:k_kette_i,id:str16):achse_i
DECLARE FUNCTION vorgaenger_i(k:k_kette_i,id:str16):achse_i
DECLARE FUNCTION anz_achsen_i(k:k_kette_i):integer
DECLARE FUNCTION k_achsen_i(k:k_kette_i):achsei_liste
DECLARE FUNCTION k_instanz(k:k_kette_i):str16

/* Zugriffsfunktionen für Attribute */
DECLARE FUNCTION kette_i_id(k:k_kette_i):str16
DECLARE FUNCTION wz_i_bezug(k:k_kette_i):frame

/* Operationen für den Zugriff auf Elemente des listenwertigen Attributes achsen_i */
DECLARE FUNCTION get_achse_i(k:k_kette_i,id:str16):achse_i
DECLARE FUNCTION pget_achse_i(k:k_kette_i,pos:integer):achse_i
DECLARE FUNCTION pos_achse_i(k:k_kette_i,id:str16):integer

/* Updateoperationen für Attribute */
DECLARE FUNCTION upd_fbezug(k:k_kette_i,f:frame):k_kette_i
```

### Struktur und Operationen des Datentyps *endeffektor_i*

```
DECLARE TYPE endeffektor_i
  [ effektor_i_id :  string(16),
    effektor_typ  :  string(16),
    akt_oeffnung  :  real,
    eff_tcp_frame :  frame,
    akt_werkzeuge :  <5 k_kette_i>
  ]
PASCAL REPRESENTATION:
endeffektor_i.effektor_i_id :  DENSE,
endeffektor_i.akt_werkzeuge :  DENSE
END

DECLARE FUNCTION gen_eff_i(id:str16,offen:real,tcp:frame):endeffektor_i
                                            /* Generierung einer Effektorinstanz */

/* Zugriffsfunktionen für Attribute */
DECLARE FUNCTION eff_i_id(e:endeffektor_i):str16
DECLARE FUNCTION eff_i_offen(e:endeffektor_i):real
DECLARE FUNCTION eff_i_tcp(e:endeffektor_i):frame
```

```
/* Zugriff auf listen- und mengenwertige Attribute */
DECLARE FUNCTION get_wz_i(e:endeffektor_i,id:str16):k_kette_i
DECLARE FUNCTION eff_i_wz(e:endeffektor_i):kettei_liste
DECLARE FUNCTION pget_wz_i(e:endeffektor_i,pos:integer):k_kette_i
DECLARE FUNCTION pos_wz_i(e:endeffektor_i,id:str16):integer

/* Operationen, die Beziehungstypen realisieren */
DECLARE FUNCTION e_instanz(e:endeffektor_i):str16

/* Operationen, die nicht strukturell erfaßte Attribute realisieren */
DECLARE FUNCTION eff_i_anz_wz(e:endeffektor_i):integer

/* Updateoperationen für atomare Attribute */
DECLARE FUNCTION upd_eff_offen(e:endeffektor_i,offen:real):  endeffektor_i
DECLARE FUNCTION upd_eff_tcp(e:endeffektor_i,tcp:frame):endeffektor_i
```

### Struktur und Operationen des Datentyps *objekt_i*

```
DECLARE TYPE objekt_i
  [ objekt_i_id :  string(16),
    objekt_typ  :  string(16),
    o_u_frame   :  frame
  ]
PASCAL REPRESENTATION:
objekt_i.objekt_i_id :  DENSE,
objekt_i.objekt_typ :  DENSE
END

DECLARE FUNCTION gen_objekt_i(id:str16,typ:str16):objekt_i   /*Objektgenerierung */

/* Zugriffsoperationen für Attribute */
DECLARE FUNCTION objekt_i_id(o:objekt_i):str16
DECLARE FUNCTION objekt_i_ouframe(o:objekt_i):frame

/* Operationen, die Beziehungstypen realisieren */
DECLARE FUNCTION o_instanz(o:objekt_i):str16

/* Updateoperationen für Attribute */
DECLARE FUNCTION upd_ouframe(o:objekt_i,f:frame):objekt_i
```

### Struktur und Operationen des Datentyps *roboter_i*

```
DECLARE TYPE roboter_i
  [ roboter_i_id   :  string(16),
    typ            :  string(16),
    basis_frame    :  frame,
    armendp_frame  :  frame,
    tcp_frame      :  frame,
    tcp_pos        :  vektor,
    tcp_geschwind  :  real,
    tcp_beschleun  :  real,
    r_u_frame      :  frame,
    g_objekt       :  {1 objekt_i},
    arm_i          :  k_kette_i,
    effektor_i     :  endeffektor_i,
    bahnen         :  {bahn}
  ]
PASCAL REPRESENTATION:
roboter_i.roboter_i_id:  DENSE
roboter_i.typ:  DENSE
roboter_i.g_objekt:  DENSE
END

DECLARE FUNCTION gen_roboter_i(id:str16,typ:str16,basis:frame,armendp:frame,
                               tcp:frame,pos:vektor,gewert:real,beschl:real,
                               arm:k_kette_i, eff:endeffektor_i):roboter_i
                                                          /* Robotergenerierung */

/* Zugriffsoperationen für Attribute */
DECLARE FUNCTION roboter_i_id(r:roboter_i):str16
DECLARE FUNCTION roboter_i_basis(r:roboter_i):frame
DECLARE FUNCTION roboter_i_armendp(r:roboter_i):frame
DECLARE FUNCTION roboter_i_eframe(r:roboter_i):frame
DECLARE FUNCTION roboter_i_tcppos(r:roboter_i):vektor
DECLARE FUNCTION roboter_i_gewert(r:roboter_i):real
DECLARE FUNCTION roboter_i_beschl(r:roboter_i):real
DECLARE FUNCTION roboter_i_ouframe(r:roboter_i):frame
DECLARE FUNCTION roboter_i_obj(r:roboter_i):objekt_i_set
DECLARE FUNCTION roboter_i_arm(r:roboter_i):k_kette_i
DECLARE FUNCTION roboter_i_eff(r:roboter_i):endeffektor_i

/* Operationen die Beziehungstypen realisieren */
DECLARE FUNCTION roboter_bahnen(r:roboter_i):bahn_set
DECLARE FUNCTION kann_fahren(r:roboter_i,id:str16):bool
DECLARE FUNCTION r_instanz(r:roboter_i):str16

/* Operationen, die nicht strukturell erfaßte Eigenschaften realisieren */
DECLARE FUNCTION anz_bahnen(r:roboter_i):integer
```

```
/* Updateoperationen für Attribute */
DECLARE FUNCTION upd_rbasis(r:roboter_i,f:frame):roboter_i
DECLARE FUNCTION upd_armendp(r:roboter_i,f:frame):roboter_i
DECLARE FUNCTION upd_tcp(r:roboter_i,f:frame):roboter_i
DECLARE FUNCTION upd_tcppos(r:roboter_i,v:vektor):roboter_i
DECLARE FUNCTION upd_gewert(r:roboter_i,r:real):roboter_i
DECLARE FUNCTION upd_beschl(r:roboter_i,r:real):roboter_i
DECLARE FUNCTION upd_ouframe(r:roboter_i,f:frame):roboter_i
DECLARE FUNCTION upd_gobj(r:roboter_i,obj:objekt_i_set):roboter_i
DECLARE FUNCTION eff_wechsel(r:roboter_i,e:endeffektor_i):roboter_i

/* Updateoperationen für das mengenwertige Attribut bahnen */
DECLARE FUNCTION einfuegen_bahn(r:roboter_i,b:bahn):roboter_i
DECLARE FUNCTION loeschen_bahn(r:roboter_i,id:str16):roboter_i
```

### Struktur und Operationen des Datentyps *umwelt*

```
DECLARE TYPE umwelt
  [ name         :  string(16),
    modellierer  :  string(16),
    datum        :  date,
    laenge       :  real,
    breite       :  real,
    hoehe        :  real,
    objekte      :  {objekt_i},
    roboter      :  {roboter_i}
  ]
PASCAL REPRESENTATION:
umwelt.modellierer :  DENSE,
umwelt.name        :  DENSE
END

DECLARE FUNCTION gen_umwelt(name:str16,laenge:real,breite:real,hoehe:real)
                        :umwelt                          /* Umweltgenerierung */

/* Zugriffsfunktionen für Attribute */
DECLARE FUNCTION umwelt_name(u:umwelt):str16
DECLARE FUNCTION umwelt_modellierer(u:umwelt):str16
DECLARE FUNCTION umwelt_datum(u:umwelt):date
DECLARE FUNCTION umwelt_laenge(u:umwelt):real
DECLARE FUNCTION umwelt_breite(u:umwelt):real
DECLARE FUNCTION umwelt_hoehe(u:umwelt):real

/* Zugriffsfunktionen für die mengenwertigen Attribute */
DECLARE FUNCTION umwelt_objekte(u:umwelt):objekt_i_set
DECLARE FUNCTION umwelt_roboter(u:umwelt):roboter_i_set
DECLARE FUNCTION objekt_existent(u:umwelt):bool
DECLARE FUNCTION roboter_existent(u:umwelt):bool
DECLARE FUNCTION anz_u_objekte(u:umwelt):integer
```

```
DECLARE FUNCTION anz_u_roboter(u:umwelt):integer
DECLARE FUNCTION anz_u_elemente(u:umwelt):integer

/* Updateoperationen für atomare Attribute */
DECLARE FUNCTION upd_u_datum(u:umwelt,d:date):umwelt
DECLARE FUNCTION upd_u_laenge(u:umwelt,x:real):umwelt
DECLARE FUNCTION upd_u_breite(u:umwelt,y:real):umwelt
DECLARE FUNCTION upd_u_hoehe(u:umwelt,z:real):umwelt

/* Updateoperationen für mengenwertige Attribute */
DECLARE FUNCTION upd_u_obj(u:umwelt,o:objekt_i):umwelt
DECLARE FUNCTION upd_u_rob(u:umwelt,o:roboter_i):umwelt
DECLARE FUNCTION einfuegen_u_obj(u:umwelt,o:objekt_i):umwelt
DECLARE FUNCTION einfuegen_u_rob(u:umwelt,o:roboter_i):umwelt
DECLARE FUNCTION loeschen_u_obj(u:umwelt,id:str16):umwelt
DECLARE FUNCTION loeschen_u_rob(u:umwelt,id:str16):umwelt
```

### Struktur und Operationen des Datentyps *vektor4*

```
DECLARE TYPE vektor4
  <4 FIX real>
PASCAL REPRESENTATION:
vektor4:  DENSE
END

DECLARE FUNCTION vektor4_komponente(v:vektor4,komp:integer):real
```

### Struktur und Operationen des Datentyps *matrix3×3*

```
DECLARE TYPE matrix3×3
  <9 FIX real>
PASCAL REPRESENTATION:
matrix3×3 :  DENSE
END
```

### Struktur und Operationen des Datentyps *reallist3*

```
DECLARE TYPE reallist3
  <3 real>
PASCAL REPRESENTATION:
reallist3:  DENSE
END

DECLARE FUNCTION gen_reallist3(w1:real,w2:real,w3:real):reallist3
DECLARE FUNCTION laenge_reallist3(l:reallist3):integer
DECLARE FUNCTION elem_reallist3(l:reallist3,elem:integer):real
```

### Struktur und Operationen des Datentyps *reallist8*

```
DECLARE TYPE reallist8
  <8 real>

PASCAL REPRESENTATION:
reallist8:  DENSE
END

DECLARE FUNCTION laenge_reallist8(l:reallist8):integer
DECLARE FUNCTION elem_reallist8(l:reallist8,elem:integer):real
```

### Struktur und Operationen des Datentyps *reallist15*

```
DECLARE TYPE reallist15
  <15 real>
PASCAL REPRESENTATION:
reallist15:  DENSE
END

DECLARE FUNCTION laenge_reallist15(l:reallist15):integer
DECLARE FUNCTION elem_reallist15(l:reallist15,elem:integer):real
```

### Struktur und Operationen des Datentyps *str5*

```
DECLARE TYPE str5
  string(5)

PASCAL REPRESENTATION:
fhg_id:  DENSE
END
```

### Struktur und Operationen des Datentyps *str16*

```
DECLARE TYPE str16
  string(16)
PASCAL REPRESENTATION:
fhg_id:  DENSE
END
```

### Struktur und Operationen des Datentyps *punkt_liste*

```
DECLARE TYPE punkt_liste
  <punkt>
END

DECLARE FUNCTION laenge_pliste(l:punkt_liste):integer
DECLARE FUNCTION elem_pliste(l:punkt_liste,elem:integer):punkt
```

### Struktur und Operationen des Datentyps *segment_liste*

```
DECLARE TYPE segment_liste
  <20 segment>
END

DECLARE FUNCTION laenge_segliste(l:segment_liste):integer
DECLARE FUNCTION elem_segliste(l:segment_liste,elem:integer):segment
```

### Struktur und Operationen des Datentyps *achses_liste*

```
DECLARE TYPE achses_liste
  <8 achse_s>
END

DECLARE FUNCTION laenge_asliste(l:achses_liste):integer
DECLARE FUNCTION elem_asliste(l:achses_liste,elem:integer):achse_s
```

### Struktur und Operationen des Datentyps *kettes_liste*

```
DECLARE TYPE kettes_liste
  <5 k_kette_s>
END

DECLARE FUNCTION laenge_ksliste(l:kettes_liste):integer
DECLARE FUNCTION elem_ksliste(l:kettes_liste,elem:integer):k_kette_s
```

### Struktur und Operationen des Datentyps *achsei_liste*

```
DECLARE TYPE achsei_liste
  <8 achse_i>
END

DECLARE FUNCTION laenge_ailiste(l:achsei_liste):integer
DECLARE FUNCTION elem_ailiste(l:achsei_liste,elem:integer):achse_i
```

### Struktur und Operationen des Datentyps *kettei_liste*

```
DECLARE TYPE kettei_liste
  <5 k_kette_i>
END

DECLARE FUNCTION laenge_kiliste(l:kettei_liste):integer
DECLARE FUNCTION elem_kiliste(l:kettei_liste,elem:integer):k_kette_i
```

### Struktur und Operationen des Datentyps *str16_set*

```
DECLARE TYPE str16_set
  {[id:  str16]}
PASCAL REPRESENTATION:
str16.id:  DENSE
END

DECLARE FUNCTION no_of_str16(set:str16_set):integer
```

### Struktur und Operationen des Datentyps *bahn_set*

```
DECLARE TYPE bahn_set
  bahn_set:  {bahn}
END

DECLARE FUNCTION no_of_bahn(set:bahn_set):integer
```

### Struktur und Operationen des Datentyps *objekt_i_set*

```
DECLARE TYPE objekt_i_set
  objekt_i_set:  {objekt_i}
END

DECLARE FUNCTION no_of_objekti(set:objekt_i_set):integer
```

### Struktur und Operationen des Datentyps *roboter_i_set*

```
DECLARE TYPE roboter_i_set
  roboter_i_set:  {roboter_i}
END

DECLARE FUNCTION no_of_roboteri(set:roboter_i_set):integer
```

## A.2 Deklaration des Relationenschemas

```
CREATE roboter
  { roboter_s }
END


CREATE effektoren
  { endeffektor_s }
END
```

```
CREATE umwelten
  { umwelt }
END
```

```
CREATE objekte
  { objekt_s }
END
```

## A.3 Deklaration der Endeffektorsicht

### Struktur und Operationen des Datentyps *achse*

```
DECLARE TYPE achse
  [ achs_id          :  string(16),
    achs_typ         :  string(16),
    typ_fhg          :  fhg_id,
    akt_gelenkwert   :  real,
    max_gelenkwert   :  real,
    min_gelenkwert   :  real,
    null_gelenkwert  :  real,
    akt_geschwind    :  real,
    akt_beschleun    :  real,
    max_geschwind    :  real,
    max_beschleun    :  real,
    DH_matrix        :  dh_matrix,
    DH_basis         :  dh_matrix,
    dh_param         :  dh_parsatz,
    status           :  string(16)
  ]
PASCAL REPRESENTATION:
achse.achs_id   :  DENSE,
achse.status    :  DENSE,
achse.achs_typ: :  DENSE
END

DECLARE FUNCTION a_id(a:achse):str16
DECLARE FUNCTION a_typ(a:achse):str16
DECLARE FUNCTION a_typ_fhg(a:achse):fhg_id
DECLARE FUNCTION a_gwert(a:achse):real
DECLARE FUNCTION a_max_gwert(a:achse):real
DECLARE FUNCTION a_min_gwert(a:achse):real
DECLARE FUNCTION a_null_gwert(a:achse):real
DECLARE FUNCTION a_geschwind(a:achse):real
DECLARE FUNCTION a_beschleun(a:achse):real
DECLARE FUNCTION a_max_geschwind(a:achse):real
DECLARE FUNCTION a_max_beschleun(a:achse):real
DECLARE FUNCTION a_DH_matrix(a:achse):dh_matrix
DECLARE FUNCTION a_DH_basis(a:achse):dh_matrix
```

```
DECLARE FUNCTION a_dh_param(a:achse):dh_parsatz
DECLARE FUNCTION a_status(a:achse):str16
```

### Struktur und Operationen des Datentyps *kkette*

```
DECLARE TYPE kkette
  [ wz_id         :  string(16),
    wz_typ        :  string(16),
    finger_bezug  :  frame,
    basisk_bezug  :  frame,
    achsen        :  <8 achse>
  ]
PASCAL REPRESENTATION:
kkette.wz_id :  DENSE,
kkette.wz_typ:  DENSE
END

DECLARE FUNCTION wz_id(k:kkette):str16
DECLARE FUNCTION wz_typ(k:kkette):str16
DECLARE FUNCTION k_finger_bezug(k:kkette):frame
DECLARE FUNCTION k_basis_bezug(k:kkette):frame
DECLARE FUNCTION folgeachse(k:kkette,id:str16):achse
DECLARE FUNCTION vorgaenger(k:kkette,id:str16):achse
DECLARE FUNCTION anz_achsen(k:kkette):integer
DECLARE FUNCTION k_achsen(k:kkette):achse_liste
DECLARE FUNCTION get_achse(k:kkette,id:str16):achse
DECLARE FUNCTION pget_achse(k:kkette,pos:integer):achse
DECLARE FUNCTION pos_achse(k:kkette,id:str16):integer
```

### Struktur und Operationen des Datentyps *endeffektor*

```
DECLARE TYPE endeffektor
  [ effektor_id     :  string(16),
    effektor_typ    :  string(16),
    akt_oeffnung    :  real,
    eff_tcp_frame   :  frame,
    max_oeffnung    :  real,
    init_eff_tcp    :  frame,
    min_greifwert   :  real,
    max_greifwert   :  real,
    init_greifwert  :  real,
    max_greifkraft  :  real,
    werkzeuge       :  <5 kkette >,
    an_roboter:
       { [ roboter_typ:  string(16) ] }
  ]
```

```
PASCAL REPRESENTATION:
endeffektor.effektor_id                : DENSE,
endeffektor.effektor_typ               : DENSE,
endeffektor.werkzeuge                  : DENSE,
endeffektor.an_roboter$.roboter_typ :  DENSE
END

DECLARE FUNCTION e_id(e:endeffektor):str16
DECLARE FUNCTION eff_s_typ(e:endeffektor):str16
DECLARE FUNCTION e_offen(e:endeffektor):real
DECLARE FUNCTION e_tcp(e:endeffektor):frame
DECLARE FUNCTION e_max_offen(e:endeffektor):real
DECLARE FUNCTION e_init_tcp(e:endeffektor):frame
DECLARE FUNCTION e_min_gwert(e:endeffektor):real
DECLARE FUNCTION e_max_gwert(e:endeffektor):real
DECLARE FUNCTION e_init_gwert(e:endeffektor):real
DECLARE FUNCTION e_kraft(e:endeffektor):real
DECLARE FUNCTION get_wz(e:endeffektor,id:str16):kkette
DECLARE FUNCTION eff_wz(e:endeffektor):kkette_liste
DECLARE FUNCTION pget_wz(e:endeffektor,pos:integer):kkette
DECLARE FUNCTION pos_wz(e:endeffektor,id:str16):integer
DECLARE FUNCTION e_rob_liste(e:endeffektor):str16_set
DECLARE FUNCTION e_an_rob(e:endeffektor,roboter:str16):bool
DECLARE FUNCTION e_anz_wz(e:endeffektor):integer
```

### Struktur und Operationen des Datentyps *achse_liste*

```
DECLARE TYPE achse_liste
  <8 achse>
END

DECLARE FUNCTION laenge_aliste(l:achse_liste):integer

DECLARE FUNCTION elem_aliste(l:achse_liste,elem:integer):achse
```

### Struktur und Operationen des Datentyps *kkette_liste*

```
DECLARE TYPE kkette_liste
  <5 kkette>
END

DECLARE FUNCTION laenge_kliste(l:kkette_liste):integer
DECLARE FUNCTION elem_kliste(l:kkette_liste,elem:integer):kkette
```

**Funktionen zur Abbildung von Objekten des Datenbankschemas auf Objekte der Endeffektorsicht**

```
DECLARE FUNCTION gen_achse(as:achse_s,ai:achse_i):achse
DECLARE FUNCTION gen_kkette(ks:k_kette_s,ki:k_kette_i):kkette
DECLARE FUNCTION gen_endeffektor(es:endeffektor_s,ei:endeffektor_i)
                                          :endeffektor
```

**Vereinbarung der virtuellen Relation** `effektorsicht`

```
DEFINE VIEW effektorsicht AS
  SELECT gen_endeffektor(es,ri.effektor_i)
  FROM es IN effektoren,
       ri IN u.roboter,
       u  IN umwelten
  WHERE e_instanz(ri.effektor_i) = es.effektor_typ
```

## A.4 Pascalrepräsentation der vereinbarten Datentypen

**Pascalrepräsentation des Datentyps *fhg_id***

```
TYPE fhg_id = string(5)
```

**Pascalrepräsentation des Datentyps *vektor***

```
TYPE vektor = PACKED RECORD
                act_elem :  PACKED 0..3;
                val      :  PACKED ARRAY [1..3] OF real
              END;
```

**Pascalrepräsentation des Datentyps *frame***

```
TYPE frame = PACKED RECORD
               act_elem :  PACKED 0..6;
               val      :  PACKED ARRAY [1..6] OF real
             END;
```

**Pascalrepräsentation des Datentyps *dh_matrix***

```
TYPE dh_matrix = PACKED RECORD
                   act_elem :  PACKED 0..16;
                   val      :  PACKED ARRAY [1..16] OF real
                 END;
```

### Pascalrepräsentation des Datentyps *achs_stellung*

```
TYPE achs_stellung = PACKED RECORD
                       act_elem :  PACKED 0..8;
                       val      :  PACKED ARRAY [1..8] OF real
                     END;
```

### Pascalrepräsentation des Datentyps *eff_stellung*

```
TYPE eff_stellung = PACKED RECORD
                      act_elem :  PACKED 0..15;
                      val      :  PACKED ARRAY [1..15] OF real
                    END;
```

### Pascalrepräsentation des Datentyps *dh_parsatz*

```
TYPE dh_parsatz = PACKED RECORD
                    a     :  real;
                    y     :  real;
                    s     :  real;
                    theta :  real;
                    alpha :  real
                  END;
```

### Pascalrepräsentation des Datentyps *punkt*

```
TYPE punkt = PACKED RECORD
               achs_gelenkwerte :  achs_stellung;
               eff_gelenkwerte  :  eff_stellung
             END;
```

### Pascalrepräsentation des Datentyps *segment*

```
TYPE segment = PACKED RECORD
                 greif_obj  :  string(16);
                 greif_code :  integer;
                 punkte     :  segment$punkte
               END;

     segment$punkte = PACKED RECORD
                        act_elem :  PACKED 0..65535;
                        alo_elem :  PACKED 0..65535;
                        val      :  segment$punkte$P
                      END;

     segment$punkte$P = ↑segment$punkte$R;

     segment$punkte$R = PACKED ARRAY [1..65535] of punkt;
```

**Pascalrepräsentation des Datentyps *bahn***

```
TYPE bahn = PACKED RECORD
             traj_name :  string(16);
             segmente  :  bahn$segmente
           END;
     bahn$segmente = PACKED RECORD
                       act_elem :  PACKED 0..20;
                       alo_elem :  PACKED 0..20;
                       val      :  bahn$segmente$P
                     END;

     bahn$segmente$P = ↑bahn$segmente$R;

     bahn$segmente$R = PACKED ARRAY [1..20] of segment;
```

**Pascalrepräsentation des Datentyps *achse_s***

```
TYPE achse_s = PACKED RECORD
                 achs_id          :  string(16);
                 typ_fhg          :  fhg_id;
                 max_gelenkwert   :  real;
                 min_gelenkwert   :  real;
                 null_gelenkwert  :  real;
                 dh_param         :  dh_parsatz;
                 max_geschwind    :  real;
                 max_beschleun    :  real;
                 status           :  string(16)
               END;
```

**Pascalrepräsentation des Datentyps *k_kette_s***

```
TYPE k_kette_s = PACKED RECORD
                   k_id          :  string(16);
                   basisk_bezug  :  frame;
                   achsen        :  k_kette_s$achsen
                 END

     k_kette_s$achsen = PACKED RECORD
                          act_elem :  PACKED 0..8;
                          alo_elem :  PACKED 0..8;
                          val      :  k_kette_s$achsen$P
                        END;

     k_kette_s$achsen$P = ↑k_kette_s$achsen$R;

     k_kette_s$achsen$R = PACKED ARRAY [1..8] of achse_s;
```

### Pascalrepräsentation des Datentyps *endeffektor_s*

```
TYPE endeffektor_s = PACKED RECORD
                       effektor_typ  :  string(16);
                       min_greifwert :  real;
                       max_greifwert :  real;
                       init_greifwert:  real;
                       max_oeffnung  :  real;
                       init_eff_tcp  :  frame;
                       max_greifkraft:  real;
                       werkzeuge     :  endeffektor_s$werkzeuge;
                       an_roboter    :  endeffektor_s$an_roboter
                     END;

    endeffektor_s$werkzeuge = PACKED RECORD
                                act_elem :  PACKED 0..5;
                                val      :  PACKED ARRAY [1..5] OF k_kette_s
                              END;

    endeffektor_s$an_roboter =  PACKED RECORD
                                  act_elem :  PACKED 0..65535;
                                  alo_elem :  PACKED 0..65535;
                                  val      :  endeffektor_s$an_roboter$P
                                END;

    endeffektor_s$an_roboter$P = ↑endeffektor_s$an_roboter$R

    endeffektor_s$an_roboter$R = PACKED ARRAY[1..65535]
                                   OF endeffektor_s$an_roboter$1T

    endeffektor_s$an_roboter$1T = PACKED RECORD
                                    roboter_typ:  string(16)
                                  END;
```

### Pascalrepräsentation des Datentyps *roboter_s*

```
TYPE roboter_s = PACKED RECORD
                   typ            :  string(16);
                   #fhg           :  integer;
                   basis_bezug    :  frame;
                   armendp_bezug  :  frame;
                   eff_bezug      :  frame;
                   max_last       :  real;
                   praezision     :  real;
                   status         :  string(16);
                   arm_s          :  k_kette_s;
                   effektor_an    :  roboter_s$effektor_an$P
                 END;
```

```
roboter_s$effektor_an = PACKED RECORD
                          act_elem :  PACKED 0..65535;
                          alo_elem :  PACKED 0..65535;
                          val      :  roboter_s$effektor_an$P
                        END;

roboter_s$effektor_an$P = ↑roboter_s$effektor_an$R

roboter_s$effektor_an$R = PACKED ARRAY[1..65535]
                            OF roboter_s$effektor_an$1T

roboter_s$effektor_an$1T = PACKED RECORD
                             effektor_typ:  string(16)
                           END;
```

### Pascalrepräsentation des Datentyps *achse_i*

```
TYPE achse_i =  PACKED RECORD
                  achs_i_id       :  string(16);
                  achs_s_id       string(16);
                  akt_gelenkwert  :  real;
                  akt_geschwind   :  real;
                  akt_beschleun   :  real;
                  DH_matrix       :  dh_matrix;
                  DH_basis        :  dh_matrix
                END;
```

### Pascalrepräsentation des Datentyps *k_kette_i*

```
TYPE k_kette_i =  PACKED RECORD
                    k_i_id         :  string(16);
                    k_s_id         :  string(16);
                    finger_bezug   :  frame;
                    achsen_i       :  k_kette_i$achsen_i
                  END

   k_kette_i$achsen_i = PACKED RECORD
                          act_elem :  PACKED 0..8;
                          alo_elem :  PACKED 0..8;
                          val      :  k_kette_i$achsen_i$P
                        END;

   k_kette_i$achsen_i$P = ↑k_kette_i$achsen_i$R;

   k_kette_i$achsen_i$R = PACKED ARRAY [1..8] of achse_i;
```

### Pascalrepräsentation des Datentyps *endeffektor_i*

```
TYPE endeffektor_i = PACKED RECORD
                        effektor_i_id :  string(16);
                        effektor_typ  :  string(16);
                        akt_oeffnung  :  real;
                        eff_tcp_frame :  frame;
                        akt_werkzeuge :  endeffektor_i$akt_werkzeuge
                     END;

     endeffektor_i$akt_werkzeuge = PACKED RECORD
                                     act_elem :  PACKED 0..5;
                                     val      :  PACKED ARRAY [1..5]
                                   OF k_kette_i
                                   END;
```

### Pascalrepräsentation des Datentyps *objekt_i*

```
TYPE objekt_i = PACKED RECORD
                   objekt_i_id :  string(16);
                   objekt_typ  :  string(16);
                   o_u_frame   :  frame
                END;
```

### Pascalrepräsentation des Datentyps *roboter_i*

```
TYPE roboter_i = PACKED RECORD
                    roboter_i_id   :  string(16);
                    typ            :  string(16);
                    basis_frame    :  frame;
                    armendp_frame  :  frame;
                    tcp_frame      :  frame;
                    tcp_pos        :  vektor;
                    tcp_geschwind  :  real;
                    tcp_beschleun  :  real;
                    r_u_frame      :  frame;
                    g_objekt       :  roboter_i$g_objekt;
                    arm_i          :  k_kette_i;
                    effektor_i     :  endeffektor_i;
                    bahnen         :  roboter_i$bahnen
                 END;

    roboter_i$bahnen = PACKED RECORD
                          act_elem :  PACKED 0..65535;
                          alo_elem :  PACKED 0..65535;
                          val      :  roboter_i$bahnen$P
                       END;

    roboter_i$bahnen$P = ↑roboter_i$bahnen$R;
```

```
roboter_i$bahnen$R = PACKED ARRAY [1..65535] OF bahn;

roboter_i$g_objekt = PACKED RECORD
                       act_elem : PACKED 0..1;
                       alo_elem : PACKED 0..1;
                       val      : roboter_i$g_objekt$P
                     END;

roboter_i$g_objekt$P = ↑roboter_i$g_objekt$R;

roboter_i$g_objekt$R = PACKED ARRAY [1..1] OF objekt_i;
```

### Pascalrepräsentation des Datentyps *umwelt*

```
TYPE umwelt = PACKED RECORD
               name        : string(16);
               modellierer : string(16);
               datum       : date;
               laenge      : real;
               breite      : real;
               hoehe       : real;
               objekte     : umwelt$objekte;
               roboter     : umwelt$roboter
             END;

     umwelt$objekte = PACKED RECORD
                        act_elem : PACKED 0..65535;
                        alo_elem : PACKED 0..65535;
                        val      : umwelt$objekte$P
                      END;

     umwelt$objekte$P = ↑umwelt$objekte$R;

     umwelt$objekte$R = PACKED ARRAY [1..65535] OF objekte;

     umwelt$roboter = PACKED RECORD
                        act_elem : PACKED 0..65535;
                        alo_elem : PACKED 0..65535;
                        val      : umwelt$roboter$P
                      END;

     umwelt$roboter$P = ↑umwelt$roboter$R;

     umwelt$roboter$R = PACKED ARRAY [1..65535] OF roboter;
```

### Pascalrepräsentation des Datentyps *vektor4*

```
TYPE vektor4 = PACKED RECORD
                act_elem :  PACKED 0..4;
                val      :  PACKED ARRAY [1..4] OF real
               END;
```

### Pascalrepräsentation des Datentyps *matrix3×3*

```
TYPE matrix3×3 = PACKED RECORD
                  act_elem :  PACKED 0..9;
                  val      :  PACKED ARRAY [1..9] OF real
                 END;
```

### Pascalrepräsentation des Datentyps *reallist3*

```
TYPE reallist3 = PACKED RECORD
                  act_elem :  PACKED 0..3;
                  val      :  PACKED ARRAY [1..3] OF real
                 END;
```

### Pascalrepräsentation des Datentyps *reallist8*

```
TYPE reallist = PACKED RECORD
                 act_elem :  PACKED 0..8;
                 val      :  PACKED ARRAY [1..8] OF real
                END;
```

### Pascalrepräsentation des Datentyps *reallist15*

```
TYPE reallist15 = PACKED RECORD
                   act_elem :  PACKED 0..15;
                   val      :  PACKED ARRAY [1..15] OF real
                  END;
```

### Pascalrepräsentation des Datentyps *str5*

```
TYPE str5:  string(5);
```

### Pascalrepräsentation des Datentyps *str16*

```
TYPE str16:  string(16);
```

### Pascalrepräsentation des Datentyps *punkt_liste*

```
TYPE punkt_liste = PACKED RECORD
                       act_elem :  PACKED 0..65535;
                       alo_elem :  PACKED 0..65535;
                       val      :  punkt_liste$P
                   END;

     punkt_liste$P = ↑punkt_liste$R;

     punkt_liste$R = PACKED ARRAY [1..65535] of punkt;
```

### Pascalrepräsentation des Datentyps *segment_liste*

```
TYPE segment_liste = PACKED RECORD
                         act_elem :  PACKED 0..20;
                         alo_elem :  PACKED 0..20;
                         val      :  segment_liste$P
                     END;

     segment_liste$P = ↑segment_liste$R;

     segment_liste$R = PACKED ARRAY [1..20] of segment;
```

### Pascalrepräsentation des Datentyps *achses_liste*

```
TYPE achses_liste = PACKED RECORD
                        act_elem :  PACKED 0..8;
                        alo_elem :  PACKED 0..8;
                        val      :  achse_s_liste$P
                    END;

     achse_s_liste$P = ↑achse_s_liste$R;

     achse_s_liste$R = PACKED ARRAY [1..8] of achse_s;
```

### Pascalrepräsentation des Datentyps *kettes_liste*

```
TYPE kettes_liste = PACKED RECORD
                        act_elem :  PACKED 0..5;
                        alo_elem :  PACKED 0..5;
                        val      :  kettes_liste$P
                    END;

     kettes_liste$P = ↑kettes_liste$R;

     kettes_liste$R = PACKED ARRAY [1..5] of k_kette_s;
```

### Pascalrepräsentation des Datentyps *achsei_liste*

```
TYPE achsei_liste = PACKED RECORD
                      act_elem :  PACKED 0..8;
                      alo_elem :  PACKED 0..8;
                      val      :  achsei_liste$P
                    END;

     achsei_liste$P = ↑achsei_liste$R;

     achsei_liste$R = PACKED ARRAY [1..8] of achse_i;
```

### Pascalrepräsentation des Datentyps *kettei_liste*

```
TYPE kettei_liste = PACKED RECORD
                      act_elem :  PACKED 0..5;
                      alo_elem :  PACKED 0..5;
                      val      :  kettei_liste$P
                    END;

     kettei_liste$P = ↑kettei_liste$R;

     kettei_liste$R = PACKED ARRAY [1..5] of k_kette_i;
```

### Pascalrepräsentation des Datentyps *str16_set*

```
TYPE str16_set =  PACKED RECORD
                    act_elem :  PACKED 0..65535;
                    alo_elem :  PACKED 0..65535;
                    val      :  str16_set$id$P
                  END;

     str16_set$id$P = ↑str16_set$id$R

     str16_set$id$R = PACKED ARRAY[1..65535] OF str16_set$id$1T

     str16_set$id$1T = PACKED RECORD
                          id:  str16
                       END;
```

### Pascalrepräsentation des Datentyps *bahn_set*

```
TYPE bahn_set =  PACKED RECORD
                   act_elem :  PACKED 0..65535;
                   alo_elem :  PACKED 0..65535;
                   val      :  bahn_set$P
                 END;

     bahn_set$P = ↑bahn_set$R

     bahn_set$R = PACKED ARRAY[1..65535]
                    OF bahn
```

### Pascalrepräsentation des Datentyps *objekt_i_set*

```
TYPE objekt_i_set=  PACKED RECORD
                      act_elem :  PACKED 0..65535;
                      alo_elem :  PACKED 0..65535;
                      val      :  objekt_i_set$P
                    END;

     objekt_i_set$P = ↑objekt_i_set$R

     objekt_i_set$R = PACKED ARRAY[1..65535]
                        OF objekt_i
```

### Pascalrepräsentation des Datentyps *roboter_i_set*

```
TYPE roboter_i_set=  PACKED RECORD
                       act_elem :  PACKED 0..65535;
                       alo_elem :  PACKED 0..65535;
                       val      :  roboter_i_set$P
                     END;

     roboter_i_set$P = ↑roboter_i_set$R

     roboter_i_set$R = PACKED ARRAY[1..65535]
                         OF roboter_i
```

### Pascalrepräsentation des Datentyps *achse*

```
TYPE achse = PACKED RECORD
               achs_id          : string(16);
               achs_typ         : string(16);
               typ_fhg          : fhg_id;
               akt_gelenkwert   : real;
               max_gelenkwert   : real;
               min_gelenkwert   : real;
               null_gelenkwert  : real;
               akt_geschwind    : real;
               akt_beschleun    : real;
               max_geschwind    : real;
               max_beschleun    : real;
               DH_matrix        : dh_matrix;
               DH_basis         : dh_matrix;
               dh_param         : dh_parsatz;
               status           : string(16)
             END;
```

### Pascalrepräsentation des Datentyps *kkette*

```
TYPE kkette = PACKED RECORD
                wz_id         : string(16);
                wz_typ        : string(16);
                finger_bezug  : frame;
                basisk_bezug  : frame;
                achsen        : kkette$achsen
              END

     kkette$achsen = PACKED RECORD
                       act_elem : PACKED 0..8;
                       alo_elem : PACKED 0..8;
                       val      : kkette$achsen$P
                     END;

     kkette$achsen$P = ↑kkette$achsen$R;

     kkette$achsen$R = PACKED ARRAY [1..8] of achse;
```

### Pascalrepräsentation des Datentyps *endeffektor*

```
TYPE endeffektor = PACKED RECORD
                       effektor_id    :  string(16);
                       effektor_typ   :  string(16);
                       akt_oeffnung   :  real;
                       eff_tcp_frame  :  frame;
                       max_oeffnung   :  real;
                       init_eff_tcp   :  frame;
                       min_greifwert  :  real;
                       max_greifwert  :  real;
                       init_greifwert :  real;
                       max_greifkraft :  real;
                       werkzeuge      :  endeffektor$werkzeuge;
                       an_roboter     :  endeffektor$an_roboter
                     END;

     endeffektor$werkzeuge = PACKED RECORD
                               act_elem :  PACKED 0..5;
                               val      :  PACKED ARRAY [1..5] OF kkette
                             END;

     endeffektor$an_roboter =  PACKED RECORD
                                 act_elem :  PACKED 0..65535;
                                 alo_elem :  PACKED 0..65535;
                                 val      :  endeffektor$an_roboter$P
                               END;

     endeffektor$an_roboter$P = ↑endeffektor$an_roboter$R

     endeffektor$an_roboter$R = PACKED ARRAY[1..65535]
                                  OF endeffektor$an_roboter$1T

     endeffektor$an_roboter$1T = PACKED RECORD
                                   roboter_typ:  string(16)
                                 END;
```

### Pascalrepräsentation des Datentyps *achse_liste*

```
TYPE achse_liste = PACKED RECORD
                       act_elem :  PACKED 0..8;
                       alo_elem :  PACKED 0..8;
                       val      :  achse_liste$P
                     END;

     achse_liste$P = ↑achse_liste$R;

     achse_liste$R = PACKED ARRAY [1..8] of achse;
```

### Pascalrepräsentation des Datentyps *kkette_liste*

```
TYPE kkette_liste = PACKED RECORD
                      act_elem :  PACKED 0..5;
                      alo_elem :  PACKED 0..5;
                      val      :  kkette_liste$P
                    END;

     kkette_liste$P = ↑kkette_liste$R;

     kkette_liste$R = PACKED ARRAY [1..5] of kkette;
```

## A.5 Implementierung ausgewählter Funktionen

### Implementierung der Funktion gen_achse

```
FUNCTION gen_achse(as:achse_s,ai:achse_i):achse;
VAR a:  achse;

BEGIN
a.achs_id := ai.achs_i_id;                 /* Zuweisung atomarer Attributwerte */
a.achs_typ := as.achs_id;
a.typ_fhg := as.typ_fhg;
a.akt_gelenkwert := ai.akt_gelenkwert;
a.max_gelenkwert := as.max_gelenkwert;
a.min_gelenkwert := as.min_gelenkwert;
a.null_gelenkwert := ai.null_gelenkwert;
a.akt_geschwind := ai.akt_geschwind;
a.akt_beschleun := ai.akt_beschleun;
a.max_geschwind := as.max_geschwind;
a.max_beschleun := as.max_beschleun;
a.DH_matrix := ai.DH_matrix;
a.DH_basis := ai.DH_basis;
a.dh_param := as.dh_param;
a.status := as.status;

gen_achse := a
END.
```

### Implementierung der Funktion gen_kkette

```
FUNCTION gen_kkette(ks:k_kette_s,ki:k_kette_i):kkette;
VAR k:  kkette;
    anz,anz_bytes:  integer;

BEGIN
k.wz_id := ki.k_i_id;                      /* Zuweisung atomarer Attributwerte */
k.wz_typ := ks.k_id;
k.finger_bezug := ki.finger_bezug;
k.basisk_bezug := ks.basisk_bezug;

anz := anz_achsen_a(ks);             /* Zuweisung mengenwertiger Attributwerte */
anz_bytes := anz * SIZEOF(achse);
alloc_collection(current_collection,anz_bytes,k.achsen.val,ftc_rc);
k.achsen.alo_elem := anz;
FOR i:= 1 TO anz DO
  k.achsen.val↑[i] := gen_achse(ks.achsen.val↑[i],ki.achsen_i.val↑[i]);
k.achsen.act_elem := anz;

gen_kkette := k
END.
```

# Springer-Verlag und Umwelt

Als internationaler wissenschaftlicher Verlag sind wir uns unserer besonderen Verpflichtung der Umwelt gegenüber bewußt und beziehen umweltorientierte Grundsätze in Unternehmensentscheidungen mit ein.

Von unseren Geschäftspartnern (Druckereien, Papierfabriken, Verpackungsherstellern usw.) verlangen wir, daß sie sowohl beim Herstellungsprozeß selbst als auch beim Einsatz der zur Verwendung kommenden Materialien ökologische Gesichtspunkte berücksichtigen.

Das für dieses Buch verwendete Papier ist aus chlorfrei bzw. chlorarm hergestelltem Zellstoff gefertigt und im pH-Wert neutral.